本書架構

導入篇 機器學習快速指

第 1 章 機器學習入門

函數

理論篇 數學速學課程

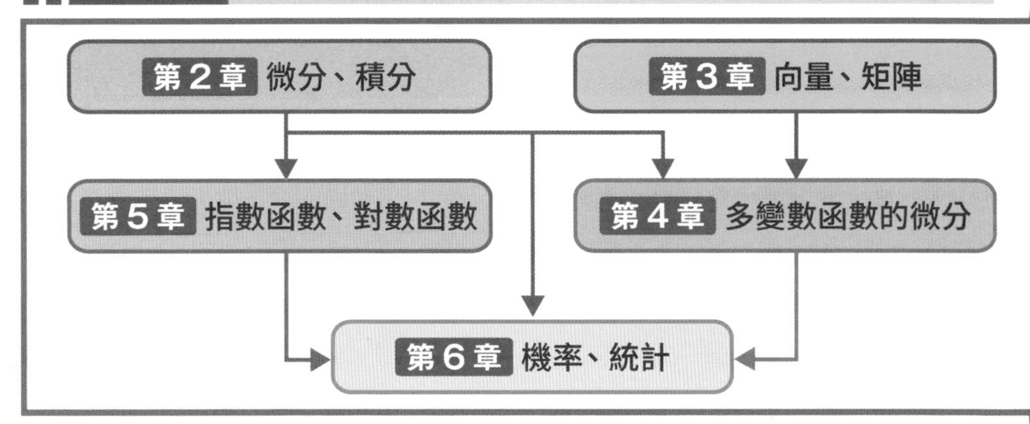

實踐篇 機器學習、深度學習實作

重點 實現深度學習所需概念	第 1 章 迴歸 1	第 7 章 迴歸 2	第 8 章 二元分類	第 9 章 多類別分類	第 10 章 深度學習
1 損失函數	○	○	○	○	○
3.7 矩陣運算				○	○
4.5 梯度下降法		○	○	○	○
5.5 Sigmoid 函數			○		○
5.6 Softmax 函數				○	○
6.3 概似函數與最大概似估計法			○	○	○
10 反向傳播					○

發展篇 實務上的解決方法

第 11 章 以實用的深度學習為目標

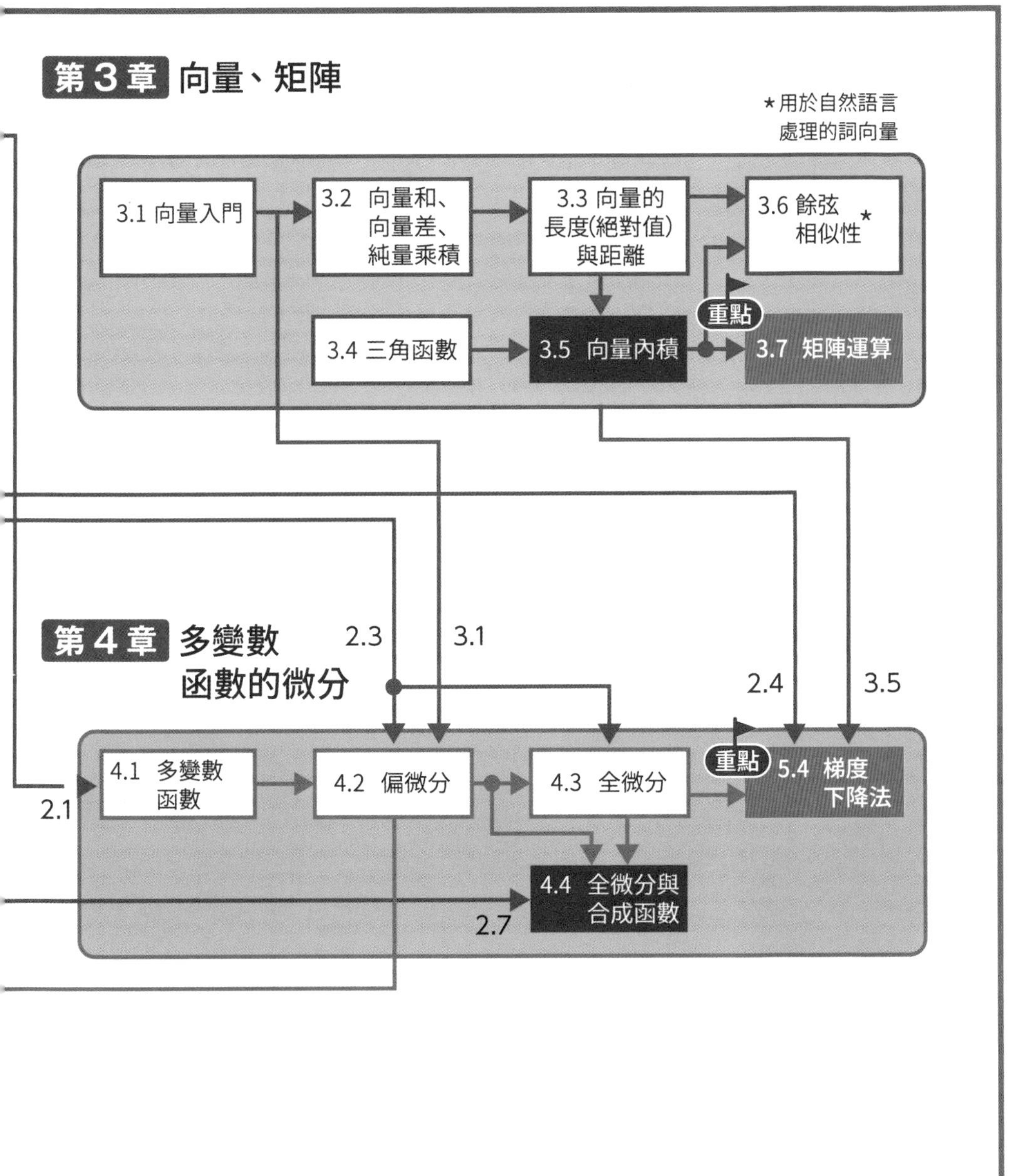
第3章 向量、矩陣
★用於自然語言
處理的詞向量
3.1 向量入門
3.2 向量和、
向量差、
純量乘積
3.3 向量的
長度(絕對值)
與距離
3.6 餘弦
相似性★
3.4 三角函數
3.5 向量內積
重點
3.7 矩陣運算
第4章 多變數
函數的微分
2.3
3.1
2.4
3.5
2.1
4.1 多變數
函數
4.2 偏微分
4.3 全微分
重點
5.4 梯度
下降法
4.4 全微分與
合成函數
2.7
2.4
重點
6.3 概似函數與
最大概似估計法
5.2、5.3
重點
實現深度學習所需概念
理解深度學習的核心知識

深度學習的數學快查學習地圖

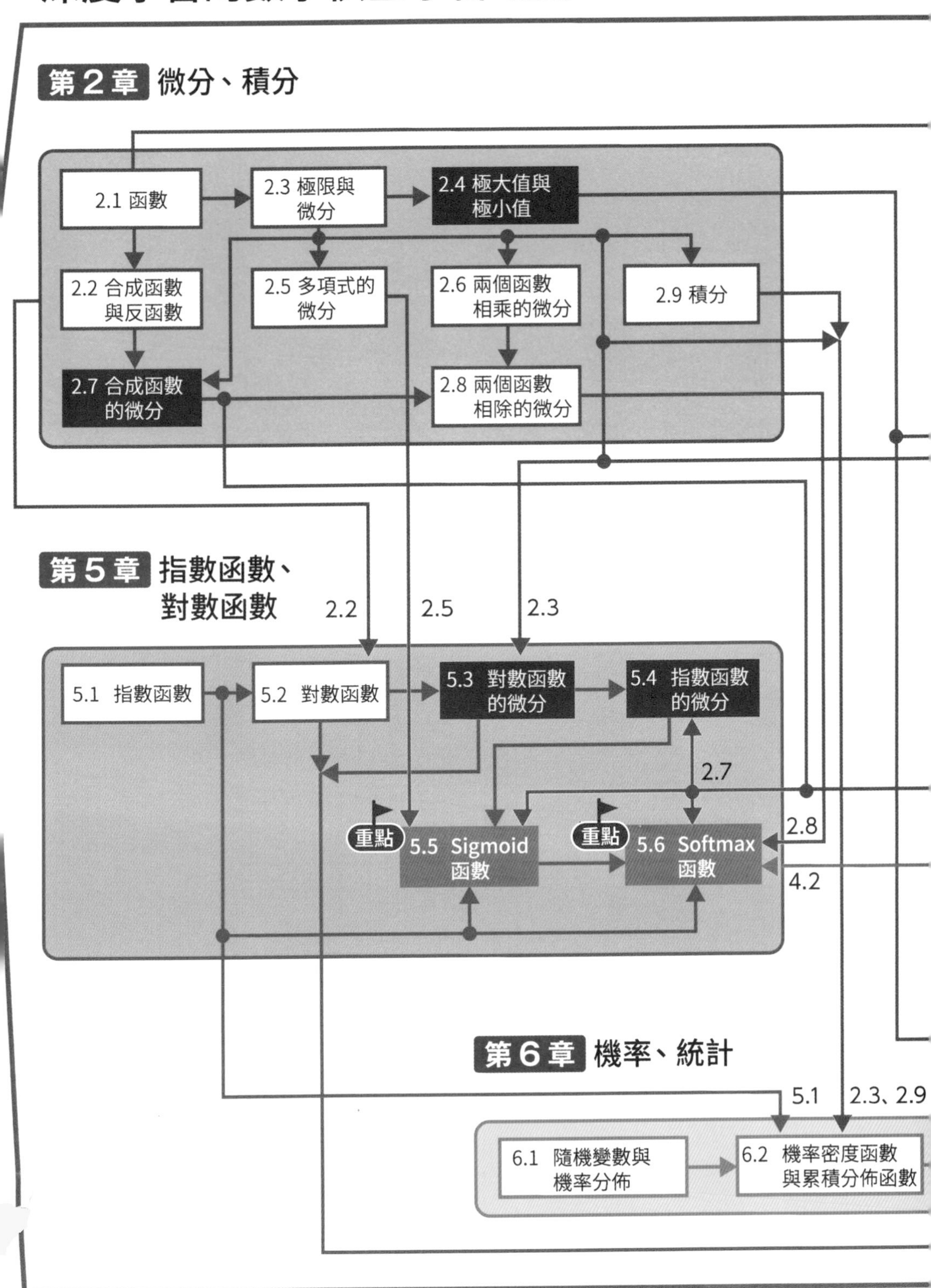

深度學習

的數學地圖

IBM AI 工程師
東京大學數學工程專業
Masanori Akaishi

用Python實作
神經網路的數學模型

附數學快查學習地圖

旗標官方網站

從做中學 AI 粉絲團

- FB 官方粉絲專頁：旗標知識講堂、從做中學 AI
- 旗標「線上購買」專區：您不用出門就可選購旗標書！
- 如您對本書內容有不明瞭或建議改進之處，請連上旗標網站，點選首頁的 聯絡我們 專區。

  若需線上即時詢問問題，可點選旗標官方粉絲專頁留言詢問，小編客服隨時待命，盡速回覆。

  若是寄信聯絡旗標客服 email，我們收到您的訊息後，將由專業客服人員為您解答。

  我們所提供的售後服務範圍僅限於書籍本身或內容表達不清楚的地方，至於軟硬體的問題，請直接連絡廠商。

  學生團體　訂購專線：(02)2396-3257 轉 362
  　　　　　傳真專線：(02)2321-2545

  經銷商　　服務專線：(02)2396-3257 轉 331
  　　　　　將派專人拜訪
  　　　　　傳真專線：(02)2321-2545

國家圖書館出版品預行編目資料

深度學習的數學地圖：用 Python 實作神經網路的數學模型 / Masanori Akaishi 作；
繁體中文版 施威銘研究室 監修．章奇煒，王心薇 譯．
-- 初版．--
臺北市：旗標，2020.05　面；　公分

ISBN 978-986-312-626-3（平裝）

1.Python（電腦程式語言）2. 人工智慧

312.32P97　　　　109005379

作　　者／Masanori Akaishi

翻譯著作人／旗標科技股份有限公司

發行所／旗標科技股份有限公司

台北市杭州南路一段 15-1 號 19 樓

電　　話／(02)2396-3257(代表號)

傳　　真／(02)2321-2545

劃撥帳號／1332727-9

帳　　戶／旗標科技股份有限公司

監　　督／陳彥發

執行編輯／孫立德

美術編輯／陳慧如

封面設計／陳慧如

校　　對／施威銘研究室

新台幣售價：580 元

西元 2024 年 7 月 初版 5 刷

行政院新聞局核准登記 - 局版台業字第 4512 號

ISBN 978-986-312-626-3

讀者專用　本書範例程式

本書中的 Python 程式範例有兩種取得管道。您可以連到作者的 Github 網站取得 Jupyter Notebook 檔案，或是在旗標下載網址取得單純的 Python 檔。

- 作者 Masanori Akaishi Github 網址 (Jupyter Notebook 形式)：

  https://github.com/makaishi2/math_dl_book_info，然後點進 notebooks 資料夾

- 旗標網址 (單純 Python)，請依引導取得範例檔 (全部小寫字母)：

  https://www.flag.com.tw/bk/t/f0318

編註：本書使用的 Anaconda 版本

本書需要用 Anaconda 中的 Jupyter Notebook 與 Spyder 編輯工具，由於 Anaconda、Python 語法及其附加函式庫的改版頻繁，有可能一些功能在某次改版之後會失效，請讀者了解。本書範例檔在 Windows 環境下的 Anaconda3-2020.02 版可正確執行。您可在 Anaconda 官網 https://www.anaconda.com/products/individual 下載 Windows、MacOS 或 Linux 版本。

前言

深度學習自從 2012 年在視覺辨識競賽中以驚豔的辨識率登場之後，發展便一路勢如破竹，帶起新的一波大熱潮。人工智慧 (AI) 在之前也曾有過第 1 波與第 2 波的熱潮，但當時都還未能處理實際問題，而這次的第 3 波與之前最大的不同，就是在實際問題上也開始取得進展了。雖然未來會如何應用還是未知數，但筆者相信深度學習絕對會是今後不可或缺的一項技術。

由於深度學習擁有如此巨大的影響力，自然會有許多人「想要了解其運作原理」。筆者也是其中之一。而幸運的是，在充分理解其理論基礎之後，能有此機會透過本書向各位介紹。

在研究的過程當中，除了領悟到「原來這一切都是數學啊！」，筆者還發現了一件事。那就是儘管市面上已有許多以「深度學習」或「機器學習」為題的書籍，但大致都不脫以下兩種類型。

- 太過在意初學者，以至於尚未探究到深度學習的本質便結束
- 內容說明詳實，但學習門檻過高，自開頭便令人難以理解

幾乎沒有見到過程度介於兩者之間者。而且在針對初學者的書籍中，經常出現以下模式：以「**初學者 = 不擅長數學**」為前提，因此只要一涉及數學便立刻用比喻帶過，結果反而讓人無法理解其原理。

因此筆者決定執筆本書最大的原因，就是希望能將這段落差填補起來。而且也決定採取與現行初學者書籍相反的做法，也就是「不逃避數學」。

不過在講解數學時，該以什麼程度作為出發點呢？經過許多考量之後，決定從高中一年級的內容開始復習起。而在整個講解過程當中會用到最難的數學，也

僅止於大學一般微積分程度。

當然，這種做法並不輕鬆。也正因如此，目前的初學者書籍才都避開了這條路。但筆者希望堅持初衷，因此著手梳理出理解深度學習演算法真正的重要概念，這些被挑選出來的數學主題，大約用半本書介紹完。接下來的半本再加上機器學習、深度學習的演算法介紹，這樣就構成筆者理想中的內容了，也就是本書的基本構想。

本書共由四個部分組成，「導入篇」、「理論篇」、「實踐篇」及「發展篇」。

【導入篇】

開頭的「導入篇」像是整本書的架構示意圖。原本規劃作為基礎概念的介紹，後來是為了配合編輯提出的艱鉅任務：「可以加入用高一數學就能解決的簡單練習嗎？」才又另外設計了完全不用微分就能解題的方法。不過事後看來，在開頭階段就挑戰這樣的問題，更有助於了解以下兩件事。

- 所謂的機器學習、深度學習，其實就是透過「預測函數」導出「損失函數」，再求解「將損失函數最小化」的數學模型，以建構出最佳模型的方法。
- 但若要解決更一般性的問題，仍需用到如指數函數、對數函數及偏微分等，因此確實需要對數學有足夠的認識，否則是無法辦到的。

【理論篇】

本書前半部的「理論篇」，就像是數學概念的速學手冊。其中特別重視的有三件事：

第一件事是「**盡量讓出現的公式、定理能夠直觀理解，才得以掌握其意**」。筆者在撰寫本書時，看了各種高中數學參考書，發現其中有極大部分並不會清楚說明重要公式、定理的緣由，而且介紹後就立刻進入練習題。讓筆者不禁認為，應該許多人是因為難以接受這種做法才無法跟上進度的吧！

因此本書在介紹公式時，會盡可能詳細「**說明此公式出現的原因**」(本書重點強調說明，而非證明)，並在能以圖表解釋之處，就盡量**輔以圖表說明**。因為筆者認為，如此才能立刻掌握公式的使用方式。舉例來說，第 2 章解說的微分，其實就是「逐漸放大函數圖，直到最後看起來像一條直線」的意思。只要懂得善用此性質，就能輕鬆推導出其他更複雜的微分公式。具體情況在讀完第 2 章後，應該就能理解。

第二件事是「**盡量將使用到的概念，維持在必要的最小限度內**」。因為讀者的目的是要了解深度學習，與其無關的概念即使不知道也無妨。因此本書希望透過這番取捨，將容易形成障礙的「數學」門檻盡量降低。否則筆者也很想介紹「三角函數的微分與 π 之間的關係」或「矩陣的特徵值與特徵向量」等，只是因為這些概念並不會在本書中用到，因此只好含淚捨去。

第三件事則是重視「**概念之間的關聯性**」。以上述方式篩選出來的數學概念之間都具有關聯性。因此介紹這些概念時，必須妥善安排先後順序，以避免說明過程出現未定義、解說過的新概念。理論篇的各章順序曾為此經過多次調整，最後才定下目前的構成方式。**本書附的彩色拉頁中，即彙整了這些概念之間的關聯性**。當無法順利理解某個概念時，可藉由此學習地圖快速檢視是否因為相關概念尚未完全理解所致。還請多加運用此地圖。

【實踐篇】

本書後半部為「實踐篇」，主要講解深度學習的演算法。其中特別注重的有以下幾點。

第一點是「**一次踏出一小步**」。從基本的「線性迴歸」開始，一直到深度學習為止，這些數學模型之間的關係就像是生物的演化過程。若將模型按照演化順序排列好，檢視其間差異，會發現其實演化一個模型所需要的新概念非常少。這一點只要參考拉頁中整理的各模型重點概念表，便能明白。

為實現「**一步步穩定邁向深度學習**」的理想，每當出現新的模型，就會開啟新的一章，以整個章節針對新出現的概念詳細說明。由於前進到深度學習的過程是使用這種方式逐步加深理解，因此到第 10 章要介紹深度學習時，奠基於第 9 章的基礎之上，幾乎不需要再介紹新的概念就能進入狀況。

第二點是「***讓 Python 程式碼適用於 Jupyter Notebook***」。其實不僅僅是 *Python*，筆者認為所有電腦程式都是用來確認自己理解內容的工具。因此為了盡可能讓讀者能在閱讀的同時，實際執行 *Python* 程式碼來確認，本書選擇讓程式碼適用於可同時撰寫、執行程式，並確認執行結果的 *Jupyter Notebook*。(**編註：** 為方便習慣使用其他開發工具者，也提供了單純的 *Python* 檔，可用 *Anaconda* 的 *Spyder* 執行，或是將範例程式碼複製到 *Jupyter Notebook* 中執行。)

書末的附錄有提供 *Jupyter Notebook* 的使用方法。建議讀者在閱讀的同時，讀取各章的範例，實際確認 *Python* 的執行狀況。*Jupyter Notebook* 有個特性是能夠單獨執行 *Cell*(稱為單元格或程式框)，而不用每次都執行所有的程式碼。因此可根據需求檢視變數內容，或在改變參數值後，重新執行個別 *Cell*。若能利用此特性反覆確認執行結果，相信對程式碼的理解也會加深。

本篇另一個重點，就是 ***Python* 程式碼與構成演算法的運算式之間的對應關係**。*Python* 的 *Numpy* 函式庫，能夠用 1 個變數就表現出矩陣或向量，也能用簡潔的方式計算出矩陣、向量之間的乘法。因此本書中充分利用 *Numpy* 的特色，尤其是構成預測、訓練相關演算法基礎的運算式，希望讀者能更容易理解演算法實作的程式碼。

而關於 *Python* 的實作，還有另一個用心之處，就是將明知會失敗的程式碼也編寫出來。因為這些問題都是讀者獨自進行機器學習編碼時可能會遇到的，若能透過實際經歷，了解問題出現的原因，以及該如何解決，應該就能得到更深入的理解。(**編註：** 作者 *Github* 中的程式碼有少部份會故意安排小錯誤讓讀者抓蟲)

【發展篇】

最後，在總結本書的「發展篇」中，將本書無法完整說明，但對深度學習很重要的方法及概念整理出來。雖然介紹的方式很緊湊，內容的難度也較高，但讀完前面所有章節的讀者會驚訝於自己的吸收速度。筆者認為這就是**從基礎開始理解一項事物所帶來的好處**。

好的，那麼現在就以數學及 *Python* 為路標，踏上這趟以深度學習為目標的登山之旅吧！經過一番努力，自然就能體驗「會當凌絕頂，一覽眾山小」的喜悅。

Masanori Akaishi

目錄

第 3 章 向量、矩陣

第 8 章 邏輯斯迴歸模型 (二元分類)

第 9 章 邏輯斯迴歸模型 (多類別分類)

導入篇

第 1 章　機器學習入門

Chapter

1

機器學習入門

Chapter 1

機器學習入門

本書的目的是讓讀者理解機器學習 (*machine learning*) 與深度學習 (*deep learning*) 的數學運作原理。在第 1 章會用高中程度的數學，以簡單易懂的例子說明「何謂機器學習、深度學習」。

因為人工智慧涵蓋的範圍太廣，本書原則上不會使用「人工智慧」一詞，而會專注在「機器學習」與「深度學習」領域。

1.1 何謂機器學習

那麼「機器學習」是什麼呢？為了避免各家定義不同而造成認知差異，筆者將機器學習的定義如下。

1.1.1 何謂機器學習模型

本書將機器學習模型定義為滿足以下兩項原則的系統：

- **原則 1：**機器學習模型是一個函數，它將輸入資料映射成預測資料。
- **原則 2：**機器學習模型的函數行為，是由訓練決定的。

接著我們使用範例來說明。以下表格是取自機器學習常用的公開資料集 *Iris Data Set*(鳶尾花資料集) 當中的幾筆資料，記錄著鳶尾花的花瓣大小與對應的品種類別。其中 *class* 代表鳶尾花的品種類別 (0：*setosa* 山鳶尾、1：*versicolour* 雜色鳶尾)、*length* 代表花瓣長度，*width* 則為花瓣寬度：

class（類別）	length (cm)	width (cm)
0	1.4	0.2
1	4.7	1.4
0	1.3	0.2
1	4.9	1.5
0	1.4	0.2
1	4.9	1.5

表 1-1　鳶尾花 2 個品種的花瓣大小

現在考慮一個機器學習模型，當輸入鳶尾花的花瓣 *length* 與 *width*，此模型就會輸出 *class*，告訴我們這是哪一個鳶尾花品種。當只有上表中六筆資料時，人類可以在觀察這些資料後，利用以下的邏輯來判斷鳶尾花的品種：

```
if width > 1
then class = 1
else class = 0
```

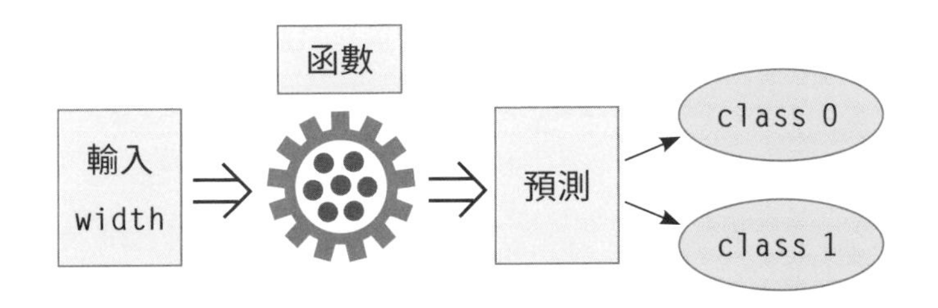

然而若凡事都讓人類參與判斷，那就不叫機器學習了。並且，如果資料性質複雜、數量龐大，人類恐怕也難以找出規則。既然稱為「機器學習」，人類只要輸入資料，**模型必須自行找出**類似上述程式那樣的**判斷規則**。這就是原則 2「**函數行為由訓練決定**」的意思。

1.1.2 機器學習的訓練方法

訓練是機器學習的核心，其具體做法有三種：

監督式學習（supervised learning）

用大量的資料來訓練模型，每筆資料都搭配一個**標準答案**(又稱 *teaching data*)，模型的預測結果會和標準答案做比對，以修正模型參數，進而達成學習效果。就和我們在學校不斷的「考試→學習→考試→學習…」一樣。

非監督式學習（unsupervised learning）

只提供訓練資料，不提供標準答案，讓模型自行摸索出資料的規則並產生預測(答案)的訓練法。例如：僅根據資料的特性，將資料自動分組的「分群(*clustering*)工作」，便是一種典型的非監督式學習。

強化式學習（reinforcement learning）

沒有訓練資料與標準答案，讓機器從與環境互動中去學習，進而擬定行動對策。由於沒有已知的大量資料，適合用於探索未知的領域。在學習中，藉由犯錯給予處罰，未犯錯給予獎勵的方式，讓機器去探索出正確的答案。例如：打敗棋王的 *AlphaGo*。

在這三種訓練法當中，監督式學習是機制最單純、最容易理解的模型，現階段也最被廣為使用，因此本書後續也僅討論監督式學習。

1.1.3 監督式學習的迴歸、分類模型

監督式學習的模型有兩種，一種輸出值為**連續變化的數值**，例如預測商店的每日銷售額；另一種輸出值為**離散值**，稱為「類別(*class*)」，例如辨別照片中的動物是甚麼種類。前者稱為**迴歸(*regression*)模型**，後者稱為**分類(*classification*)模型**。這兩種模型在本書都會介紹。

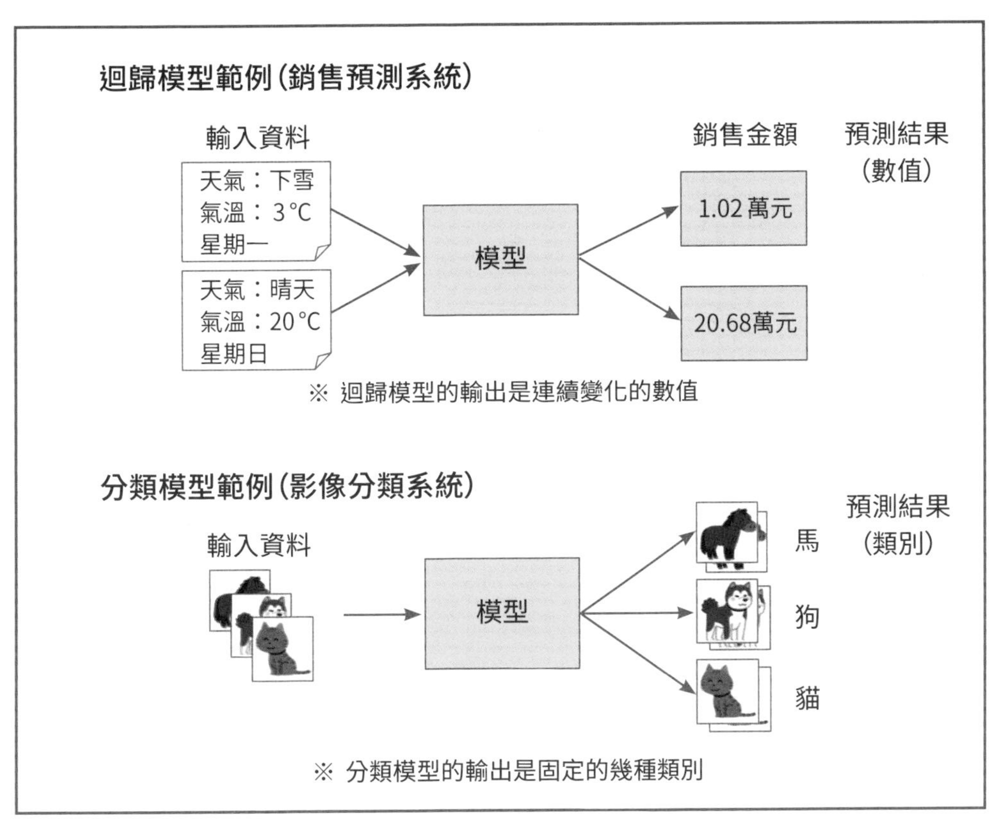

圖 1-1　迴歸模型與分類模型

1.1.4 訓練階段與預測階段

監督式學習由訓練階段 (*learning phase*) 與預測階段 (*prediction phase*) 這兩個階段組成。

訓練階段

訓練階段如下圖所示，模型在接收由輸入資料與實際值 (已知的標準答案) 組成的訓練資料之後，據此不斷地訓練，並自我調整更準確的模型參數，也就是讓模型輸出的結果更接近實際值 (正確答案)。

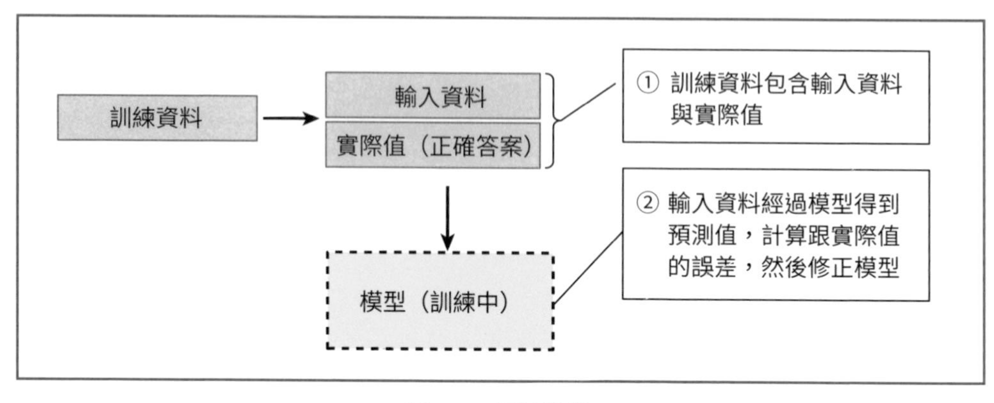

圖 1-2　訓練階段

預測階段

當訓練階段完成後，表示此模型已達到我們要求的準確率，接著就可將新的輸入值送進此模型，讓它進行預測。

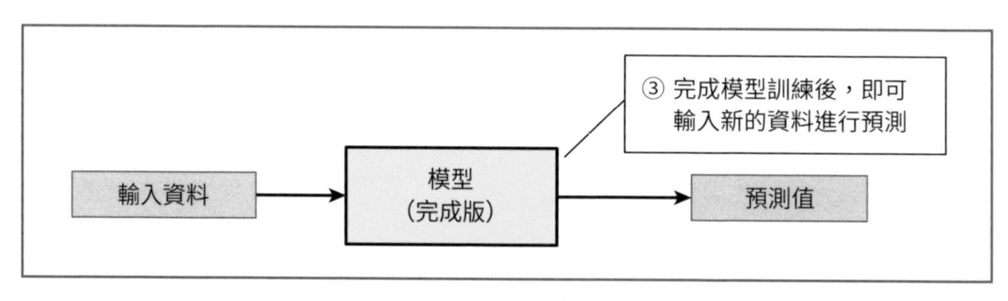

圖 1-3　預測階段

1.1.5 損失函數 (Loss function) 與梯度下降法 (Gradient Descent)

前面介紹了機器學習的模型定義與運作流程，但這都還只是從模型的外觀去描述其行為。但內部到底是如何訓練與如何預測？對於不懂其內部數學原理與演算法的人而言就如同是個「黑箱 (*black box*)」，本書的目的就是要看懂這個黑箱裏面是如何運作的。

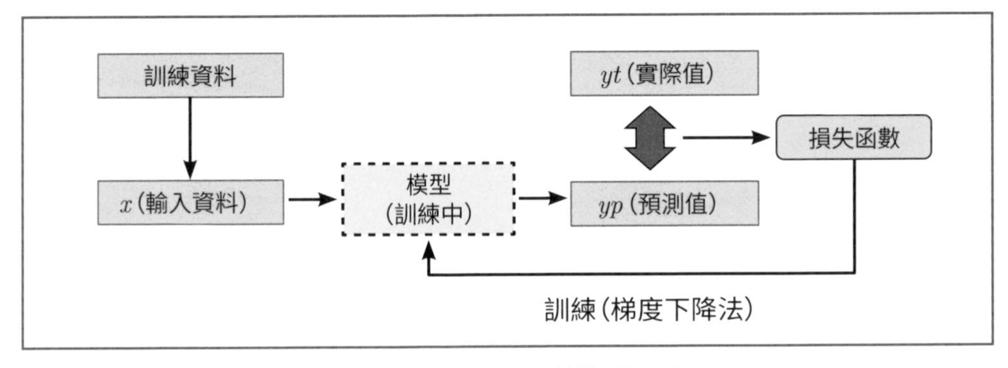

圖 1-4　利用損失函數的模型訓練法

「**損失函數**」: 是用來**衡量預測值與實際值到底差多少的依據**。也就是說，如果上圖中的預測值越接近實際值，則損失函數的值就越小，也就表示預測越準確。最完美的情況是預測值就等於實際值，事實上這很難達到 (**編註：** 就算真的達到，也恐怕會有過度配適的問題，畢竟大量的輸入資料中可能會有少數的離群值存在)，因此我們只能讓損失函數能夠收斂並達到一個滿意的準確度就好。

「**梯度下降法**」: 這是**讓損失函數最小化的演算法**，藉由迭代運算不斷去調整模型參數，讓預測值趨近實際值，達到損失函數值趨近最小值的目的。

本書的重點就是在協助讀者理解「損失函數」及「梯度下降法」的概念與實作。現階段只要知道這兩個名詞的用途，並在腦海中記住上圖的樣子即可。

1.2 第一個機器學習模型：簡單線性迴歸模型

現在來做一個簡單的練習題，解題過程會用到二次函數配方法。只要跟著下面的內容做一遍，就能對機器學習模型有個基本的概念。(範例檔 *ch01-1.py*)

此處採用的是「簡單線性迴歸 (*simple linear regression*)」模型 (迴歸模型的一種)，簡單來說就是輸入 1 個 x 值，會輸出 1 個對應的 y 值。目的是：建立一個以身高 $x(cm)$ 為輸入值，體重 $y(kg)$ 為輸出值的線性迴歸模型，其實就是一條直線的函數，可用輸入的身高去預測其體重，我們稱這個函數為預測函數：

本書算式的編號是依照節的順序排列，例如 1.2 節是從 (1.2.1) 開始，7.4 節的式子是從 (7.4.1) 開始。像 1.1 節因為沒有公式，所以就不會有(1.1.1)式了。

$$y = w_0 + w_1 x \tag{1.2.1}$$

線性函數通常會寫成 $y = ax + b$ 或 $y = a + bx$ 的形式，而在機器學習中會將 a、b 係數視為「權重 (*weight*)」參數，因此會改用 w_0 與 w_1 來表示。

下面是身高與體重的對應表，裏面有 5 筆資料：

身高 x (cm)	體重 y (kg)
166	58.7
176	75.7
171	62.1
173	70.4
169	60.1

表 1-2　訓練資料 1

我們將上表中的 5 個資料畫在座標上：

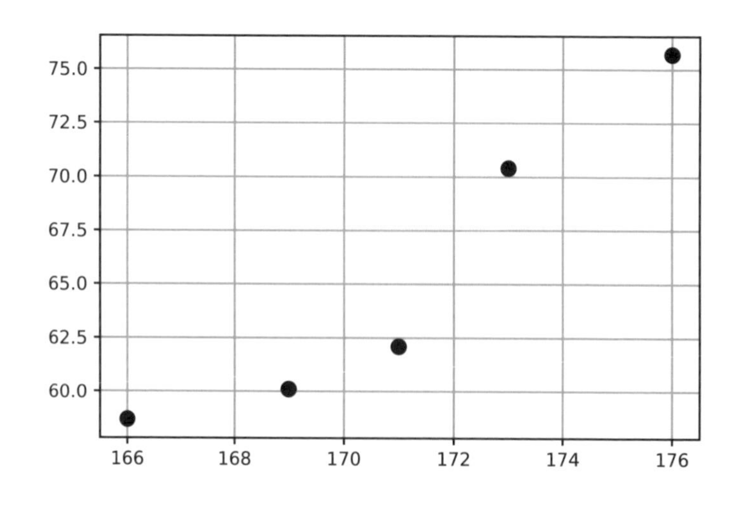

圖 1-5　訓練資料的散佈圖

接下來，我們想找出一條直線 (即預測函數，所有的預測值都在這條直線上)，與上圖中 5 個點的誤差越小越好，如下圖所示：

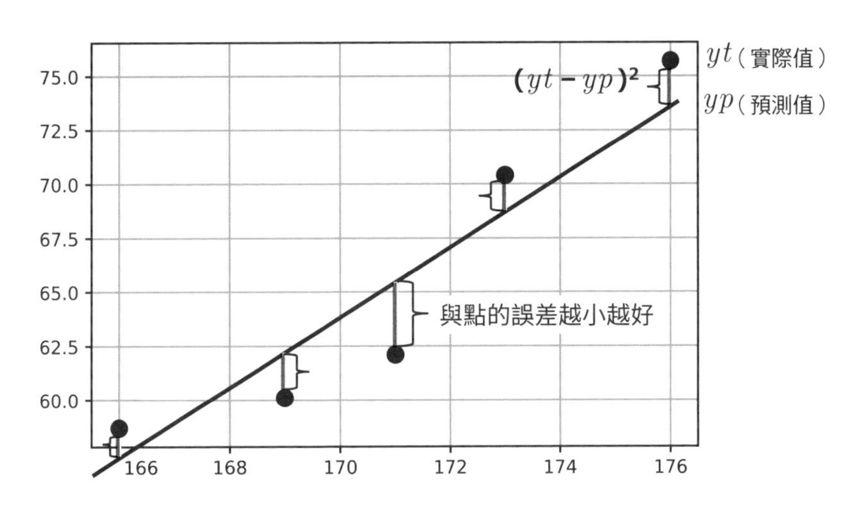

圖 1-6　顯示實際值與預測值之間的誤差

線性迴歸模型中的誤差是各點到直線的垂直方向距離，也就是 $yt - yp$。但由於此差值可能有正有負，若直接將差值相加可能正負值相抵，而不能呈現出真正的總差值，例如 3 個點的差值分別為 0、0、0，差值加總是 0，另外 3 個點的差值分別為 5、−2、−3，差值加總也是 0，但顯然兩者的誤差很不同。

為了避免這種情況，常用的做法是**先計算各樣本點實際值與預測值的差值，個別取平方之後再加總**，亦即「**誤差平方和**」，並令其為損失函數，再利用「**最小平方法**」求出讓損失函數最小的參數值。

我們接下來要將 5 個點代入預測函數 (1.2.1) 式，以得出損失函數。我們將預測值 y 用 yp 取代，可將 (1.2.1) 式改寫成：

$$yp = w_0 + w_1 x$$

並將 5 個點的座標用 $(x^{(i)}, y^{(i)})$ 表示，其中 $i = 1, 2, 3, 4, 5$，那麼損失函數 $L(w_0, w_1)$ 即為這 5 點的誤差平方和：

$$
\begin{aligned}
L(w_0,\ w_1) &= (yp^{(1)} - yt^{(1)})^2 + (yp^{(2)} - yt^{(2)})^2 + \cdots + (yp^{(5)} - yt^{(5)})^2 \\
&= (w_0 + w_1x^{(1)} - yt^{(1)})^2 + (w_0 + w_1x^{(2)} - yt^{(2)})^2 + \cdots \\
&\quad + (w_0 + w_1x^{(5)} - yt^{(5)})^2
\end{aligned}
$$

將上式展開後，將 w_0, w_1 的係數整理成下式：

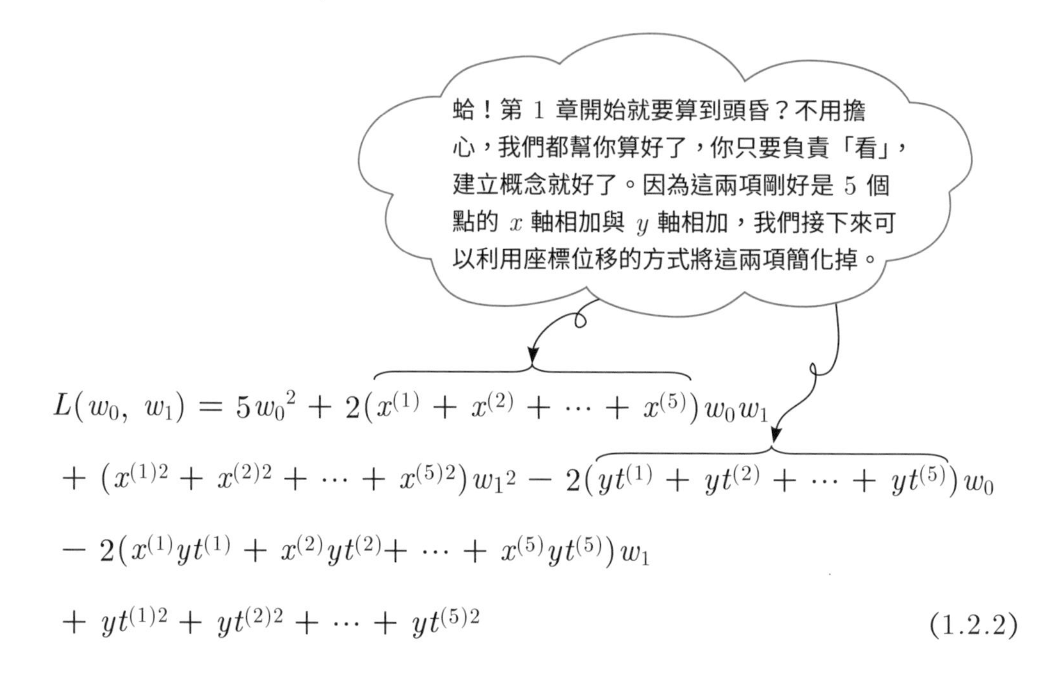

$$
\begin{aligned}
L(w_0,\ w_1) &= 5{w_0}^2 + 2\overbrace{(x^{(1)} + x^{(2)} + \cdots + x^{(5)})}w_0w_1 \\
&+ (x^{(1)2} + x^{(2)2} + \cdots + x^{(5)2})w_1{}^2 - 2\overbrace{(yt^{(1)} + yt^{(2)} + \cdots + yt^{(5)})}w_0 \\
&- 2(x^{(1)}yt^{(1)} + x^{(2)}yt^{(2)} + \cdots + x^{(5)}yt^{(5)})w_1 \\
&+ yt^{(1)2} + yt^{(2)2} + \cdots + yt^{(5)2} \qquad (1.2.2)
\end{aligned}
$$

利用座標位移簡化算式

上式看起來有點複雜，如果直接將 5 個點的資料代入會很難計算，因此這裏用了座標位移的技巧。我們觀察上式發現 w_0w_1 這一項的係數是 5 個點的 x 值加總，w_0 項的係數是 yt 值加總。如果將座標原點從 (0, 0) 位移到 x 與 yt 的平均值 (171, 65.4) 做為新的原點，就能讓這 2 項係數都變成 0 而消去，將式子簡化為：

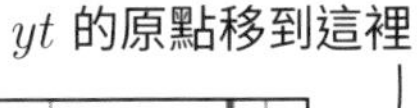

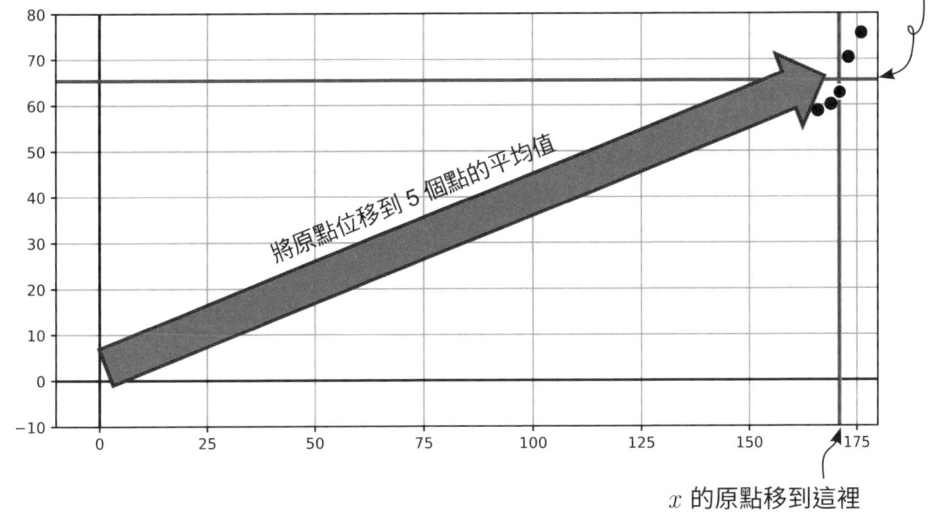

圖 1-7 原點的位移

因為原點已經位移，原本 5 個點的座標也要跟著調整。以 X、Y 表示原座標值減掉平均值之後的值，可得新的訓練資料如下：

X	***Y***
− 5	− 6.7
5	10.3
0	− 3.3
2	5.0
− 2	− 5.3

表 1-3 訓練資料 2

編註： 從表 1-2 可算出身高 x 的平均值為 171，體重 y 的平均值為 65.4。然後把表 1-2 第一列的值分別減去 171 和 65.4，就可以得到表 1-3 第一列的 −5 和 −6.7。依此類推即可得到表 1-3。這種做法叫做「資料中心化 (*centralization*)」，是資料科學或特徵處理常用的手法。

然後，在新座標系上繪製的散佈圖如下(此時的橫軸是 X，縱軸是 Y)：

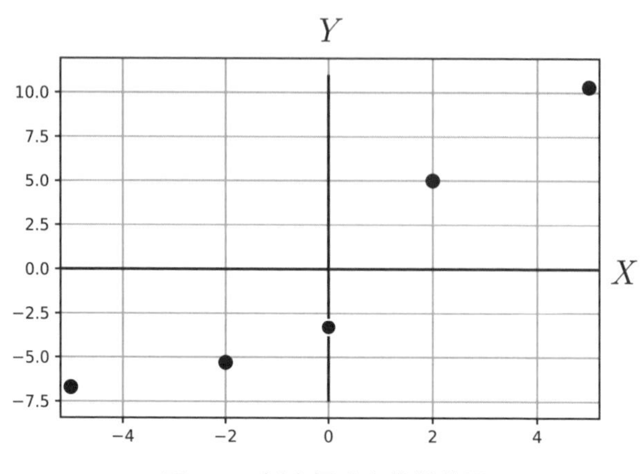

圖 1-8　新座標系上的散佈圖

同時也將預測函數中的 w_0、w_1 權重換成 W_0、W_1 代表新座標系中的權重，則預測函數可改寫為：

$$Yp = W_0 + W_1X \tag{1.2.3}$$

此時的(1.2.2)式已經變成：

$$\begin{aligned} L(W_0, W_1) = & 5{W_0}^2 + (X^{(1)2} + X^{(2)2} + X^{(3)2} + X^{(4)2} + X^{(5)2}){W_1}^2 \\ & -2(X^{(1)}Yt^{(1)} + X^{(2)}Yt^{(2)} + X^{(3)}Yt^{(3)} + X^{(4)}Yt^{(4)} + X^{(5)}Yt^{(5)})W_1 \\ & + Yt^{(1)2} + Yt^{(2)2} + Yt^{(3)2} + Yt^{(4)2} + Yt^{(5)2} \end{aligned}$$

然後將表 1-3 的 X、Y 值代入上式，可得損失函數為：

$$L(W_0, W_1) = 5{W_0}^2 + 58{W_1}^2 - 211.2W_1 + 214.96 \tag{1.2.4}$$

其中與 W_0 相關的僅剩 $5{W_0}^2$ 一項，且 $5{W_0}^2$ 一定大於或等於 0，很明顯能讓損失函數值最小的 W_0 就是 0。接著再將後面的 W_1 二次函數 $58{W_1}^2 - 211.2W_1 + 214.96$ 利用配方法整理一下：

$$L(0,W_1) = 58{W_1}^2 - 211.2W_1 + 214.96 = 58\left({W_1}^2 - \frac{2\cdot 52.8}{29}W_1\right) + 214.96$$
$$= 58\left(W_1 - \frac{52.8}{29}\right)^2 + 214.96 - 58\left(\frac{52.8}{29}\right)^2$$
$$= 58(W_1 - 1.82068\cdots)^2 + 22.6951\cdots$$

由上式可知，當 $W_1 = 1.82068...$ 時，可得到最小值 22.6951...。將此函數的圖形畫出來，如下圖所示：

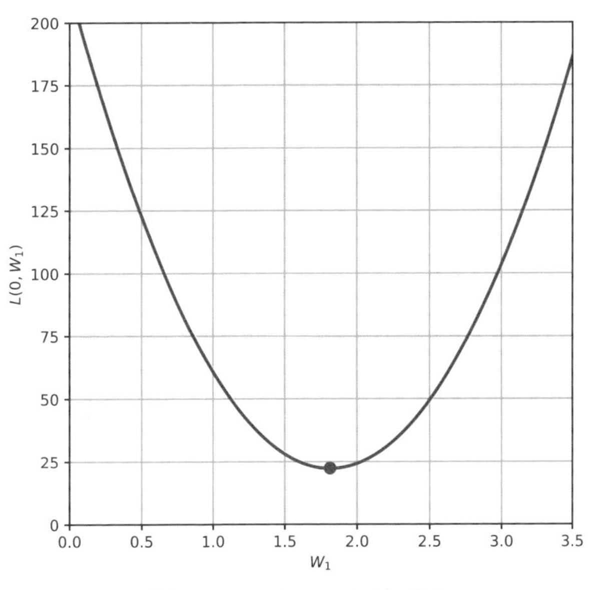

圖 1-9　L（0, W_1）的圖形

總結來說，當 W_0、W_1 等於下面的值時，損失函數 (1.2.4) 式會有最小值 22.6951...：

$$(W_0,\ W_1) = (0,\ 1.82068\cdots) \tag{1.2.5}$$

將預測函數轉換回原座標系

以上即為求解 W_0、W_1 的「訓練階段」，接下來要將預測函數轉換回原座標系，以進行預測。首先將 (1.2.5) 式得到的參數值代回原 (1.2.3) 式，得到線性迴歸模型的預測函數：

$$Y = 1.82068X \tag{1.2.6}$$

此預測函數就是離這 5 個點誤差最小的直線，將其畫在新座標系上：

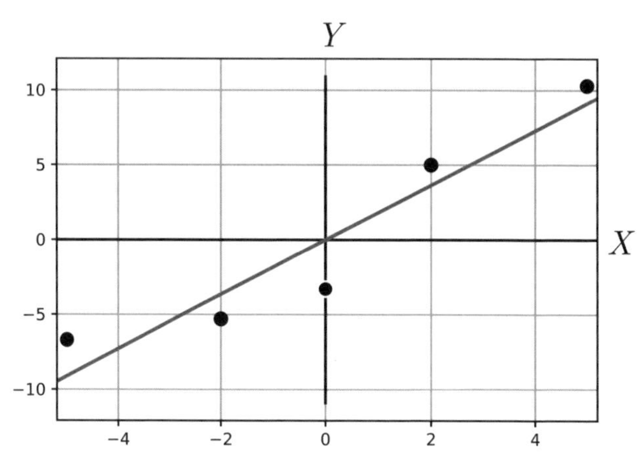

圖 1-10　散佈圖與預測函數（新的座標系）

然後，我們要將新座標系的原點 (171, 64.5) 再位移回原本的 (0, 0)。(X, Y) 與 (x, y) 的關係如下：

$$x = 171 + X$$
$$y = 65.4 + Y$$

因此：

$$X = x - 171 \tag{1.2.7}$$
$$Y = y - 65.4 \tag{1.2.8}$$

將 (1.2.7) 及 (1.2.8) 式代回 (1.2.6) 式，可得原座標系的預測函數：

$$y = \underbrace{1.82068}_{w_1}x - \underbrace{245.936}_{w_0}$$

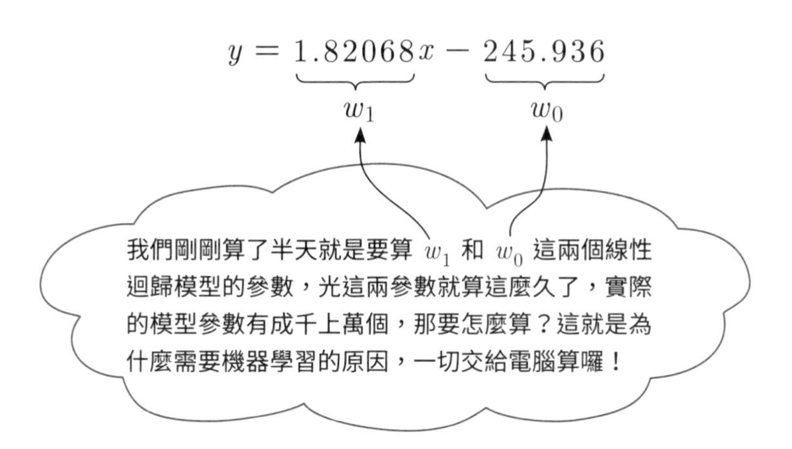

再將上式畫在散佈圖上：

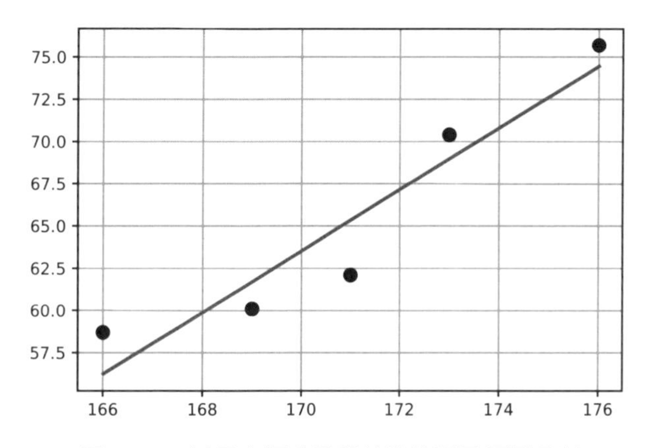

圖 1-11　以原座標系呈現的散佈圖及預測函數

然後，我們就能用此預測函數進行預測。例如將一筆新的身高資料 164.5，送進此預測函數，即可預測體重為：

$$y = 1.82068 \cdot 164.5 - 245.936 = 53.5$$

此預測值會隨著自變數 x 的改變而不同。因為這是一個簡單的線性迴歸模型，所以預測的結果不一定完全準確，還是有誤差存在，往後我們會介紹更完整的機器學習模型。

1.3 本書討論的機器學習模型

上一節練習的是「迴歸模型」，而深度學習還可以用來處理分類問題，因此需要用到「分類模型」。能夠實現分類功能的模型很多，例如邏輯斯迴歸、神經網路、單純貝氏分類器、決策樹等等，本書重點是在「**邏輯斯迴歸**」與「**神經網路**」。

> **編註：** 邏輯斯迴歸雖然名稱中有「迴歸」兩字，其實它是以迴歸為工具，以分類為目的的模型，所以它是一種分類用的模型。

分類模型的運作方式都是基於相同的基礎，將其整理如下：

(1) 設定模型的結構，權重參數 (w) 未知 (先用預設值)。

(2) 將輸入值 (x) 乘上權重後加總 (u)。

(3) 將 u 代入「激活函數 (*activation function*)」$f(u)$，得到的輸出為預測值 (yp)。

(4) 建立「**損失函數**」計算預測值 yp 與實際值 yt 的誤差，評估此模型的預測準確率。

(5) 使用「**梯度下降演算法**」，調整模型的權重參數，將損失函數值最小化，回到 (2) 重複此流程，直到損失函數值降到最低，也就是 yp 最接近 yt，這時的參數就是最佳的權重參數。

淺層的神經網路只有輸出層與輸入層的 2 層結構 (圖 1-12)，而深度學習的神經網路會在輸入與輸出層之間增加隱藏層 (或稱中間層) 節點 (圖 1-13)：

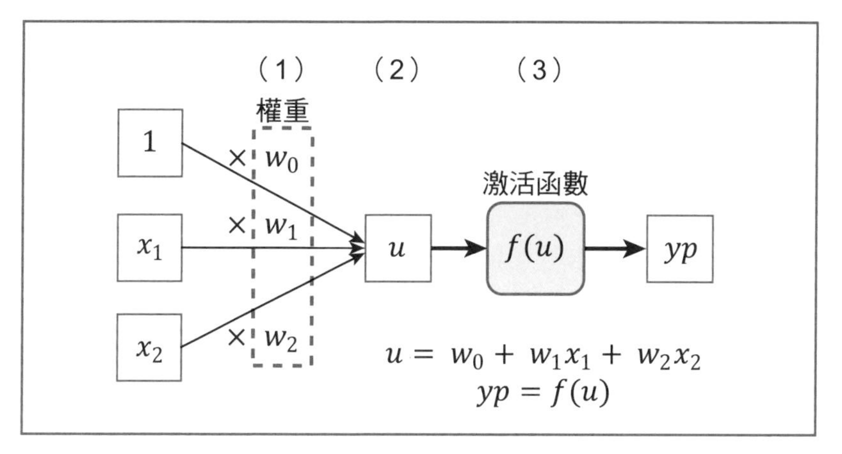

圖 1-12　沒有隱藏層的分類模型結構

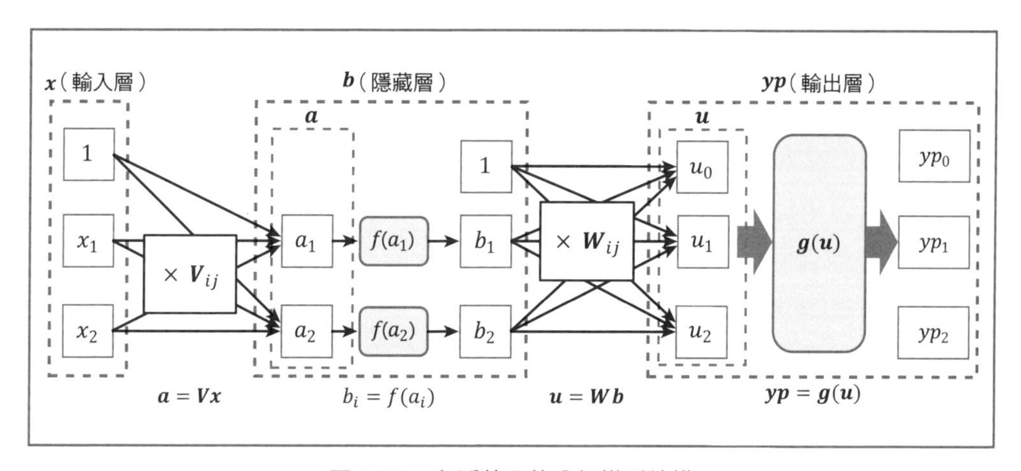

圖 1-13　有隱藏層的分類模型結構

隱藏層可以有 1 層或以上的層數，加上輸入層與輸出層總共至少有 3 層結構。如果隱藏層只有 1、2 層，一般稱為「淺層學習」，層數多才有「深度」學習的能力。

1.4 數學是深度學習的核心

要理解機器學習與深度學習模型的內部運作機制，只需要具備高中程度的數學能力即可。包括輸入資料與權重相乘的向量運算，非線性激活函數常出現的指數與對數運算，合成函數微分的鏈鎖法則，稍微難一點的是向量偏微分等等。

要看懂本書，數學能力必不可缺。為了讓讀者能以最快的方式瞭解深度學習模型，本書前半部的「理論篇」會介紹需要用到的數學基礎，後半部的「實踐篇」則會利用這些數學公式，以循序漸進的方式導入機器學習與深度學習。

> **編註：** 如果想了解更詳細的公式、運算規則的推導過程，可以參考《機器學習的數學基礎：*AI*、深度學習打底必讀》一書（旗標科技公司出版）。

將模型架構轉換成數學式之後，即可撰寫程式交給電腦執行。現在機器學習領域最受歡迎的 *Python* 語言，提供許多好用的函式庫，例如 *Numpy* 函式庫的向量與矩陣運算函數，可大幅節省開發程式的時間。讀者可依照本書提供的 *Python* 範例，瞭解每一個步驟在做什麼事。

本書每一章開頭都會有該章內容的學習地圖，這樣學習起來才會有系統。**本書整體架構也彙整在書中的拉頁**，在閱讀過程中便於隨時參考，相信會有助於建立整體的概念。

1.5 本書架構

以下是關於各篇架構更詳細的說明。

理論篇

數學的範圍很廣，本篇篩選出機器學習與深度學習必備的數學知識，其他用不到的不談。下面就是理論篇各章之間的關係架構圖：

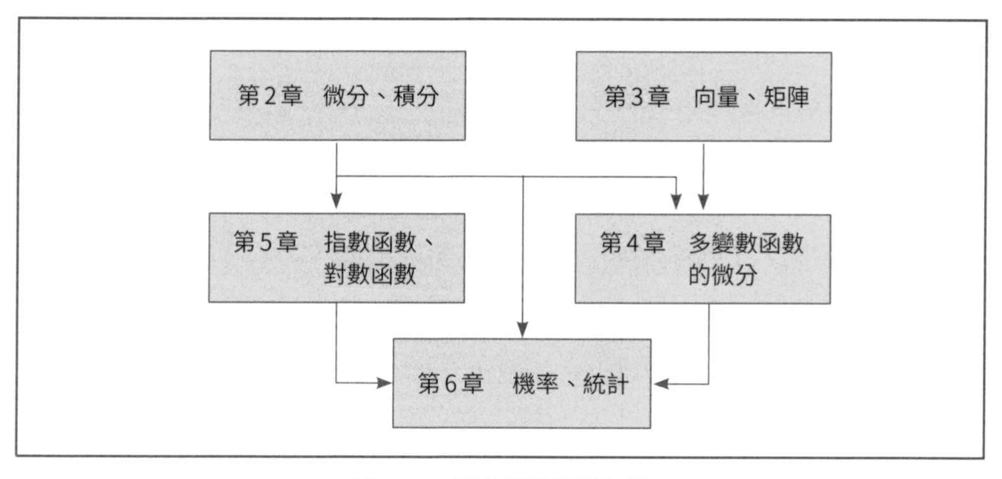

圖 1-14　理論篇的整體架構

圖 1-15 到 1-19 表示每一章各節主題之間的關係。被標上「重點」的方框，表示在後半部的實踐篇內會直接運用到，是實作深度學習的必要知識。此外，灰色方框表示是非常重要的概念，務必充分瞭解。對於基礎概念已有相當認知的讀者可以只挑選重點閱讀，遇到不了解的部分，再根據此圖找出對應章節，補齊相關知識即可。

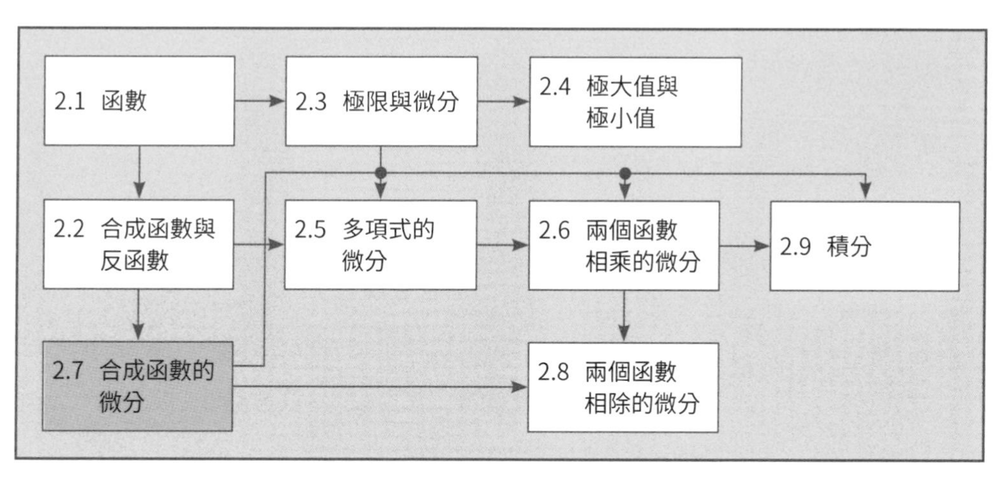

圖 1-15　第 2 章各節主題學習地圖

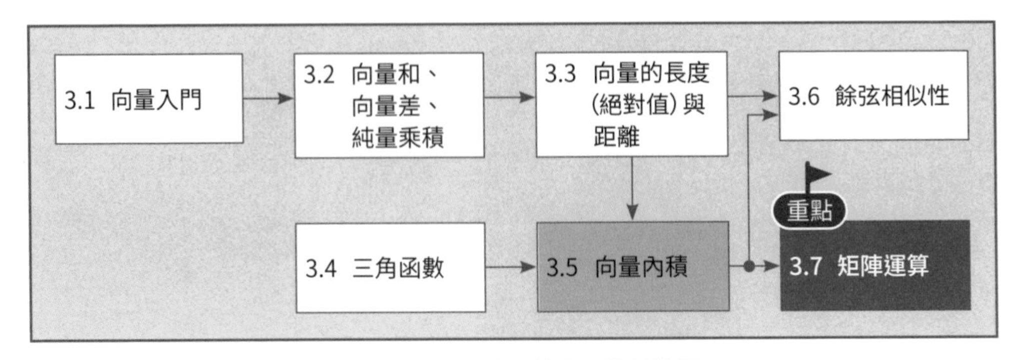

圖 1-16　第 3 章各節主題學習地圖

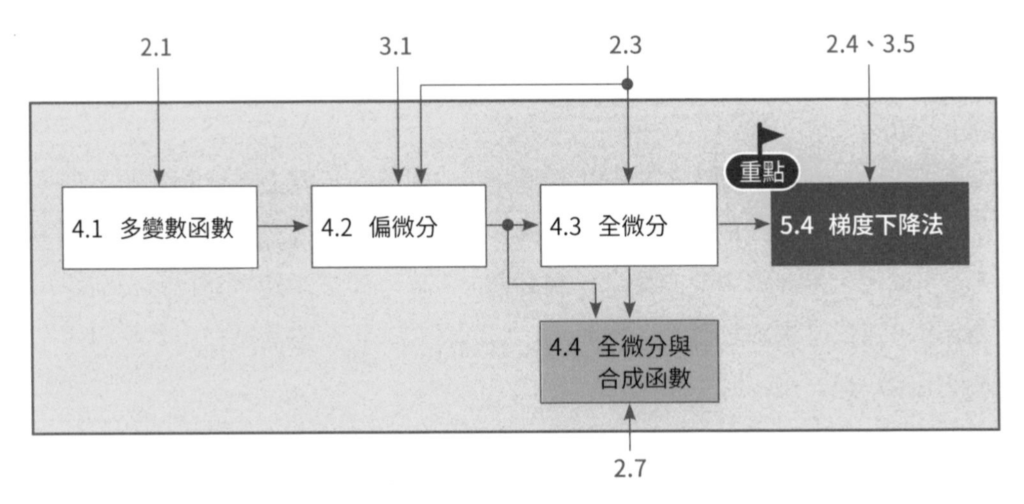

圖 1-17　第 4 章各節主題學習地圖

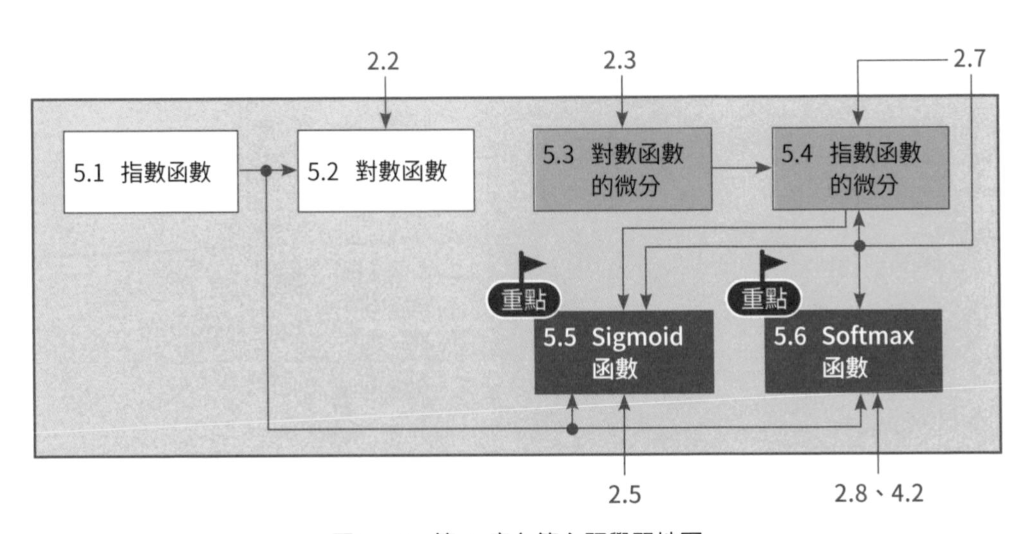

圖 1-18　第 5 章各節主題學習地圖

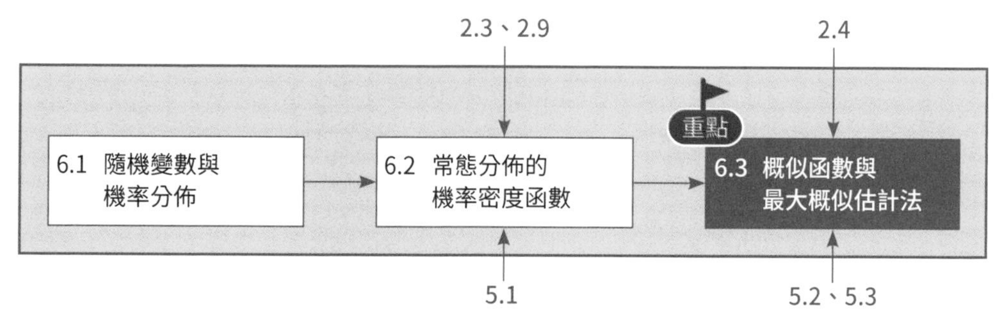

圖 1-19　第 6 章各節主題學習地圖

實踐篇

在後半部的「實踐篇」中，每章都會設定範例問題，利用該例題講解機器學習的演算法與實作程式碼。章節越往後，題目的設定也會越複雜，不過只要跟著練習，就會發現原理都是一樣的。

理論篇的「重點」，都會運用在實踐篇的各章中，其對應關係如下表：

	第 1 章	第 7 章	第 8 章	第 9 章	第 10 章
實現深度學習所需概念	迴歸 1	迴歸 2	二元分類	多類別分類	深度學習
1　損失函數	○	○	○	○	○
3.7 矩陣運算				○	○
4.5 梯度下降法		○	○	○	○
5.5 Sigmoid 函數			○		○
5.6 Softmax 函數				○	○
6.3 概似函數與最大概似估計法			○	○	○
10　反向傳播					○

＊ 迴歸 1 是指簡單線性迴歸，迴歸 2 是指多元線性迴歸

表 1-4　重點數學觀念與機器學習、深度學習的對應關係

第 10 章就會講解本書終極目標的深度學習。由上表可看出，其實從第 9 章的多類別分類到第 10 章的深度學習之間，就幾乎將所有重要的數學知識都用上了。這表示閱讀時不用想得太困難，只要跟著一步步穩定地往前走，就能在不斷進步中抵達「深度學習」的山頂了。

當然，一山還有一山高，讀者可將本書當做往更高處攀登的墊腳石，打好扎實的根基，自然就能走得更高更遠。

理論篇

Chapter

2

微分、積分

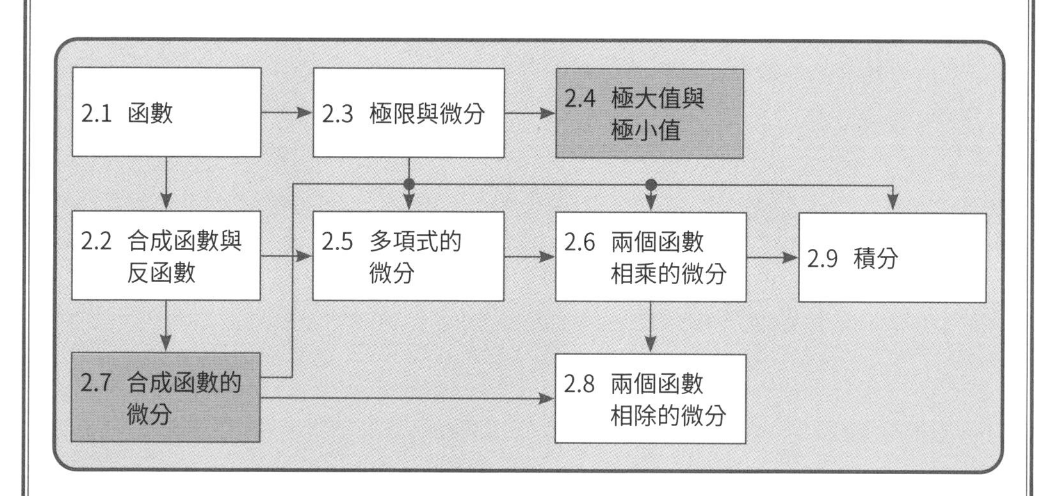

Chapter 2

微分、積分

深度學習的基本原理，就是找出讓損失函數最小化的參數值。要找出這些參數值，必須使用到梯度下降演算法，而這個演算法就是從函數微分推導出來的。也就是說，要深入了解機器學習與深度學習，就必須了解微分。

此外，機器學習會利用機率與統計的方法，這就需要用到微分和積分，因此在 2.9 節會介紹與機率相關的積分。

2.1 函數

微分是用來描述函數在某個點 (或鄰近此點的小區間) 的變化程度，因此我們先從瞭解函數運作行為與函數圖形開始。

2.1.1 函數運作行為

函數的運作行為就是接受輸入值，經過函數運算之後產生輸出值：

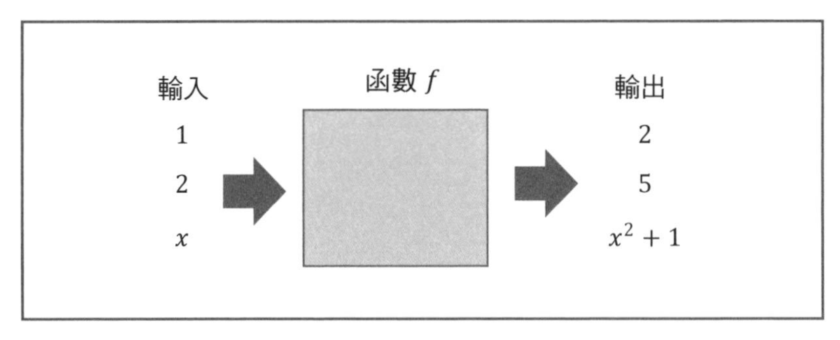

圖 2-1　函數的概念

由上圖可知：

輸入值：1　→　輸出值：2

輸入值：2　→　輸出值：5

假設這個函數的名稱為 f，可寫成：

$$f(1) = 2$$
$$f(2) = 5$$

輸入　輸出

單純觀察上面函數輸出對輸入的變化，不容易直接得知這個函數的輸出是怎樣算出來的。回頭看圖 2-1，其實輸入和輸出的關係就是最下方那行算式。這行算式的意思是：

假設輸入值為 x，則 $f(x)$ 可用 x^2+1 來算出輸出值。例如：將 $x=1$ 代入 x^2+1，會得到 2；將 $x=2$ 代入 x^2+1 會得到 5。

將函數的算式寫出來，就會像下面這樣：

輸入 x 的值

$$f(x) = x^2 + 1$$

經過這樣的運算，就會得到 $f(x)$ 的輸出值

這就是常用的函數形式。

編註： $f(x)=x^2+1$ 只是其中一個可能的例子。例如 $f(x)=3x-1$ 也可以滿足 $f(1)=2$，$f(2)=5$。因此 $f(x)$ 應該選擇什麼函數才適合用來解決問題，這正是機器學習中的一個重點。

2.1.2 函數的圖形

給定函數 $f(x) = x^2 + 1$，代入 x 到 $f(x)$ 中，可以得到 $f(x)$ 的運算結果，或稱為函數 $f(x)$ 的傳回值。如果將傳回值 $f(x)$ 設為 y，則利用 x 與 y 值，就可在平面座標上畫出 (x, y) 的座標點。下圖畫出 $(3, 10)$、$(2, 5)$、$(1, 2)$、$(0, 1)$、$(-1, 2)$、$(-2, 5)$、$(-3, 10)$ 這 7 個點(範例檔 *ch02-1.py*)：

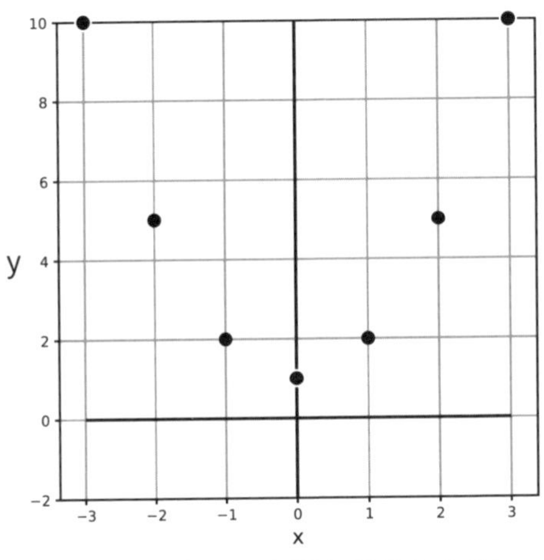

圖 2.2*a* 在平面座標上畫出 7 個點

x 不僅僅是整數，也可以輸入小數。我們繼續輸入更多的 x 值，並算出對應的 y 值，一一畫到座標上，就會發現這些點越來越密：

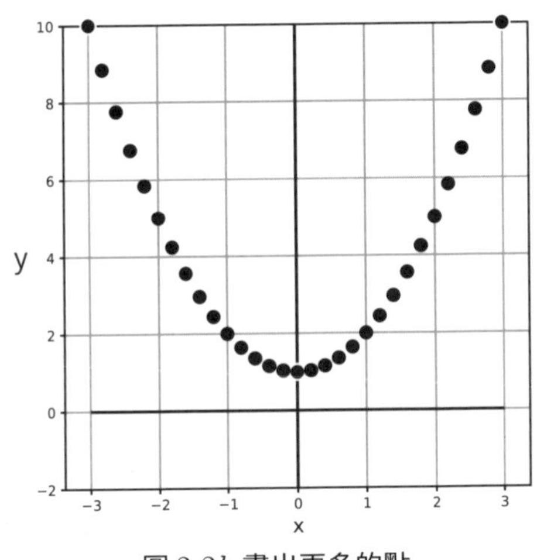

圖 2.2*b* 畫出更多的點

此時，若每個 x 的間隔越來越小，可以想見，最後會形成連續的曲線。這條曲線就是函數 $y = f(x) = x^2 + 1$ 的圖形：

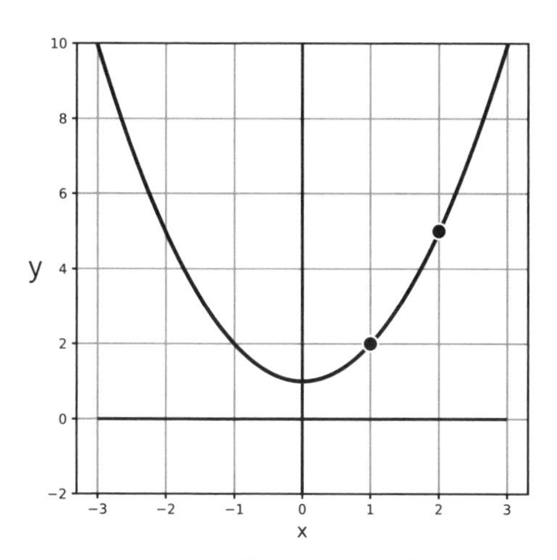

圖 2.2c $f(x)$ 在平面座標上的圖形

編註： 所有的點會連成直線或曲線的函數，稱為連續函數。

2.2 合成函數與反函數

合成函數與反函數是函數中相當重要的概念。合成函數是機器學習和深度學習中，最常使用的數學工具。

2.2.1 合成函數

假設有兩個函數 $f(x)$、$g(x)$：

$$f(x) = x^2 + 1$$
$$g(x) = \sqrt{x}$$

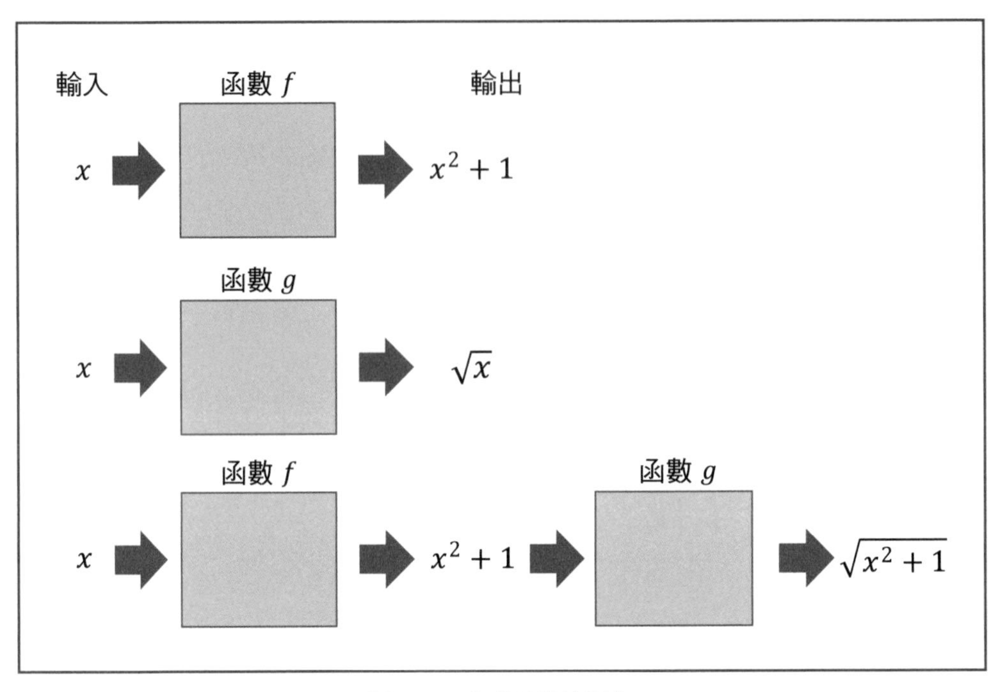

圖 2-3　合成函數的概念

這時如果將函數 $f(x)$ 的輸出值，當成函數 $g(x)$ 的輸入值，則這兩個函數可以組合出一個新的函數，這個新函數就稱為**合成函數**：

$$f(x) = \underbrace{x^2+1}$$

把 $f(x)$ 的輸出值，輸入到 $g(x)$ 中

$$g(x) = \sqrt{x^2+1}$$

$$\Downarrow$$

$$x \rightarrow f \rightarrow g \rightarrow \sqrt{x^2+1}$$

如果將這兩個函數組合而成的合成函數稱為 $h(x)$，則可寫成：

$$h(x) = \underbrace{g \circ f(x)} = \underbrace{g(f(x))}$$

這兩個都是合成函數的符號，
要用哪一個都可以

合成函數的觀念在解決複雜的函數微分時相當重要。就像前面所舉的例子：

$$h(x) = \sqrt{x^2 + 1}$$

如果要計算這個函數的微分，只要把它想成是由兩個單純的函數組成：

$$f(x) = x^2 + 1$$
$$g(x) = \sqrt{x}$$

如此一來，對合成函數 $h(x)$ 的微分，就可拆解成先對外層的 $g(x)$ 微分，再對內層的 $f(x)$ 微分，使得微分變得簡單，這種方法稱為「**鏈鎖法則**（*chain rule*）」，在深度學習中會經常用到。

專欄 合成函數的表示法

將合成函數 $g \circ f(x)$ 寫成 $g(f(x))$，可能更容易理解。

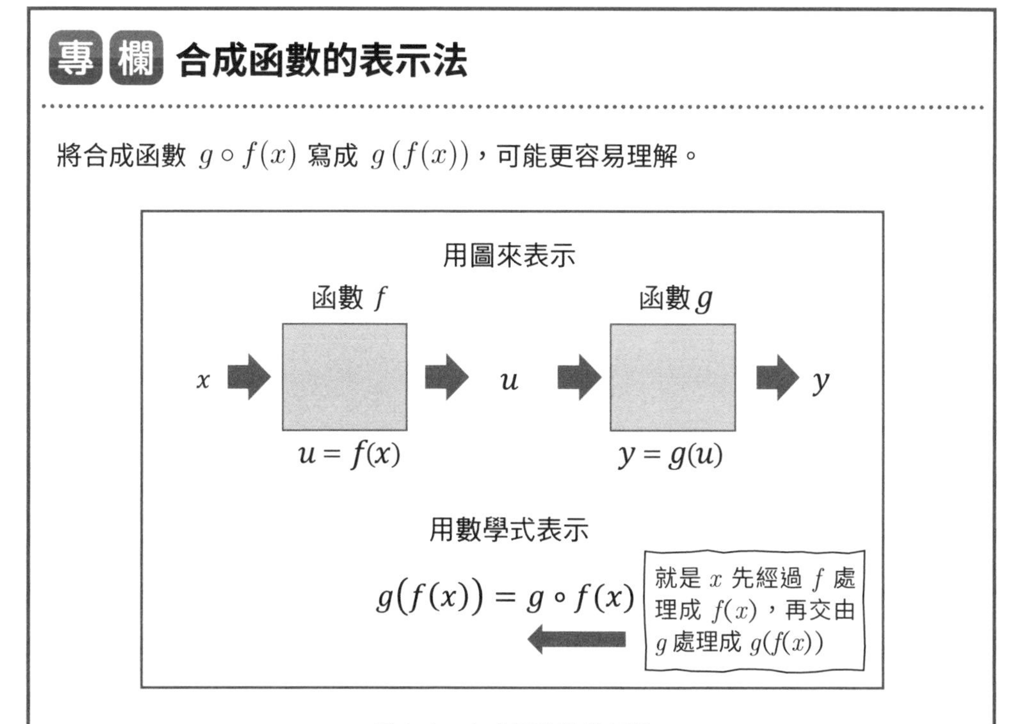

圖 2-4　合成函數的表示法

2.2.2 反函數

函數 f 是將輸入值 x 經過運算之後得到輸出值 y。如果有一個函數 g 可以將 y 反算回去得到 x，則 g 就是 f 的**反函數**(*inverse function*)，用 $g = f^{-1}(x)$ 來表示。我們來看看例子：

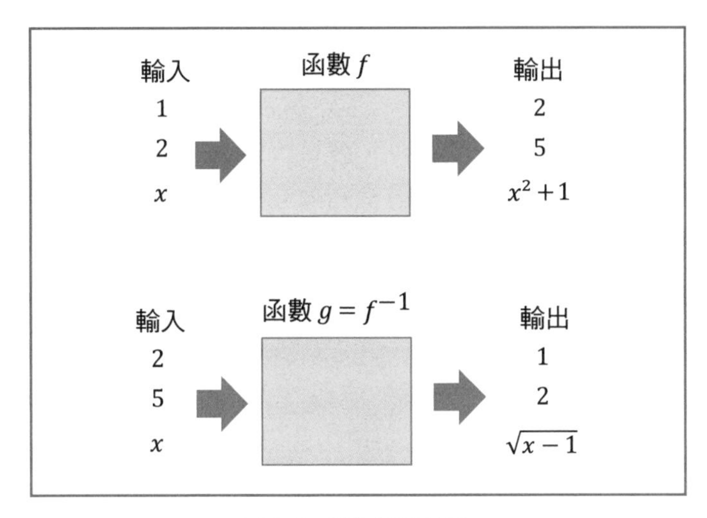

圖 2-5　函數與反函數

請注意！並非所有的函數都存在反函數，只有一**對**一的函數(每個 x 都必須對應到不同的 y 值)才會存在反函數。上面的例子 $f(x) = x^2 + 1$ 為例，如果函數的輸入值為所有實數，則可能出現輸入兩個不同的 x 值，卻得到相同的輸出值。例如：

$$f(1) = 2 \qquad \cdots (A)$$
$$f(-1) = 2 \qquad \cdots (B)$$

當 x 輸入 1 或 -1，$f(x)$ 輸出值都是 2，這樣的函數就不是一對一的函數，也就不存在反函數。例如：如果用 (A) 式來算反函數 $f^{-1}(2)$ 會得到 1，而用 (B) 式，則反函數 $f^{-1}(2)$ 又會等於 -1，無法得到唯一的輸出值(也就是 $f^{-1}(2)$ 的值到底是 1 還是 -1 呢？就無法確定了！)，這不符合函數的基本定義，所以這個 f 的反函數 f^{-1} 就不存在了！

不過，我們可以藉由限制 x 的範圍，來確保一對一的條件。以上面這個例子來說，x 的範圍可以限制在 $x \geq 0$ 或 $x \leq 0$(見底下編註)，讓每個 x 都對應到不同的 y 值，這樣 f 的反函數 f^{-1} 就存在了。

反函數的具體求法如下：

(1) 將原本函數中的 x 都換成 y，且 y 都換成 x ⟵ 其實只有這一步就夠了

(2) 再將對調後的式子，整理成 $y = \cdots$ 的形式 ⟵ 這一步只是整理而已

例如原函數為 $y = x^2 + 1$，其反函數為：

x、y 對調

第一步 $x = y^2 + 1$

第二步 $y^2 = x - 1 \Rightarrow \quad y = \sqrt{x-1}$，並限定 $x \geq 1$

或 $= -\sqrt{x-1}$，並限定 $x \geq 1$

最後求得反函數為 $y = \sqrt{x-1}$ 或 $-\sqrt{x-1}$。

因為我們現在討論的都是實數範圍，所以這個反函數只有在 $x \geq 1$ 時才成立，如果 $x < 1$，則 y 的值會是虛數而非實數，這就不在現階段機器學習討論的範圍了。

編註：注意函數 / 反函數的定義域與值域範圍

一個函數 $y = f(x)$ 的 x 範圍稱為定義域($domain$)，對應 y 的範圍稱為值域($range$)。

例如前面的例子 $y = x^2 + 1$，x 的定義域是從負無限大到正無限大的所有實數，即 $(-\infty, \infty)$。而 y 的值域則是由 1 到正無限大，即 $[1, \infty)$。然而，$y = x^2 + 1$ 並非一對一的函數，不存在反函數。不過，我們觀察圖 2.2b，發現用 $x = 0$ 這條垂直線將圖形切成左右兩段，這兩段就都是一對一的函數，也就存在

反函數。因此，要讓 $y = x^2 + 1$ 存在反函數，則需限制 x 的範圍，使其成為一對一的函數。因此，可以切成兩個部分：

1. $y = x^2 + 1$，限制 $x \geq 0$

x 的定義域為 $[0, \infty)$，y 的值域為 $[1, \infty)$，就存在反函數 $y = \sqrt{x-1}$。此反函數 x 的定義域為 $[1, \infty)$，y 的值域為 $[0, \infty)$。

2. $y = x^2 + 1$，限制 $x \leq 0$

x 的定義域為 $(-\infty, 0]$，y 的值域為 $[1, \infty)$，就存在反函數 $y = -\sqrt{x-1}$。此反函數 x 的定義域為 $[1, \infty)$，y 的值域為 $(-\infty, 0]$。

想必您已經看出來，一個函數若存在反函數(在滿足一對一關係的範圍內)，則有下面的關係：

- 函數的定義域就是反函數的值域
- 函數的值域就是反函數的定義域

再舉一個例子，$y = x^3$ 對所有的 x 都是一對一函數，因此不用限制 x 的定義域，就存在反函數 $y = \sqrt[3]{x}$。兩者的定義域與值域都是 $(-\infty, \infty)$，同樣符合上面的關係。

反函數的圖形

找到了反函數 $f^{-1}(x) = \sqrt{x-1}$，令其為 $g(x)$，我們來看看 $f(x)$、$g(x)$ 的圖形會呈現什麼樣的關係。假設 $y = f(x)$ 將 $x = a$ 代入可得 $f(a) = b$，亦即下圖中的 (a, b) 點。根據反函數的定義，將 b 代入 $g(b) = a$，即下圖中的 (b, a) 點，依此類推。

將這些點畫在座標圖上，會發現 $y = f(x)$ 和 $y = g(x)$ 的點會對稱於 $y = x$ 這條直線。我們得到一個結論：在限定的範圍內，**函數與反函數的圖形會對稱於直線 $y = x$**，此條線也稱為 $y = x$ 對稱軸：

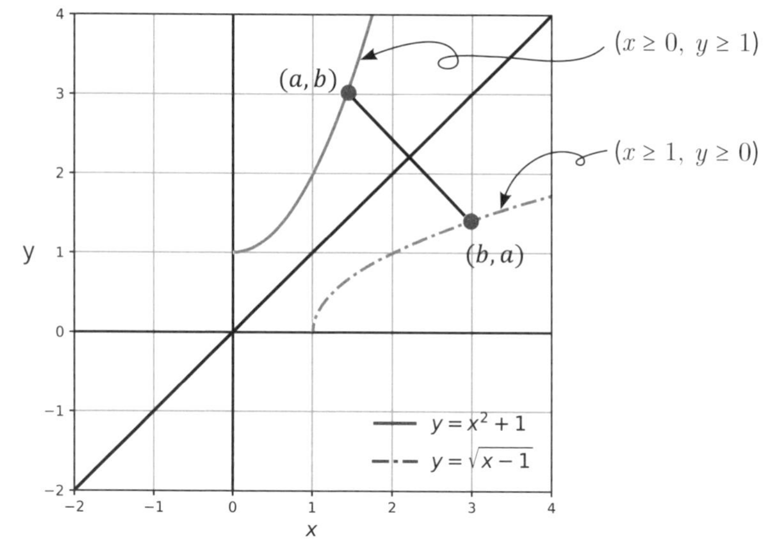

圖 2-6　函數與反函數的圖形

反函數的性質會在求反函數的微分公式中應用到。

2.3 微分與極限

關於函數的概念就說明到此，接下來要說明微分。

2.3.1 微分的定義

我們先以直觀的角度來定義微分：**以函數圖形上的某點為中心，將函數圖形無限放大，當放到無限大時，圖形會趨近直線**。**此時，這條直線的斜率就稱為函數在該點的微分**。而且這條直線會等於該點的切線。

> **編註：** 為什麼說「函數在該點上的微分」呢？難道在其他點會有不同的微分嗎？是的！函數的微分值是「因點而異」，不同的點上有不同的微分值。只有在直線函數上每一點的微分值會相同。

以下是將函數 $y = x^3 - x$ 的圖形，以點 $(\frac{1}{2}, -\frac{3}{8})$ 為中心逐漸放大的過程：

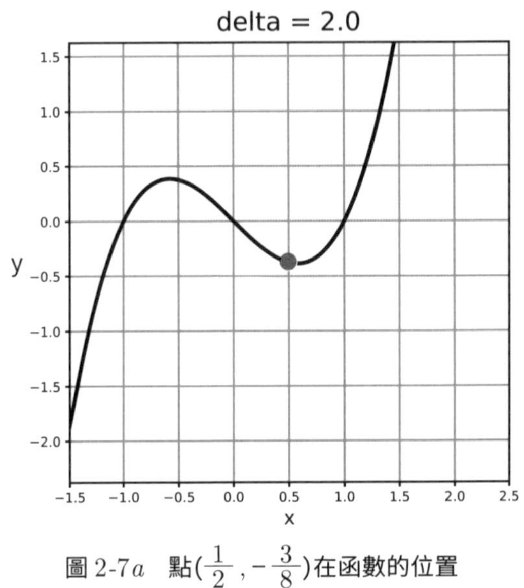

圖 2-7a　點$(\frac{1}{2}, -\frac{3}{8})$在函數的位置

以點 $(\frac{1}{2}, -\frac{3}{8})$ 為中心放大 10 倍後，可發現原本的曲線弧度越來越小：

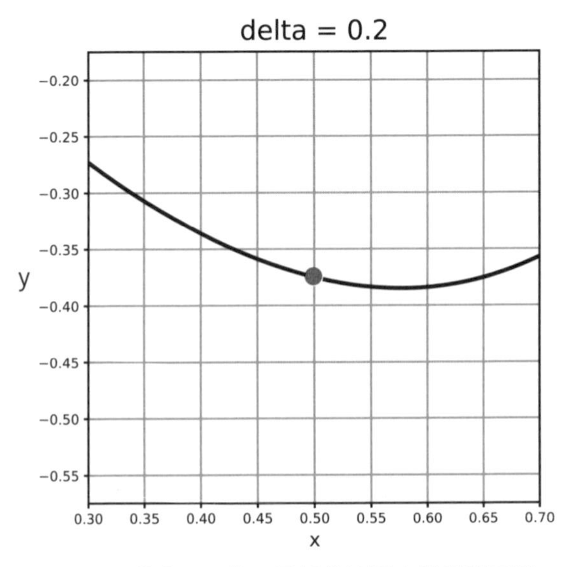

圖 2-7b　放大 10 倍，局部曲線弧度變得較平緩

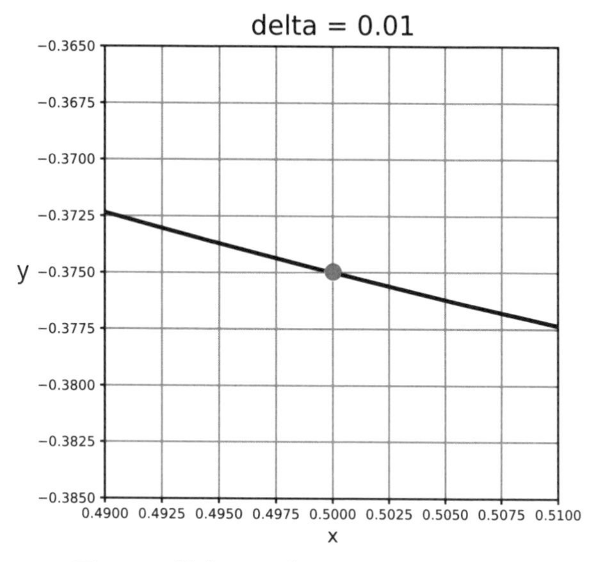

圖 2-7c　放大 200 倍，局部曲線接近直線

下面的連結是這條函數不斷放大的動畫圖，可以清楚看出逐漸變成直線：

https://github.com/makaishi2/math-sample/blob/master/movie/diff.gif
(縮短網址：https://bit.ly/2C434oI)

接下來，要如何計算直線的斜率是多少，就要用到**極限**的概念。下圖取函數曲線上的 $(x, f(x))$ 和 $(x+h, f(x+h))$ 兩個點，並用直線連接這兩點：

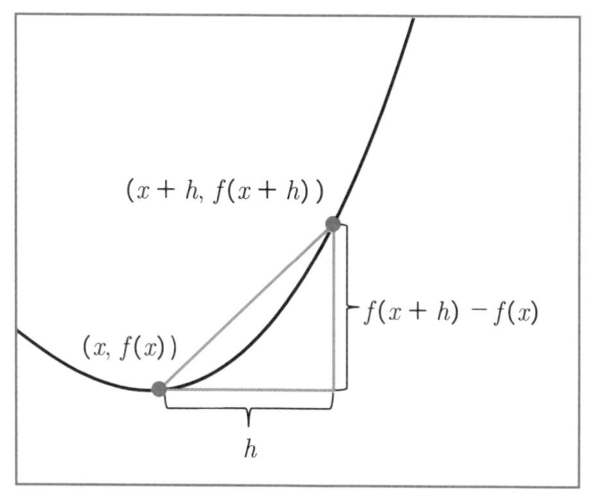

圖 2-8　函數圖形上，兩點相連的直線斜率

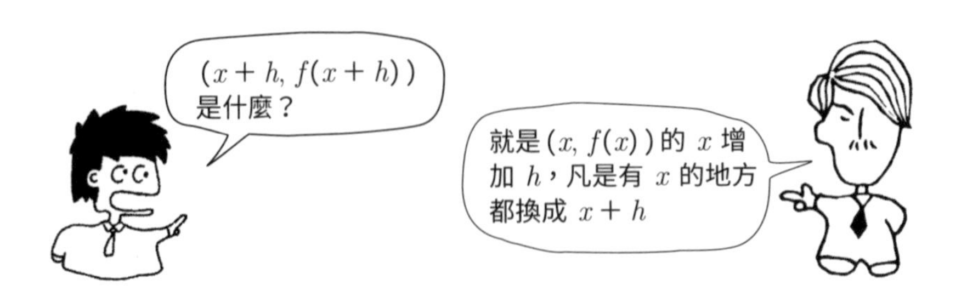

看圖就很清楚知道 $(x, f(x))$ 和 $(x+h, f(x+h))$ 兩點相連的直線斜率可以表示為：

$$\frac{f(x+h)-f(x)}{h}$$

當 h 無限趨近於 0 時，直線斜率就是函數 $f(x)$ 的微分。在數學上，無限趨近的符號是用 lim (即 limit) 來表示，所以 $f(x)$ 微分的定義為：

$$\lim_{h\to 0}\frac{f(x+h)-f(x)}{h}$$

無限趨近符號：lim
h 無限趨近 0：$\lim\limits_{h\to 0}$
h 無限趨近 ∞：$\lim\limits_{h\to\infty}$
h 無限趨近 k：$\lim\limits_{h\to k}$

我們用上一節的 $f(x) = x^2+1$ 為例來進行微分：

記得就是有 x 的地方換成 $x+h$

$$f'(x)=\lim_{h\to 0}\frac{f(x+h)-f(x)}{h}=\lim_{h\to 0}\frac{((x+h)^2+1)-(x^2+1)}{h}$$

$$=\lim_{h\to 0}\frac{2xh+h^2}{h}=\lim_{h\to 0}(2x+h)=2x$$

我們通常以 $f'(x)$ 來代表 $f(x)$的微分，也就是用 $f'(x)$ 來代表 $\lim_{h \to 0} \frac{f(x+h)-f(x)}{h}$ 會比較方便。微分符號除了 $f'(x)$ 外，以下這些符號也都會用來表示微分，其中我們也習慣用 y 來代表 $f(x)$，也就是 $y=f(x)$。本書之後也會使用到這些符號：

$$y'$$

$$\frac{dy}{dx}$$

$$\frac{d}{dx}f(x)$$

這些都是 $f'(x)$ 的另一種寫法，意思是一樣的

所以，就上例而言，$f'(x)$ 就是 $2x$。寫成下面這些都代表相同的意思：

$$y'=2x$$

$$\frac{dy}{dx}=2x$$

$$\frac{d}{dx}f(x)=2x$$

其中，要特別注意的是 $\frac{dy}{dx}$ 這個符號(此為萊布尼茲表示法，在 2.7 節合成函數微分時就會用到)。由於微分表示的是「當 x 增加一個微小的增量時，與 y 的增量的比值」。我們將增量用 Δ 符號表示：

$$\lim_{\Delta x \to 0} \frac{\Delta y}{\Delta x}$$

當 Δx 趨近於 0 時，因為函數是連續的關係，Δy 的增量也會很小，因此就用微分符號 dy、dx 取代 Δy、Δx。

2.3.2 函數值增量與微分的關係

這張圖與圖 2-7c 類似，都是將函數的曲線無限放大到接近直線：

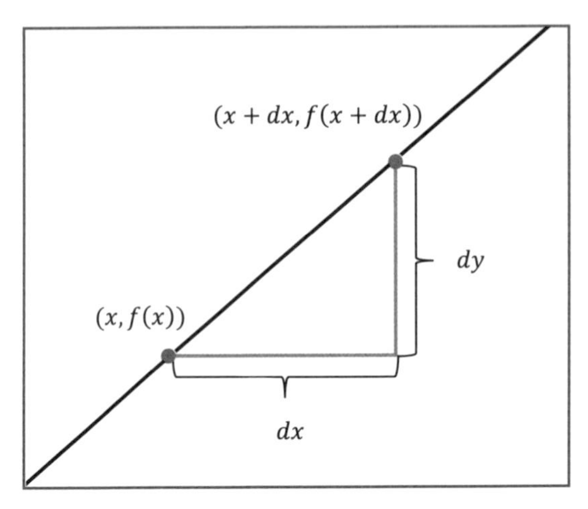

圖 2-9　微分與函數值的近似關係

在這樣放大的狀態下，我們用微分的式子來觀察：

$$f'(x) = \lim_{h \to 0} \frac{f(x+h) - f(x)}{h}$$

當上式的 h 趨近於 0 (但不等於 0)，則 $f(x+h) - f(x)$ 會近似於 $hf'(x)$：

$$f(x+h) - f(x) \fallingdotseq hf'(x)$$

如果我們把 h 改個符號叫做 dx，也就是將上式等號左側的 h 替換成 dx，等號右側的 h 也換成 dx，變成下面這個式子：

$$dy = f(x+dx) - f(x) \fallingdotseq f'(x)dx \tag{2.3.1}$$

表示 $f(x+dx)-f(x)$ 的變化量，會等於 f 在 x 的微分乘上 x 的變化量 dx。後面在推導微分公式時，就會用到 (2.3.1) 式。

2.3.3 切線方程式

從微分定義可知，函數 $y=f(x)$ 圖形上的 $(a, f(a))$ 這一點的切線斜率為 $f'(a)$。

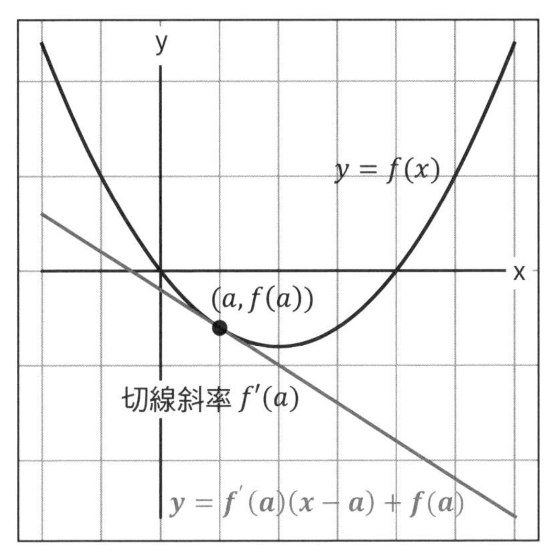

圖 2-10 切線方程式

假設一條直線，其斜率為 m，且通過 (p, g) 點，則其直線方程式為：

$$y = m(x-p) + q \tag{2.3.2}$$

這是我們在高中學過的點斜式直線方程式，如果把 p、q、m 分別換成 a、$f(a)$ 及 $f'(a)$，則會變成下面的切線方程式：

$$y = f'(a)(x-a) + f(a) \tag{2.3.3}$$

專欄 切線方程式與訓練階段、預測階段的關係

接下來思考下面這個問題：

> 函數 $f(x) = x^2 + 1$
>
> (1) 求函數 f 上經過 $(-2, -4)$ 點的切線方程式。假設切點的 x 座標為 a 且 $a > 0$。
>
> (2) 求出 y 軸與此切線的交點座標。

利用 (2.3.3) 式：

$$y = f'(a)(x - a) + f(a)$$

(1) 因為 $f'(x) = 2x$ 則 x 座標為 a 時的斜率為 $f'(a) = 2a$，且 $f(a) = a^2 + 1$ 代入 (2.3.3) 式：

$$\begin{aligned} y &= 2a(x-a) + (a^2+1) \\ &= 2ax - 2a^2 + a^2 + 1 \\ &= 2ax - a^2 + 1 \end{aligned} \tag{2.3.4}$$

然後將 $(x, y) = (-2, -4)$ 代入 (2.3.4) 式：

$$\begin{aligned} & -4 = -4a - a^2 + 1 \\ \Leftrightarrow \quad & a^2 + 4a - 5 = 0 \\ \Leftrightarrow \quad & (a+5)(a-1) = 0 \end{aligned}$$

則 $a = -5$ 或 1。但因為 a 要大於 0，因此 $a = 1$。將 $a = 1$ 代入 (2.3.4) 式可得切線方程式：

$$y = 2x \quad \longleftarrow \text{經過點}(-2, -4)\text{的切線方程式}$$

(2) 然後將 $x = 0$ 代入 $y = 2x$，得 $y = 0$，即為切線與 y 軸的交點，即可得到切線方程式與函數 $y = x^2 + 1$ 的交點：

$$(x,\ y) = (0,\ 0) \longleftarrow \text{切線和 } y \text{ 軸的交點}$$

這個題目的重點在 (2.3.4) 式，包含 x、y、a 三個變數。回顧一下我們的計算過程。首先第一步，為了求出 a 值，我們將 x、y 值用 $(-2,\ -4)$ 代入。這時，我們將 x、y 當成固定的常數，a 當作變數來求 a 的值。得到 a 值之後，經由 (2.3.4) 式就得到切線方程式了。

接著在第 (2) 小題中，我們只要將 $x = 0$ (即 y 軸)，代入切線方程式 $y = 2x$，即可求出切線與 y 軸的交點。

這個例子和本書實踐篇機器學習的概念相同，都具有「訓練階段」和「預測階段」兩個過程：

「**訓練階段**」是從觀測所得的 x 值 (輸入值) 與 y 值 (正確答案) 找出最適當參數 (上例中為 a) 的階段。這個階段相當於本例的第 (1) 小題。

「**預測階段**」是將參數值代回原式，而 x、y 此時則為變數。此階段相當於解本例的第 (2) 小題。在預測階段我們就可以從新的 x 值預測出對應的 y 值。

也就是說：

訓練階段：將觀測值 x、y 當作已知常數，而原本的參數變成未知變數，然後求出參數值。

預測階段：已經找到最佳化的參數，此時的參數已經固定為常數，而 x、y 則為自變數 (輸入值) 和因變數 (預測值)。

所以在這兩個階段，變數與參數的角色會互換。在本書實踐篇計算深度學習時，就是利用這樣的方法來求解。

2.4 極大值與極小值

上一節最後提到 x 增加微量 dx 時，$f(x)$ 的增加量會等於 $f'(x)\,dx$。也就是說，當 $f'(x)$ 等於 0 的時候，$f(x)$ 的值應該是不增也不減。

我們可以從函數的圖形來觀察預測是否正確。下圖是函數 $y = x^3 - 3x$ 的圖形，我們可以看到函數圖形會出現類似山頂和山谷的樣子。其中，函數的極大值位於山頂，極小值位於谷底：

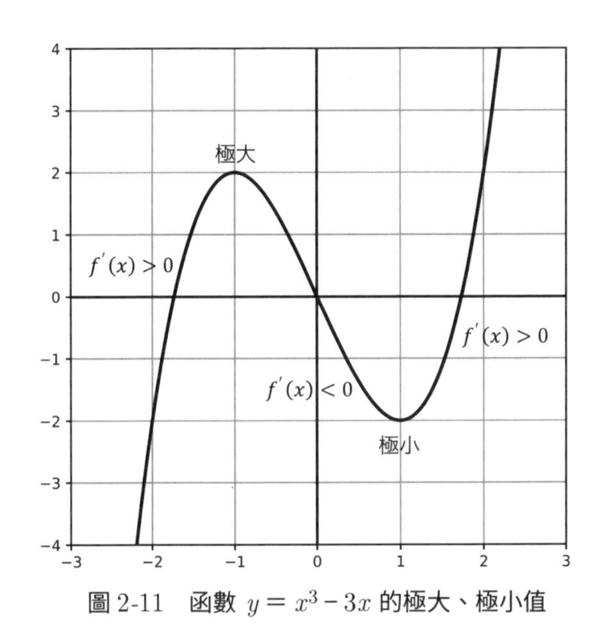

圖 2-11　函數 $y = x^3 - 3x$ 的極大、極小值

極大值與極小值有一個特色，就是其切線斜率會等於 0。所以我們可以透過函數的一次微分 $f'(x)$ 來找到該函數可能有極大值或極小值的點。如果將函數微分一次，且 $f'(x) = 0$，該點「可能」為極大或極小值 (**編註：**在微分等於 0 的點，有可能是相對極值或絕對極值，也可能根本就不是極值，下面會說明)。

從上圖可以觀察出，在極大、極小值兩側的 $f'(x)$ 值都會呈現遞增或遞減的趨勢。在這兩側的區間內，若 $f'(x)$ 大於 0，表示函數在該區間遞增；若 $f'(x)$ 小於 0，則表示函數在該區間遞減。所以當我們找到 $f'(x) = 0$ 的點之後，只要依據該點附近的 $f'(x)$ 是大於 0 或小於 0，就能決定該點是極大值或極小值。判斷基準如下：

設函數 $f(x)$ 在 $x = a$ 的點，且 $f'(a) = 0$，則：

(1) 若在 a 點附近，當 $x < a$ 時，$f'(x) > 0$；當 $x > a$ 時，$f'(x) < 0$，則 $f(x)$ 在 $x = a$ 處有「相對」極大值。因為當 $x < a$ 時，$f'(x) > 0$，表示函數在 a 的左邊遞增。而當 $x > a$ 時，$f'(x) < 0$，表示函數在 a 的右邊遞減，所以 $f(a)$ 是相對極大值。

(2) 若在 a 點附近，當 $x < a$ 時，$f'(x) < 0$；當 $x > a$ 時，$f'(x) > 0$，則 $f(x)$ 在 $x = a$ 處有「相對」極小值。理由同 (1) 的說明。

所謂「相對」極大值、極小值，是指一個函數圖形中，在某個區間內相對的高點或低點，但不見得是整個函數圖形的最高點或最低點。

編註： 以上圖來看，微分為 0 的兩個點都是在一個區間內的相對極值，而非絕對極值。而如下圖這種情況，$f'(x) = 0$ 的點叫做轉折點，是不是轉折點可由 $f(x)$ 的二次微分是否為 0 來判斷。一個函數的二次微分叫做 *Hessian*，在機器學習中扮演了二次最佳化的角色，本書暫不討論。

有時候即使 $f'(x) = 0$，也不一定會有極值，像下圖的函數就是極值不存在的例子：

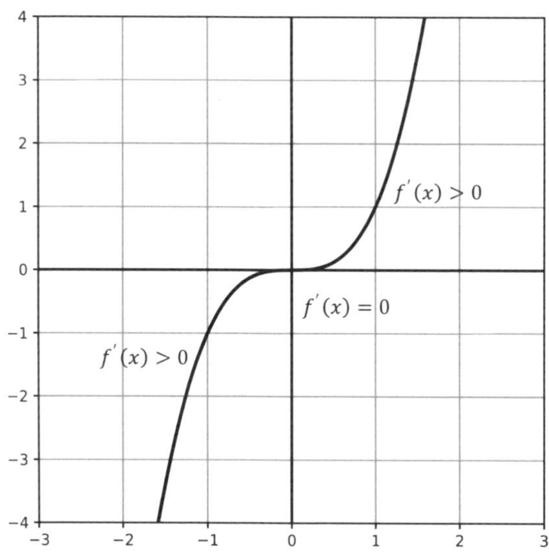

圖 2-12　函數微分等於 0 的點 (0, 0) 沒有極大、極小值 ($y = x^3$ 的圖形)

本節的重點在：如果函數微分在某些 x 點上的值為 0，此函數就可能在這些點上會有極大值或極小值。本書後面介紹到的梯度下降法，其演算法的原理就是來自這個極值原理：「**藉由計算損失函數的斜率，去找出能讓損失函數產生極小值的參數**」。

2.5 多項式的微分

從本節開始我們會陸續介紹幾種具有代表性的函數微分，首先介紹多項式微分。我們在 2.3 節計算過 $f(x) = x^2 + 1$ 的微分，接下來要推廣到更高次方的函數微分。

2.5.1 x^n 的微分（n 是正整數）

我們先來看 $f(x) = x^n$ 的微分。這裡的 n 指的是所有正整數。x^n 微分的推導需要用到二項式定理：

$$(x+h)^n = x^n + {}_nC_1 x^{n-1}h + {}_nC_2 x^{n-2}h^2 + \cdots$$

依照上式，在等號兩邊各減去 x^n：

$$\begin{aligned}(x+h)^n - x^n &= (x^n + {}_nC_1 x^{n-1}h + {}_nC_2 x^{n-2}h^2 + \cdots) - x^n \\ &= nhx^{n-1} + \frac{n(n-1)}{2}h^2x^{n-2} + \cdots\end{aligned}$$

$f(x+h)$　$f(x)$

所以兩邊除以 h，再取極限：

$$\begin{aligned}f'(x) = \lim_{h\to 0}\frac{f(x+h)-f(x)}{h} &= \lim_{h\to 0}\frac{nhx^{n-1} + \frac{n(n-1)}{2}h^2x^{n-2} + \cdots}{h} \\ &= \lim_{h\to 0}\left(nx^{n-1} + \frac{n(n-1)}{2}hx^{n-2} + \cdots\right) = nx^{n-1}\end{aligned}$$

編註： 上式的 n 是正整數，如果 n 是 0，則 $x^0 = 1$。對於所有實數 a，可以看成是 x 的 0 次項，即 $ax^0 = a$ 是一個常數，對常數微分就是 $\lim_{h\to 0}\frac{a-a}{h}$ 就等於 0。

除了第一項外，其他項都會因 $h \to 0$ 而變成 0，所以 $f(x) = x^n$ 的微分公式是：

$$\frac{d}{dx}(x^n) = nx^{n-1} \tag{2.5.1}$$

Chapter 2

2.5.2 微分計算的線性關係與多項式的微分

$f(x)$、$g(x)$ 皆為 x 的函數，p、q 為實數，則下式成立：

$$(p\cdot f(x) + q\cdot g(x))' = p\cdot f'(x) + q\cdot g'(x) \tag{2.5.2}$$

兩個函數相加 (減) 後的微分，會等於兩個函數各別微分後再相加 (減)，這是線性關係的性質。如果是兩個函數相乘 (除) 後的微分，不是線性關係，就不能各別微分後再相乘 (除)，而會有另外的算法。

上式可以用微分定義推導出來：

$$\begin{aligned}(p\cdot f(x) + q\cdot g(x))' &= \lim_{h\to 0}\frac{(p\cdot f(x+h) + q\cdot g(x+h)) - (p\cdot f(x) + q\cdot g(x))}{h}\\ &= \lim_{h\to 0}\left(p\cdot\frac{f(x+h)-f(x)}{h} + q\cdot\frac{g(x+h)-g(x)}{h}\right)\\ &= p\cdot f'(x) + q\cdot g'(x)\end{aligned}$$

現在來看下面這個 n 次多項式：

$$f(x) = a_nx^n + a_{n-1}x^{n-1} + \cdots + a_1x + a_0$$

這是 x^n、x^{n-1}、x^{n-2}、$\cdots$ 的線性多項式，我們可依照 (2.5.1)、(2.5.2) 式來算它的微分：

$$f'(x) = a_n(x^n)' + a_{n\text{-}1}(x^{n-1})' + \cdots + a_1(x)' + (a_0)'$$

對常數微分會等於 0

可得：

$$f'(x) = na_nx^{n-1} + (n-1)a_{n-1}x^{n-2} + \cdots + a_1 + 0 \tag{2.5.3}$$

我們利用上式來計算 2.3 節圖 2-7a 的函數微分。原本的函數為 $f(x) = x^3 - x$，求微分可得：

$$f'(x) = 3x^{3-1} - 1x^{1-1} = 3x^2 - 1$$

我們要求當 $x = \frac{1}{2}$ 時的切線斜率，將 $\frac{1}{2}$ 帶入上式：

$$f'\left(\frac{1}{2}\right) = 3\left(\frac{1}{2}\right)^2 - 1 = -\frac{1}{4}$$

可得切線斜率為 $-\frac{1}{4}$。我們用圖 2-7c 的座標算算看，$\frac{\varDelta y}{\varDelta x} = -\frac{0.005}{0.02} = -\frac{1}{4}$，確認答案符合。

2.5.3 x^r 的微分 (r 是實數)

前面對 x^n 做微分時的 n 是正整數，但其實 (2.5.1) 式當 n 為實數 (亦包括負整數、有理數、無理數) 也一樣適用，我們可將 n 改用 r 來表示。此處不用嚴謹的推導來證明，而是看看下面兩個例子。

x^{-1} 微分

首先來計算 $f(x)=\dfrac{1}{x}\ (=x^{-1})$ 的微分。這裡的 $r=-1$。

$$f'(x)=\lim_{h\to 0}\frac{\dfrac{1}{x+h}-\dfrac{1}{x}}{h}=\lim_{h\to 0}\frac{1}{h}\frac{x-(x+h)}{x(x+h)}=-\lim_{h\to 0}\frac{1}{x(x+h)}=-\frac{1}{x^2}$$

微分之後，x 的次方數 $=-2$，係數為 -1。

$\sqrt{x}$ 微分

接下來，試試計算 $f(x)=\sqrt{x}$ 的微分。$\sqrt{x}$ 可以寫成 $\dfrac{1}{x^2}$，所以 $r=\dfrac{1}{2}$。(計算過程中，使用到分子分母同乘 $(\sqrt{x+h}+\sqrt{x}\,)$ 的方法)

$$f'(x)=\lim_{h\to 0}\frac{\sqrt{x+h}-\sqrt{x}}{h}=\lim_{h\to 0}\frac{(x+h)-x}{h\left(\sqrt{x+h}+\sqrt{x}\right)}=\lim_{h\to 0}\frac{1}{\sqrt{x+h}+\sqrt{x}}$$

$$=\frac{1}{2\sqrt{x}}=\frac{1}{2}\,x^{-\frac{1}{2}}$$

微分之後，x 的次方數 $=-\dfrac{1}{2}$，x 的係數為 $\dfrac{1}{2}$。

x^r 微分的公式

因此我們最後可得到 x^r 的微分公式為：

$$(x^r)'=rx^{r-1} \tag{2.5.4}$$

組合（Combination）與二項式定理

也許有人會問，在說明多項式微分的公式時，出現的 ${}_nC_1$、${}_nC_2$ 和二項式定理是什麼。在這裡，我們簡單說明一下。

${}_nC_k$ 或寫為 C_k^n 的意思是「從 n 個相異物中，選出 k 個物品的組合數」。例如想知道有 A、B、C、D、E 5 個人，每 2 個人 1 組，有幾組配對方式時，就可以用 ${}_5C_2$ 來表示，這個符號會讀做「C 5 取 2」。

組合的計算方法如下：

$$ {}_nC_k = \frac{n!}{k!(n-k)!} $$

$$ (\text{其中 } n! = n \cdot (n-1) \cdot \cdots \cdot 2 \cdot 1) $$

為什麼這個公式是這樣計算，我們舉前面 ${}_5C_2$ 的例子。

首先，我們考慮 5 個人排成 1 排有幾種排法。第 1 個位置，可以由 5 個人選 1 個來排，所以有 5 種可能，任意選定其中 1 個人排入後，第 2 個位置可以讓其餘 4 個人選 1 個來排，所以有 4 種可能，接著排第 3 個位置，以此列推，因此總共會有 $5 \cdot 4 \cdot 3 \cdot 2 \cdot 1 = 5! = 120$ 種排法。

接著，在 5 個人中，選出其中的 2 個人為 1 組。假設選到 B 和 D，排列順序可以是 $BDxxx$ 和 $DBxxx$ 這兩種情況 (x 代表其他 3 個位置)，但是我們只是要將 2 個人合成 1 組，沒有要區分他們 2 個排列的順序，因此這 2 次的排列順序是看成一樣的，不能算成 2 次，只能算 1 次。所以我們發現前面算出的 120 種排法，會多算了 $2 \cdot 1 = 2!$ 次。而後面 xxx 這 3 個位置，由 A、C、E 來任意排列，這時也會重複排了 6 $(3 \cdot 2 \cdot 1 = 3!)$ 次。因此必須將重複的排法都除掉，所以最後即為 ${}_\mathrm{n}C_\mathrm{k}$ 的公式：

$$ {}_5C_2 = \frac{5!}{2! \cdot 3!} = \frac{5 \cdot 4 \cdot 3 \cdot 2 \cdot 1}{2 \cdot 1 \times 3 \cdot 2 \cdot 1} = 10 \text{ 種} $$

接下來要說明二項式定理的公式：

$$(x+y)^n = \sum_{k=0}^{n} {}_nC_k \cdot x^k y^{n-k}$$

以下這個例子是把 $(x+y)^5$ 中的 $(x+y)$ 寫成直的相乘，這樣就會比較好懂：

$$\begin{pmatrix} x \\ + \\ y \end{pmatrix} \times \begin{pmatrix} x \\ + \\ y \end{pmatrix} \times \begin{pmatrix} x \\ + \\ y \end{pmatrix} \times \begin{pmatrix} x \\ + \\ y \end{pmatrix} \times \begin{pmatrix} x \\ + \\ y \end{pmatrix}$$

將上面這個式子展開後，若問 x^2y^3 的係數為多少，就等同於「x 出現 2 次」的乘積項有多少個，例如 $x \cdot x \cdot y \cdot y \cdot y$ 或 $x \cdot y \cdot x \cdot y \cdot y$ 等等，只要有 2 個 x 和 3 個 y 相乘的都算進來，看有多少個，加總起來就是 x^2y^3 的係數。這個係數就是 x^2y^3 到底有多少種組合，答案是 ${}_5C_2$（因為題目關心的是有幾種組合，而不是排列的順序）。

回到 x^n 的微分，首先看 $(x+h)^n$ 展開後的係數。例如當 $n=5$ 時，$(x+h)^5$ 的 $x^{5-1}h$(即 x^4h) 項會有 $(h \cdot x \cdot x \cdot x \cdot x)$、$(x \cdot h \cdot x \cdot x \cdot x)$、…、$(x \cdot x \cdot x \cdot x \cdot h)$ 這五種情況，也就是 C 5 取 1。接下來的各項係數就是 C 5 取 2、C 5 取 3、C 5 取 4、C 5 取 5。

因此，二項式定理的公式展開就會是

$$(x+h)^n = x^n + {}_nC_1x^{n-1}h + {}_nC_2x^{n-2}h^2 + \cdots$$

這個二項式定理的公式會在第 6 章製作圖 6-7 二項分佈直方圖的程式中使用到。另外，*Python* 的 *scipy* 函式庫的 *comb*() 函數可計算組合數，在 6.2 節的程式就會用到。

2.6 兩個函數相乘的微分

本節說明如何求兩個函數 $f(x)$、$g(x)$ 相乘後的微分 $(f(x)\,g(x))'$。一樣利用微分定義：

$$\lim_{h\to 0}\frac{f(x+h)g(x+h)-f(x)g(x)}{h}$$

然後我們使用 2.3.2 節推導出的近似方程式，如下：

$$\begin{aligned} f(x+h) &\fallingdotseq f(x)+h\cdot f'(x) \\ g(x+h) &\fallingdotseq g(x)+h\cdot g'(x) \end{aligned}$$

將兩式等號左、右兩邊各自相乘，可得：

$$f(x+h)\cdot g(x+h)\fallingdotseq(f(x)+h\cdot f'(x))(g(x)+h\cdot g'(x))$$

等號兩邊同時減去 $f(x)\,g(x)$，再整理一下：

$$\begin{aligned} &f(x+h)\cdot g(x+h)-f(x)g(x) \\ &\fallingdotseq (f(x)+h\cdot f'(x))(g(x)+h\cdot g'(x))-f(x)g(x) \\ &= h(f'(x)g(x)+g'(x)f(x))+h^2f'(x)g'(x) \end{aligned}$$

等號兩邊同除以 h，並讓 h 趨近於 0，可得：

$$\begin{aligned} (f(x)g(x))' &= \lim_{h\to 0}\frac{f(x+h)g(x+h)-f(x)g(x)}{h} \\ &= \lim_{h\to 0}\frac{h(f'(x)g(x)+g'(x)f(x))+h^2f'(x)g'(x)}{h} \\ &= \lim_{h\to 0}(f'(x)g(x)+g'(x)f(x)+hf'(x)g'(x)) \\ &= f'(x)g(x)+g'(x)f(x) \end{aligned}$$

h 趨近於 0，整項就趨近於 0

所以兩個函數乘積的微分公式是：

$$(f(x)g(x))' = f'(x)g(x) + g'(x)f(x) \tag{2.6.1}$$

2.7 合成函數的微分

合成函數微分要用到鏈鎖法則，因此將微分符號改用萊布尼茲表示法，會比較容易瞭解。

2.7.1 用鏈鎖法則做合成函數微分

假設有兩個函數 $f(x)$、$g(x)$，如果將函數 $f(x)$ 的輸出值，當做函數 $g(x)$ 的輸入值，則這兩個函數組合成一個新函數，就稱為合成函數。

現在，有一個合成函數，其輸入為 x，輸出為 y，且：

$$\begin{aligned} u &= f(x) \\ y &= g(u) \end{aligned} \tag{2.7.1}$$

函數 $f(x)$、$g(u)$ 的關係如下圖

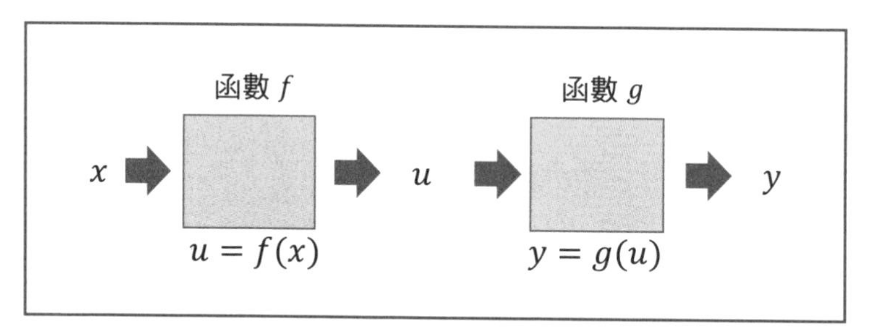

圖 2-13　合成函數

此合成函數的微分公式如下：

$$\frac{dy}{dx} = \frac{dy}{du} \cdot \frac{du}{dx} \tag{2.7.2}$$

如果你用一般分數約分的形式來看上式，應該就簡單明瞭。為免佔篇幅，其數學上嚴謹的證明在此就省去了，但這不影響往後的學習 (**編註：**有興趣者可參考《機器學習的數學基礎》(旗標科技出版)，裏面有完整的推導過程)。

我們用下面這個合成函數為例 (在 2.2 節用過)，來實際計算下式的微分：

$$y = \sqrt{x^2 + 1}$$

仿照 (2.7.1) 式的寫法，改寫為：

$$\begin{aligned} u &= f(x) = x^2 + 1 \\ y &= g(u) = \sqrt{u} \end{aligned}$$

利用 2.5 節的 (2.5.4)、(2.5.3) 式：

$$\begin{aligned} \frac{dy}{du} &= g'(u) = \left(u^{\frac{1}{2}}\right)' = \frac{1}{2}u^{-\frac{1}{2}} = \frac{1}{2\sqrt{u}} = \frac{1}{2\sqrt{x^2+1}} \\ \frac{du}{dx} &= f'(x) = 2x \end{aligned}$$

所以可得：

$$\frac{dy}{dx} = \frac{dy}{du} \cdot \frac{du}{dx} = \frac{1}{2\sqrt{x^2+1}} \cdot 2x = \frac{x}{\sqrt{x^2+1}}$$

這就是 $y = \sqrt{x^2 + 1}$ 對 x 微分的結果。

這個合成函數的微分公式，稱為**鏈鎖法則 (*chain rule*)**，在機器學習和深度學習中扮演相當重要的角色。

2.7.2 反函數的微分

假設 $y = f(x)$ 的反函數為 $g(x)$，則根據反函數的定義，可知 $x = g(y)$。

請看下圖。假設 (a, b) 為 $y = f(x)$ 函數上的一個點，則點 (a, b) 的關係為 $b = f(a)$。點 (a, b) 在反函數 $y = g(x)$ 上相對應的點，是以直線 $y = x$ 為對稱軸的點 (b, a)，且 $a = g(b)$。

(a, b) 在 $y = f(x)$ 上的切線斜率為 $f'(a)$。根據圖形的對稱性，(b, a) 在 $y = g(x)$ 上的切線斜率為 $\frac{1}{f'(a)}$。

因此若 $b = f(a)$，則反函數 g 的微分公式：

$$g'(b) = \frac{1}{f'(a)} \tag{2.7.3}$$

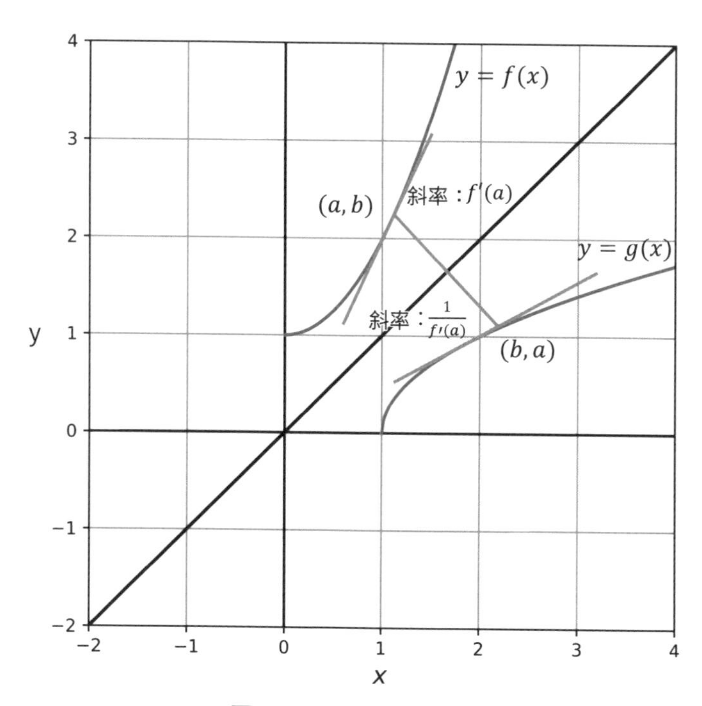

圖 2-14 反函數的微分

這個公式也可以改寫成下面這樣：

$$\text{若 } y = f(x)\text{，則 } f'(x) = \frac{dy}{dx}\text{。}$$

$$\text{若 } x = g(y)\text{，則 } g'(y) = \frac{dx}{dy}\text{。}$$

將這兩式結合，就能改寫成之前的公式：

$$\frac{dx}{dy} = \frac{1}{\frac{dy}{dx}} \tag{2.7.4}$$

我們也可以把反函數想成是這樣的合成函數：

$$g(f(x)) = x$$

依照合成函數的原則，對等號兩邊做微分 (左邊是鏈鎖法則)：

$$\frac{dg}{df} \cdot \frac{df}{dx} = 1 \Rightarrow g'(y) = \frac{1}{f'(x)} \text{ 或 } \frac{dx}{dy} = \frac{1}{\frac{dy}{dx}}$$

2.8 兩個函數相除的微分

本節將說明如何求兩個函數相除的微分，如下面這樣的形式：

$$\frac{f(x)}{g(x)}$$

我們可以使用前面的微分公式導出來。首先假設：

$$h(x) = \frac{1}{g(x)}$$

接著，在等號兩邊同乘 $f(x)$：

$$\frac{f(x)}{g(x)} = f(x) \cdot h(x)$$

再根據乘法的微分公式：

$$\left(\frac{f(x)}{g(x)}\right)' = (f(x) \cdot h(x))' = f'(x)h(x) + f(x)h'(x)$$

接著令 $u = g(x)$，則可得：

$$h'(x) = \left(\frac{1}{g(x)}\right)' = \left(\frac{1}{u}\right)' \cdot \frac{du}{dx} = \left(-\frac{1}{u^2}\right) \cdot g'(x) = -\frac{g'(x)}{(g(x))^2}$$

將 $h'(x)$ 代回前面一式，整理之後可得函數相除的微分公式：

$$\left(\frac{f(x)}{g(x)}\right)' = \frac{f'(x)g(x) - f(x)g'(x)}{(g(x))^2} \tag{2.8.1}$$

微分常用公式整理

在此整理一下之前出現的微分公式：

$$(p \cdot f(x) + q \cdot g(x))' = p \cdot f'(x) + q \cdot g'(x) \tag{2.5.2}$$

$$(x^r)' = rx^{r-1} \tag{2.5.4}$$

$$(f(x)g(x))' = f'(x)g(x) + f(x)g'(x) \tag{2.6.1}$$

$$\frac{dy}{dx} = \frac{dy}{du} \cdot \frac{du}{dx} \tag{2.7.2}$$

$$\frac{dx}{dy} = \frac{1}{\frac{dy}{dx}} \tag{2.7.4}$$

$$\left(\frac{f(x)}{g(x)}\right)' = \frac{f'(x)g(x) - f(x)g'(x)}{(g(x))^2} \tag{2.8.1}$$

這些公式在第 3 章之後會經常用到，所以請務必記住才能靈活運用 (**編註：** 常用就會記住，忘了再回來復習)。

2.9 積分

前面介紹的微分是「將函數圖形在某一點無限放大後，找出切於該點的直線斜率」。而積分則是計算「函數圖形與直線 $y = 0$ (即 x 軸) 圍成的面積」。接下來將會說明這個概念。

為了簡化問題，我們假設函數 $y = f(x)$ 與 x 值皆為正數。我們令下圖中圍出面積的函數為 $F(x)$。接著，來探討面積函數 $F(x)$ 的微分 $F'(x)$。

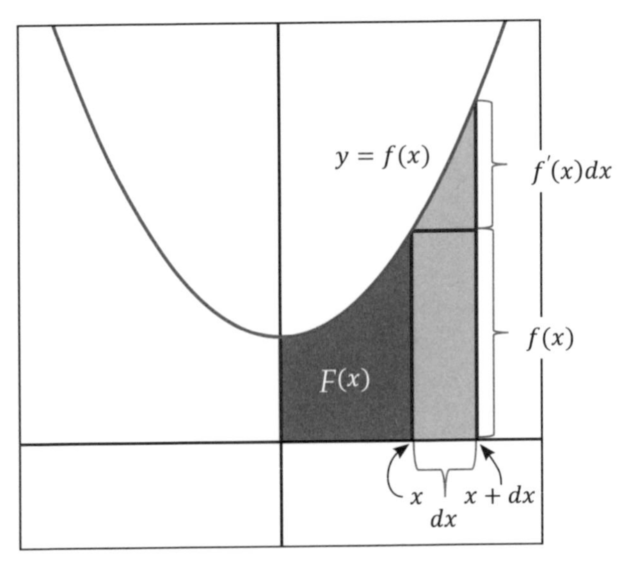

圖 2-15　面積函數 $F(x)$ 與 $f(x)$ 的關係

在此，我們一樣使用微分定義，當 x 增加微量 dx 時，觀察 $F(x)$ 的增加量。根據 $F(x)$ 的定義，函數 $F(x)$ 的增加量為 $F(x+dx)-F(x)$ 是上圖 x 與 $x+dx$ 之間圍成的面積。當 dx 趨近極小時，$y=f(x)$ 的圖形會接近直線，所以這塊面積會接近梯形。

我們可以把梯形的面積，看成是一個長方形加上一個三角形，則可以把面積寫成：

$$f(x)dx + \frac{1}{2}dx \cdot f'(x)dx$$

因此：

$$F(x+dx) - F(x) \fallingdotseq f(x)dx + \frac{1}{2}f'(x)(dx)^2$$

若將等號兩邊都除以 dx，並取極限 $dx \to 0$，則變成：

$$F'(x) = \lim_{dx\to 0}\frac{1}{dx}(F(x+dx)-F(x)) = \lim_{dx\to 0}\left(f(x) + \frac{1}{2}f'(x)\cdot dx\right) = f(x)$$

我們發現 $F(x)$ 的微分 $F'(x)$ 其實就是函數 $f(x)$：

$$F'(x) = f(x)$$

因此，如果我們能夠找到一個函數 $F(x)$ 符合上式，那麼 $F(x)$ 就是可算出 $y=f(x)$ 圖形面積的函數。

例如，$f(x)=x^2$，則函數 $F(x)=\frac{1}{3}x^3$ 就滿足這樣的關係。

以上是用很直觀的方式說明，要嚴謹的證明這個關係，就必須證明函數 $F(x)$ 存在，以及函數圍出來的面積接近梯形這件事是正確的。

面積函數 $F(x)$ 微分就是函數 $f(x)$，此即為**微積分的基本定理**。對函數 $f(x)$ 而言，$F(x)$ 稱為 $f(x)$ 的**原始函數**，通常用大寫的 F 表示。

不定積分公式

給定一個函數 $f(x)$，求滿足 $F'(x) = f(x)$ 的函數 $F(x)$，而且不限制 x 的範圍，其計算過程稱為求「**不定積分**」。寫法如下：

$$\int f(x)dx = F(x) + C$$

當 $f(x)$ 積分出 $F(x)$ 時，都會加上一個積分常數 C。如果將上式兩邊同時微分，此積分常數微分就會變成 0，仍然符合 $F'(x) = f(x)$ 的條件，所以 $F(x) + C$ 也是 $\int f(x)dx$ 的一個解。所有不定積分算出來之後，都要加一個積分常數 C。

例如求 $f(x) = x^2$ 不定積分的式子就會寫成下面這樣：

$$\int x^2 dx = \frac{x^3}{3} + C$$

定積分公式

如果積分時有限制要積分的範圍，例如下圖是要計算 x 從 a 到 b 圍出的面積，則稱為「**定積分**」，用 $F(x)$ 來表示可寫成：

$$F(b) - F(a)$$

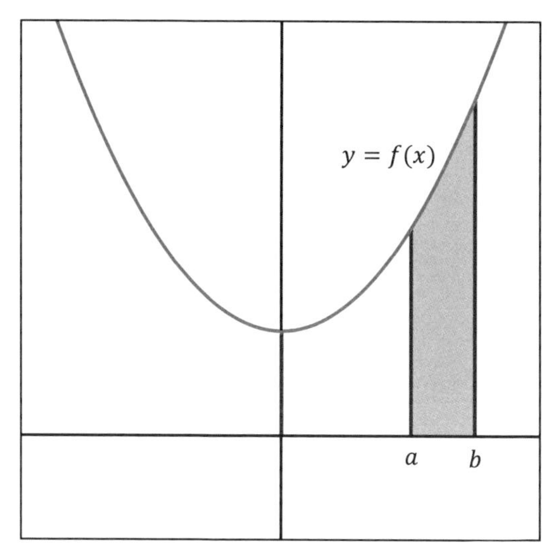

圖 2-16　圖形的面積與定積分

也可寫成 a 到 b 的定積分：

$$\int_a^b f(x)dx$$

計算面積時，必須將 a、b 分別代入不定積分後的 x 並相減，積分常數就會被消去。

定積分另一種常用的符號可以用下式來表示：

$$[F(x)]_a^b$$

不定積分與定積分的差異，在於不定積分是表示整個函數的積分，而定積分則是選定某個積分範圍，例如 a 到 b 之間，因此定積分能夠算出指定範圍的積分面積，而不定積分只能算出函數的形式，因為範圍並未指定，所以不能算出真正的面積。

專欄 積分符號的意思

定積分在圖形上可看成是由 a 到 b 之間用高度 $f(x)$、寬度 dx 組成的許多細長方形填滿的面積 (下圖)。

積分符號 $\int$，原本是英文字母 $S(Sum)$ 的意思，表示將上面定積分式子中「從 $x = a$ 到 $x = b$ 之間所有細長方形 $f(x)\,dx$ 都加起來」的意思。

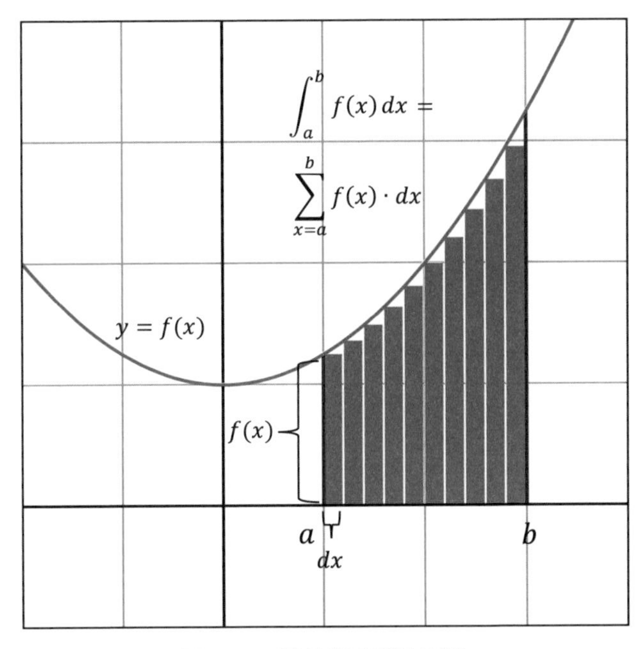

圖 2-17　積分與面積的關係

至於不定積分，則算出 $F(x)$ 後，還是不知道積分起點與終點，所以無法當下算出面積，因此給一個積分常數 C 來表示它的未定性。

Chapter

3

向量、矩陣

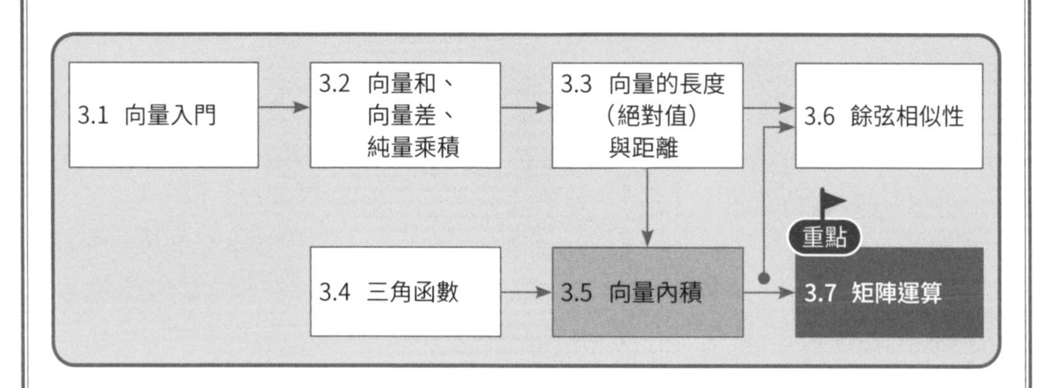

Chapter 3

向量、矩陣

本章要介紹向量 ($vector$)、矩陣 ($matrix$) 及其相關運算。在機器學習與深度學習中用到的向量運算，以「內積」最為重要。另外我們也會講到向量夾角的「餘弦相似性」表示兩個向量的相關程度，這也是很重要的概念。

瞭解並熟悉向量、矩陣的符號及運算規則，才能看懂深度學習用到的算式。

3.1 向量入門

3.1.1 何謂向量

向量具有方向及大小，我們先以最簡單的平面空間向量為例。

在平面空間中，從 A 地移動到 B 地，我們可以用「向北 $2km$」、「向東 $3km$」或「向西南 $4km$」這樣具有方向及距離的敘述來表達，像這種同時兼具「方向和大小的移動量」，就稱為向量。

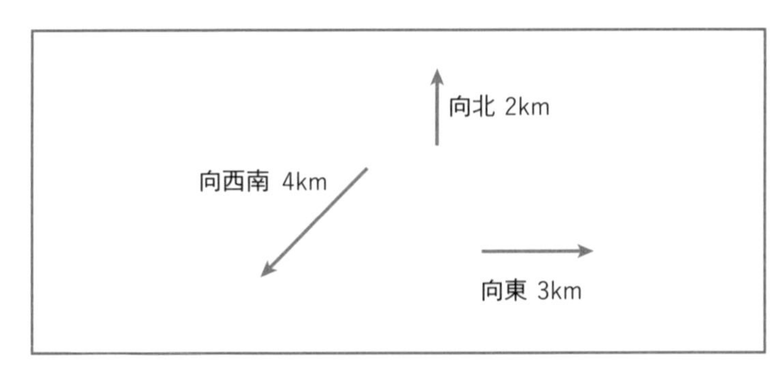

圖 3-1　向量用方向及大小來表現

3.1.2 向量的標記法

向量通常會用英文字母來表示，但是我們必須分清楚這個字母是單純表示數值的純量($scalar$)，例如 2 或 0.5，還是表示方向及大小的向量。

常見的向量表示法有下列兩種：

- $\boldsymbol{a}, \boldsymbol{b}$ 用粗體小寫字母表示
- $\overrightarrow{a}, \overrightarrow{b}$ 小寫字母上方加上箭頭表示

本書在用圖形解說向量時，多半會用 $\overrightarrow{a}, \overrightarrow{b}$ 符號，但是在向量運算式則會採用粗體字 $\boldsymbol{a}$、$\boldsymbol{b}$ 來表示向量。而一般小寫字母的 a、b 則用來表示一般的純量。

向量可以像下圖定義「從 A 到 B 的移動量」:

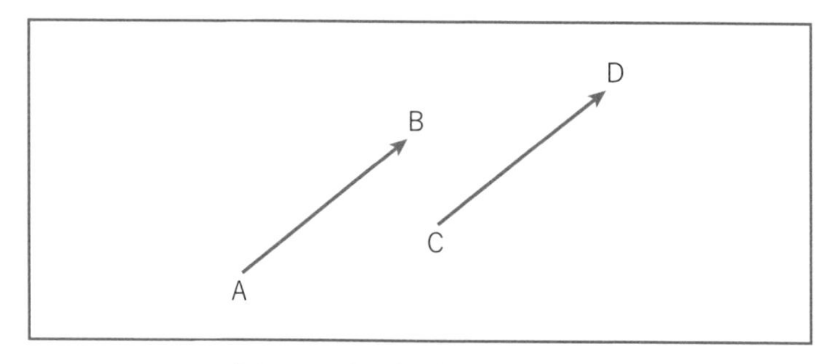

圖 3-2 表示起點和終點的向量

這時，A 稱為向量的起點，B 則稱為向量的終點。用向量 $\overrightarrow{\mathrm{AB}}$ 來表示從 A 移動到 B。上圖從 A 到 B 以及從 C 到 D，由於兩者移動距離及方向完全相同，我們可以說這兩個向量相等：也就表示 $\overrightarrow{\mathrm{AB}} = \overrightarrow{\mathrm{CD}}$ 。

3.1.3 向量的分量

向量本身也是由數個分量組成。使用分量前，必須定出 x 軸、y 軸的方向，以及單位向量的長度。單位向量的長度通常設為 1，用單位向量的倍數來表示向量。

設 x 軸向東為正，y 軸向北為正，單位向量長度為 $1km$，則原本圖 3-1 上的 3 個向量，就可以改用向量分量如下圖所示：

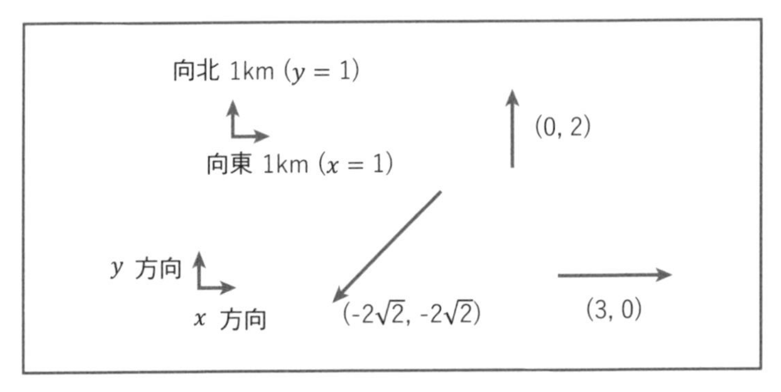

圖 3-3　各向量以分量表示

由上圖可看出，原本圖 3-1 的向北 $2km$ 向量表示成 $(0, 2)$，往西南 $4km$ 向量表示成 $(-2\sqrt{2}, -2\sqrt{2})$，向東 $3km$ 向量表示成 $(3, 0)$。

> **編註：** 我們也可以將一個向量用「單位向量 (*unit vector*)」的形式來表示，例如：以 i、j 表示 x、y 軸上的單位向量，然後 $(-2\sqrt{2}, -2\sqrt{2})$ 這個向量就可以寫成 $-2\sqrt{2}\,i - 2\sqrt{2}\,j$。這在數學、物理或工程上較常使用。

3.1.4 往多維擴展

前面講的向量都是在平面上，現在我們將向量擴展到三維空間。

三維空間的向量也能用分量來表示。除了原本 x 軸、y 軸方向之外，再加上 z 軸方向，會以 3 個數字為一組來表示向量。例如下圖中的三維向量 (藍色實線箭頭)，其分量為 $(2, 3, 2)$：

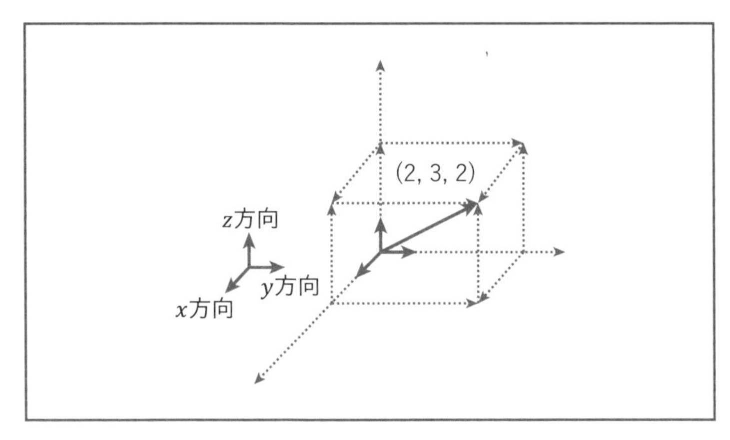

圖 3-4　三維向量的分量表示法

因為人類是生活在三維空間，也只能想像得出三維空間的向量，但是利用分量表示式，我們可以用一組實數表示 4 維、5 維…等多維向量。在數學上，向量空間可以無限擴展下去，例如 100 維向量，就用 100 個實數來表示其分量，例如：$(\underbrace{2, 3, 2, \cdots, 2, 4, 1}_{100\text{ 個分量}})$。

3.1.5 列向量與行向量

向量可以寫成橫向的**列向量** (*row vector*)，或直向的**行向量** (*column vector*) 兩種寫法。

列向量

$$\boldsymbol{a} = (a_1, a_2, \cdots, a_n)$$

行向量

$$\boldsymbol{a} = \begin{pmatrix} a_1 \\ a_2 \\ \vdots \\ a_n \end{pmatrix}$$

兩種寫法代表的意義相同，但會視使用的時機而寫成橫向或直向。

3.2 向量和、向量差、純量乘積

向量的運算方式包括向量和、向量差，以及純量乘積三種。

3.2.1 向量和

向量和表示兩個向量相加的結果。因為向量代表起點與終點的方向與距離，我們就用此概念來說明最方便。以下圖的向量為例：

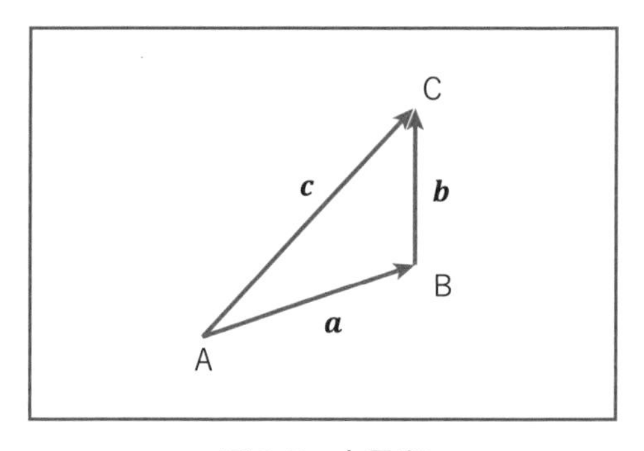

圖 3-5　向量和

$$\boldsymbol{a} = \overrightarrow{\mathrm{AB}}$$

$$\boldsymbol{b} = \overrightarrow{\mathrm{BC}}$$

$$\boldsymbol{c} = \overrightarrow{\mathrm{AC}}$$

如果把 $\boldsymbol{a} + \boldsymbol{b}$(向量和) 看成是將向量 $\boldsymbol{a}$ 的終點 B 當作另一個向量 $\boldsymbol{b}$ 的起點，連接到向量 $\boldsymbol{b}$ 的終點 C 時，就可以用向量 $\boldsymbol{a} + \boldsymbol{b}$ 表示從起點 A 移動到終點 C。

因此我們得到一個結論：從 A 點出發→經過 B 點→最後到 C 點，與從 A 點直接走到 C 點是一樣的。用數學式可表示為：

$$\boldsymbol{a} + \boldsymbol{b} = \boldsymbol{c} \quad 或 \quad \overrightarrow{\mathrm{AB}} + \overrightarrow{\mathrm{BC}} = \overrightarrow{\mathrm{AC}}$$

接下來，我們用向量的各分量相加來計算向量和。假設兩個向量 $\boldsymbol{a}$、$\boldsymbol{b}$：

$$\boldsymbol{a} = (a_1, a_2)$$
$$\boldsymbol{b} = (b_1, b_2)$$

則向量和就是將各分量分別相加：

$$\boldsymbol{c} = \boldsymbol{a} + \boldsymbol{b} = (a_1 + b_1, a_2 + b_2)$$

用分量來計算向量和，只要**對應的分量相加**就可以了。

在三維或多維向量和，也是相同的算法。若有兩個 n 維向量 $\boldsymbol{a}$、$\boldsymbol{b}$：

$$\boldsymbol{a} = (a_1, a_2, \cdots, a_n)$$
$$\boldsymbol{b} = (b_1, b_2, \cdots, b_n)$$

其向量和為：

$$\boldsymbol{c} = \boldsymbol{a} + \boldsymbol{b} = (a_1 + b_1, a_2 + b_2, \cdots, a_n + b_n)$$

3.2.2 向量差

向量差是指兩個向量相減，請看下圖。如果有兩個起點相同的向量 $\boldsymbol{a}$、$\boldsymbol{b}$，我們來看向量差要怎麼算。

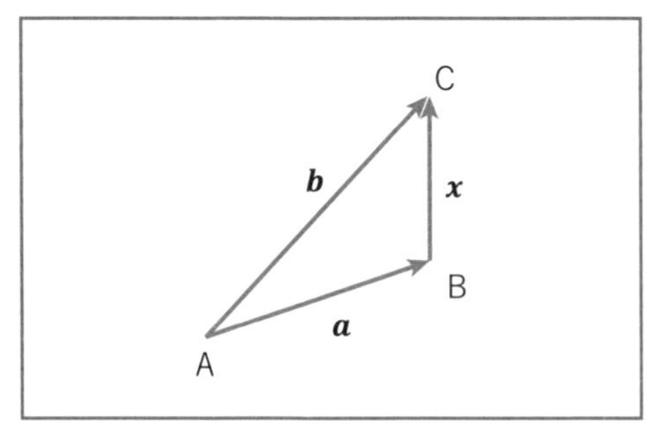

圖 3-6　向量差

根據前面向量和的定義，設 $\overrightarrow{\mathrm{BC}}$ 為 x，則我們可以寫出：

$$\boldsymbol{a} + \boldsymbol{x} = \boldsymbol{b}$$

因此，向量差定義為：

$$\boldsymbol{x} = \boldsymbol{b} - \boldsymbol{a}$$

向量差的分量表示法也相當簡單，若：

$$\boldsymbol{a} = (a_1, a_2)$$
$$\boldsymbol{b} = (b_1, b_2)$$

向量差則為：

$$\boldsymbol{x} = \boldsymbol{b} - \boldsymbol{a} = (b_1 - a_1, b_2 - a_2)$$

向量差與向量和的計算方法類似，就是將對應的分量相減。

如果要計算三維或多維向量的向量差也很簡單，若有兩個 n 維向量 $\boldsymbol{a}$、$\boldsymbol{b}$：

$$\boldsymbol{a} = (a_1, a_2, \cdots, a_n)$$
$$\boldsymbol{b} = (b_1, b_2, \cdots, b_n)$$

則向量差為：

$$\boldsymbol{x} = \boldsymbol{b} - \boldsymbol{a} = (b_1 - a_1,\ b_2 - a_2\ \cdots,\ b_n - a_n)$$

編註： 兩個向量差也可以反過來相減，會差一個負號，表示向量大小相同，但方向相反。

3.2.3 向量與純量的乘積

除了向量和、向量差以外，向量還可以和純量相乘。

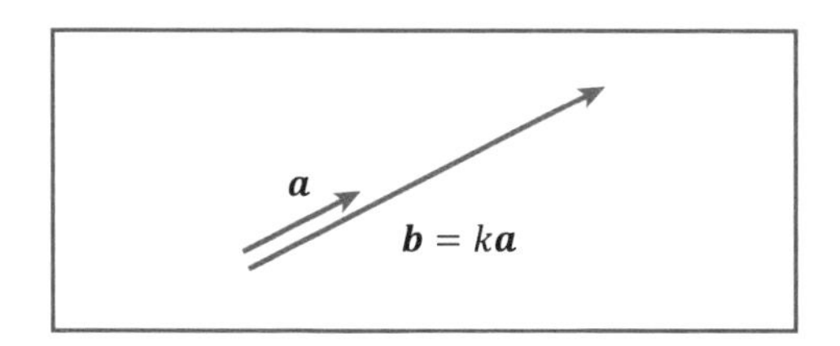

圖 3-7　向量的純量乘積

上圖中，假設 $\boldsymbol{a}$ 為一個向量，則另一個與 $\boldsymbol{a}$ 向量方向相同，長度為 k 倍的向量 $\boldsymbol{b}$，可寫為：

$$\boldsymbol{b} = k\boldsymbol{a}$$

其分量可表示為：

$$\boldsymbol{a} = (a_1,\ a_2)$$

$$\boldsymbol{b} = (ka_1,\ ka_2)$$ ← $\boldsymbol{b}$ 的分量皆為 $\boldsymbol{a}$ 的 k 倍

若是 $\boldsymbol{a}$、$\boldsymbol{b}$ 皆為 n 維的向量，則其分量為：

$$\boldsymbol{a} = (a_1, a_2, \cdots, a_n)$$

$$\boldsymbol{b} = (ka_1,\ ka_2,\ \cdots,\ ka_n)$$

3.3 向量的長度(絕對值)與距離

在做向量運算時，向量的「**長度**」非常重要。向量長度可以定義出兩個向量之間的「**距離**」。

3.3.1 向量的長度（取絕對值）

用分量來表示二維向量，若向量 $\boldsymbol{a}$ 為：

$$\boldsymbol{a} = (a_1,\ a_2)$$

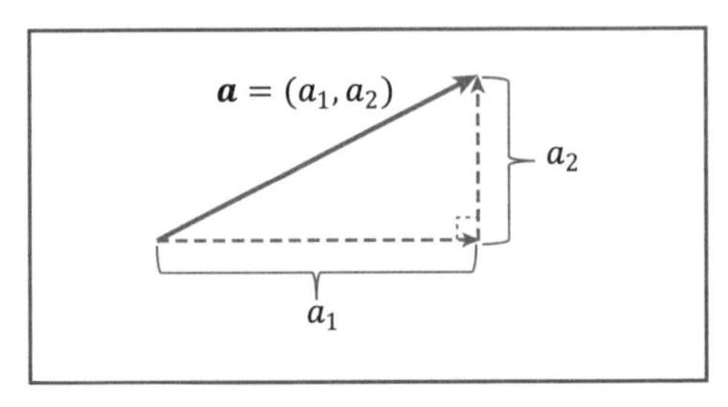

圖 3-8　用分量來表示向量長度

假設向量 $\boldsymbol{a}$ 的長度為 $|\boldsymbol{a}|$(也可以寫為 $\|\boldsymbol{a}\|$)，根據畢氏定理：

$$|\boldsymbol{a}|^2 = {a_1}^2 + {a_2}^2$$

等號兩側開平方根後可得：

$$|\boldsymbol{a}| = \sqrt{{a_1}^2 + {a_2}^2}$$

這個式子就是**二維向量長度的公式**，因此向量長度即為**向量的絕對值**。

接著我們來看看，怎麼計算三維向量的長度：

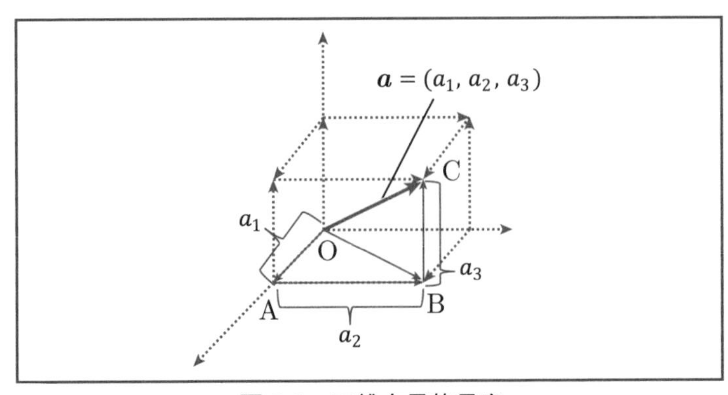

圖 3-9　三維向量的長度

我們要用此圖來計算向量 $\overrightarrow{\mathrm{OC}}$ 的長度：

$$\boldsymbol{a} = \overrightarrow{\mathrm{OC}} = (a_1,\ a_2,\ a_3)$$

三角形 OAB 與三角形 OBC 都是直角三角形，所以利用畢氏定理可得：

$$\mathrm{OA}^2 + \mathrm{AB}^2 = \mathrm{OB}^2$$
$$\mathrm{OB}^2 + \mathrm{BC}^2 = \mathrm{OC}^2$$

將兩式整合後，可寫成：

$$\mathrm{OA}^2 + \mathrm{AB}^2 + \mathrm{BC}^2 = \mathrm{OC}^2$$

已知 $\mathrm{OA} = a_1$，$\mathrm{AB} = a_2$，$\mathrm{BC} = a_3$，因此上式可寫成：

$$\mathrm{OC}^2 = {a_1}^2 + {a_2}^2 + {a_3}^2$$

等號兩邊開平方根後：

$$\mathrm{OC} = \sqrt{{a_1}^2 + {a_2}^2 + {a_3}^2} = |\overrightarrow{\mathrm{OC}}| = |\boldsymbol{a}|$$

這就是三維向量 $\boldsymbol{a}$ 的長度公式：

$$|\boldsymbol{a}| = \sqrt{{a_1}^2 + {a_2}^2 + {a_3}^2}$$

接下來，我們來看 n 維向量的長度怎麼算。雖然 n 維向量沒辦法在我們的三維世界中畫出來，但是從二維及三維的公式，一樣可以類推出 n 維向量的長度公式：

假設向量 $\boldsymbol{a}$：

$$\boldsymbol{a} = (a_1, a_2, \cdots, a_n)$$

則 $\boldsymbol{a}$ 的長度為：

$$|\boldsymbol{a}| = \sqrt{{a_1}^2 + {a_2}^2 + {a_3}^2 + \cdots + {a_n}^2} \tag{3.3.1}$$

3.3.2 Σ 可整合冗長的加法算式

Σ 是將 (3.3.1) 式多項相加的公式，用一個 Σ(加總，*summation*) 符號來代表所有項的總和。

(3.3.1) 式的根號內部為：

$${a_1}^2 + {a_2}^2 + {a_3}^2 + \cdots + {a_n}^2$$

我們可以將上式用 Σ 符號整合成下式，其中的 k 由 1 到 n 逐項相加，即可將冗長的算式整合成簡潔的式子：

$$\sum_{k=1}^{n} {a_k}^2$$

同理，n 維向量 $\boldsymbol{a}$ 的長度公式，就可以寫成下式：

$$|\boldsymbol{a}| = \sqrt{\sum_{k=1}^{n} {a_k}^2}$$

3.3.3 向量間的距離

我們接著討論兩個向量 $\boldsymbol{a}$、$\boldsymbol{b}$ 的距離。這部分運用前面所講的分量及向量絕對值的概念，就很容易理解。

計算向量間的距離前，必須將兩向量的起點平移到原點 (0, 0)，重新算出向量終點的位置後，再計算兩向量終點的距離。

向量間的距離是兩個向量相減的絕對值。假設 $\boldsymbol{a}$、$\boldsymbol{b}$ 是二維向量：

$$\boldsymbol{a} = (a_1, a_2)$$
$$\boldsymbol{b} = (b_1, b_2)$$

則向量 $\boldsymbol{a}$、$\boldsymbol{b}$ 的距離 d，可表示成下式：

$$d = |\boldsymbol{a} - \boldsymbol{b}| = \sqrt{(a_1 - b_1)^2 + (a_2 - b_2)^2}$$

如果 $\boldsymbol{a}$、$\boldsymbol{b}$ 是三維向量：

$$\boldsymbol{a} = (a_1, a_2, a_3)$$
$$\boldsymbol{b} = (b_1, b_2, b_3)$$

則：

$$d = |\boldsymbol{a} - \boldsymbol{b}| = \sqrt{(a_1 - b_1)^2 + (a_2 - b_2)^2 + (a_3 - b_3)^2}$$

如果 $\boldsymbol{a}$、$\boldsymbol{b}$ 是 n 維向量：

$$\boldsymbol{a} = (a_1, a_2, \cdots, a_n)$$
$$\boldsymbol{b} = (b_1, b_2, \cdots, b_n)$$

則兩向量間的距離為：

$$\begin{aligned} d = |\boldsymbol{a} - \boldsymbol{b}| &= \sqrt{(a_1 - b_1)^2 + (a_2 - b_2)^2 + \cdots + (a_n - b_n)^2} \\ &= \sqrt{\sum_{k=1}^{n} (a_k - b_k)^2} \end{aligned}$$

3.4 三角函數

因為向量內積與三角函數息息相關，因此本節會提到三角函數與內積的關聯性。

3.4.1 三角比：三角函數的基本定義

本書沿用一般數學教科書的習慣，先說明三角比的定義。下圖中，直角三角形的內角為 θ：

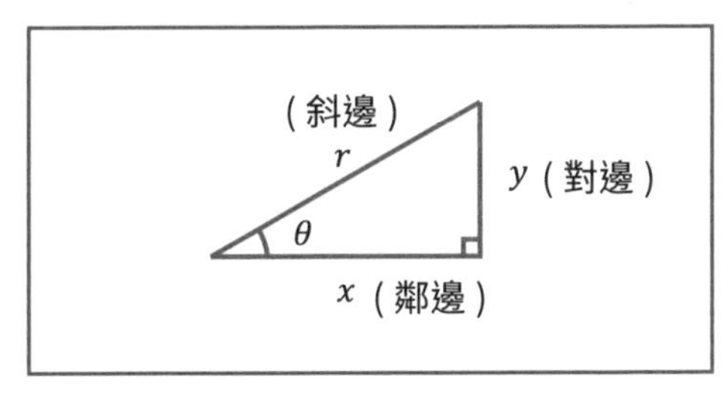

圖 3-10　三角比的定義

三角形邊長的比值稱為三**角比** (共有 3 個比值)，由 θ 的大小決定。三角比的公式如下：

$$\sin\theta = \frac{y}{r} \longleftarrow \theta \text{ 的對邊除以斜邊}$$

$$\cos\theta = \frac{x}{r} \longleftarrow \theta \text{ 的鄰邊除以斜邊}$$

$$\tan\theta = \frac{y}{x} \longleftarrow \theta \text{ 的對邊除以鄰邊}$$

3.4.2 單位圓上的座標

依據前面三角比的定義，θ 角度只能在直角三角形的內角範圍，也就是 0~90 度之間，若超過這個範圍有什麼變化呢？其實一樣適用。

假設 $r = 1$，則此時 $\sin\theta = y$，$\cos\theta = x$，就能定義出如下圖半徑為 1，中心為原點的一個圓 (稱為單位圓)。則其圓周上的點，從 x 軸的正值方向算起，y 座標為 $\sin\theta$，x 座標為 $\cos\theta$，該點座標即為 $(\cos\theta, \sin\theta)$。這樣就能夠看出 θ 值在 0~90 度之間移動時，與三角比的 $\sin\theta$、$\cos\theta$ 的定義結果相同。

實際上，這個定義不限於 θ 值在 0~90 度之間，θ 是負值或超過 90 度也一樣適用。

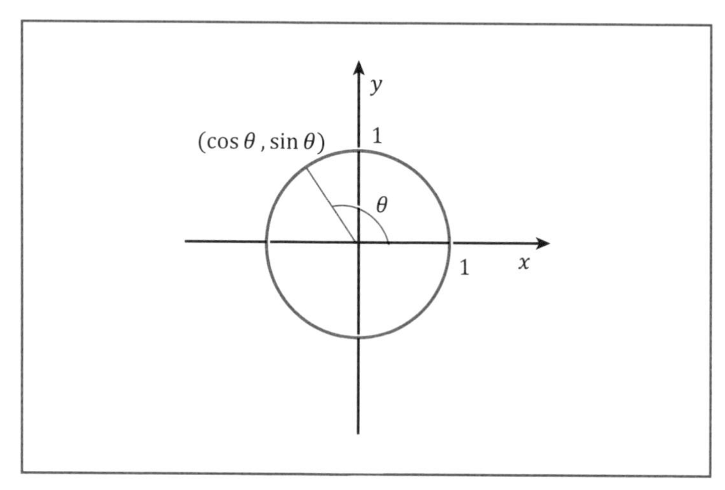

圖 3-11　單位圓上的三角函數座標定義

3.4.3 三角函數的圖形

接下來可以用橫軸代表 θ 角，縱軸代表三角函數的值，畫出三角函數的圖形 (範例檔 *ch*03-1.*py*)。

我們發現三角函數的圖形會像下面兩個圖那樣呈現規律的波形。圖 3-12 的曲線稱為正弦曲線或 sin 曲線，圖 3-13 的曲線為餘弦曲線或 cos 曲線。比較兩個圖形可發現，只要將 cos 的圖形向右平移 90 度，就會變成 sin 的圖形：

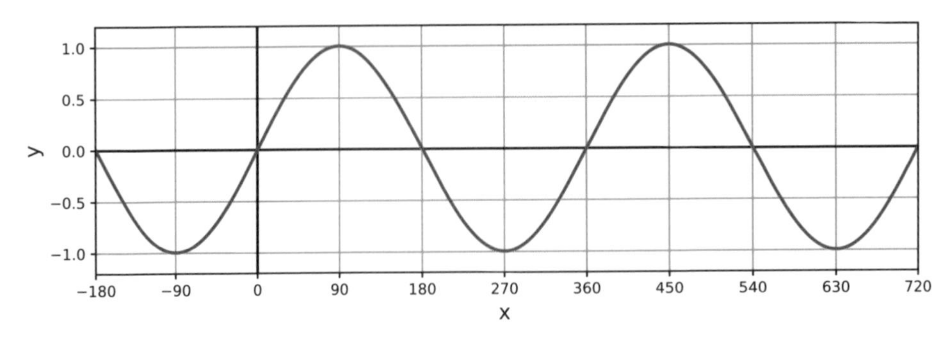

圖 3-12　$y = \sin\theta$ 的圖形

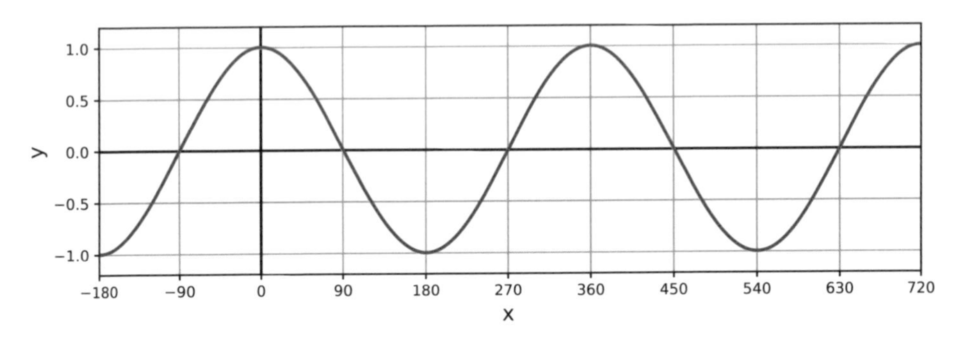

圖 3-13　$y = \cos\theta$ 的圖形

3.4.4 用三角函數表示直角三角形的邊長

我們再回到圖 3-10 及三角比的定義。將 $\sin\theta$、$\cos\theta$ 定義式的等號兩邊同乘以 r，就會得到下面這個式子：

$$x = r\cos\theta$$
$$y = r\sin\theta$$

這兩個式子表示，只要知道直角三角形的夾角 (θ) 與斜邊長度 (r)，就可以算出 x、y 的座標，在計算向量內積時很重要。

3.5 向量內積

兩個向量做內積運算有兩種解釋方法，一種是兩個相同維度的向量，將對應的分量兩兩相乘後再相加，亦稱為點積(*dot product*)。另一種則是指幾何座標上的兩個向量，其一的長度乘上夾角的 cos 值(即其中一個向量在另一向量上的投影長度，再乘上被投影向量的長度)，稱為內積(*inner product*)。雖然計算方法不同，但兩者所得的結果相同，都會是一個純量。在機器學習中，內積與點積的意思相同。

3.5.1 向量內積的幾何定義

當二維向量 $\boldsymbol{a}$、$\boldsymbol{b}$ 的夾角為 θ 時，下面這個式子可以定義向量 $\boldsymbol{a}$、$\boldsymbol{b}$ 的內積：

$$\boldsymbol{a} \cdot \boldsymbol{b} = |\boldsymbol{a}||\boldsymbol{b}| \cos\theta$$

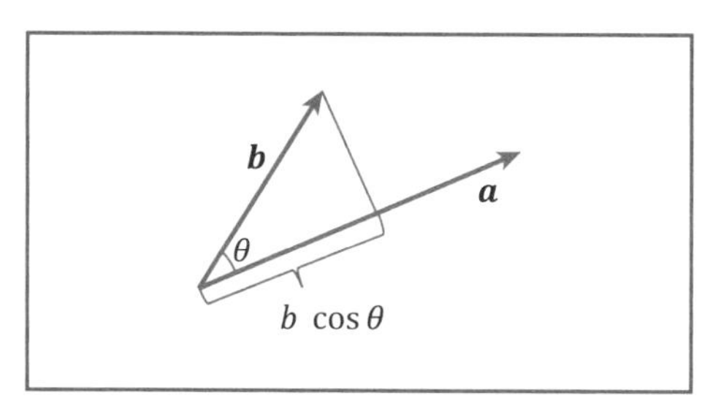

圖 3-14　內積的圖形意義

由上圖可看出，從向量 $\boldsymbol{b}$ 的終點，朝向量 $\boldsymbol{a}$ 畫出一條垂直線。此時，$|\boldsymbol{b}|\cos\theta$ 就是構成直角三角形的一個邊長。換言之，將向量 $\boldsymbol{b}$ 拆解成「與 $\boldsymbol{a}$ 同方向的分量」及「垂直於 $\boldsymbol{a}$ 的分量」時，前者就是 $|\boldsymbol{b}|\cos\theta$，而後者是 $|\boldsymbol{b}|\sin\theta$(請和圖 3-10 比較即能明白)。

這時，向量 $\boldsymbol{a}$、$\boldsymbol{b}$ 的內積就是「**向量 $\boldsymbol{a}$ 的長度，乘以向量 $\boldsymbol{b}$ 投影在向量 $\boldsymbol{a}$ 上的分量長度**」。

如果固定向量 $\boldsymbol{a}$、$\boldsymbol{b}$ 的長度 $|\boldsymbol{a}|$ 與 $|\boldsymbol{b}|$，只改變 θ 值(可想成是以圖 3-14 的兩個向量起點為中心，在半徑為 $|\boldsymbol{b}|$ 的圓周上移動)來觀察內積數值的變化，則結果會如下表所示：

θ 值	向量 a、b 的關係	內積的數值
0°	方向完全相同	最大值
90°	方向垂直	0
180°	方向完全相反	最小值

表 3-1　角度 θ 與內積的關係

這是向量內積非常重要的性質。

3.5.2 用分量來表示內積公式

前面我們是用兩個向量的夾角定義內積，其實也可以用兩向量的分量兩兩相乘來表示內積(亦稱為點積)：

$$\left.\begin{aligned}\boldsymbol{a} &= (a_1, a_2) = a_1\,\boldsymbol{i} + a_2\,\boldsymbol{j}\\ \boldsymbol{b} &= (b_1, b_2) = b_1\,\boldsymbol{i} + b_2\,\boldsymbol{j}\end{aligned}\right\}$$

用單位向量表示

則 $\boldsymbol{a}$ 和 $\boldsymbol{b}$ 的內積就是：

$$\begin{aligned}\boldsymbol{a}\cdot\boldsymbol{b} &= (a_1\,\boldsymbol{i} + a_2\,\boldsymbol{j})\cdot(b_1\,\boldsymbol{i} + b_2\,\boldsymbol{j})\\ &= a_1b_1\,\boldsymbol{i}\cdot\boldsymbol{i} + a_1b_2\,\boldsymbol{i}\cdot\boldsymbol{j} + a_2b_1\,\boldsymbol{j}\cdot\boldsymbol{i} + a_2b_2\,\boldsymbol{j}\cdot\boldsymbol{j}\end{aligned}$$

因為單位向量 $\boldsymbol{i}$、$\boldsymbol{j}$ 互相垂直且長度為 1，可知 $\boldsymbol{i}\cdot\boldsymbol{i} = \boldsymbol{j}\cdot\boldsymbol{j} = 1$，$\boldsymbol{i}\cdot\boldsymbol{j} = \boldsymbol{j}\cdot\boldsymbol{i} = 0$，所以：

$$\boldsymbol{a}\cdot\boldsymbol{b} = a_1b_1 + a_2b_2$$

向量內積符合分配律：

$$\boldsymbol{a} \cdot (\boldsymbol{b} + \boldsymbol{c}) = \boldsymbol{a} \cdot \boldsymbol{b} + \boldsymbol{a} \cdot \boldsymbol{c}$$

下圖的 $\boldsymbol{a}$、$\boldsymbol{b}$、$\boldsymbol{c}$ 皆為二維向量，不論是用分量兩兩相乘，或是用向量夾角來算都會是相同的結果：

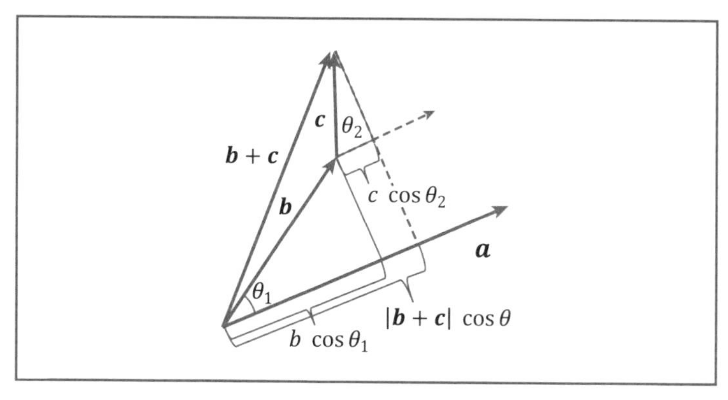

圖 3-15　內積的線性關係

$$\begin{aligned} &(\boldsymbol{b}+\boldsymbol{c} \text{ 與 } \boldsymbol{a} \text{ 同方向的分量}) \\ &= (\boldsymbol{b} \text{ 與 } \boldsymbol{a} \text{ 同方向的分量}) + \\ &(\boldsymbol{c} \text{ 與 } \boldsymbol{a} \text{ 同方向的分量}) \end{aligned}$$

接下來我們來看三維向量的分量內積公式，假設：

$$\boldsymbol{a} = (a_1, a_2, a_3)$$
$$\boldsymbol{b} = (b_1, b_2, b_3)$$

則 $\boldsymbol{a}$、$\boldsymbol{b}$ 的內積為：

$$\boldsymbol{a} \cdot \boldsymbol{b} = a_1 b_1 + a_2 b_2 + a_3 b_3$$

若擴展到 n 維向量內積也很簡單，假設：

$$\boldsymbol{a} = (a_1, a_2, \cdots, a_n)$$
$$\boldsymbol{b} = (b_1, b_2, \cdots, b_n)$$

則 $\boldsymbol{a}$、$\boldsymbol{b}$ 的內積為：

$$\boldsymbol{a} \cdot \boldsymbol{b} = a_1 b_1 + a_2 b_2 + \cdots + a_n b_n = \sum_{k=1}^{n} a_k b_k$$

這就是用分量來表示 n 維向量的內積公式。

3.6 餘弦相似性

3.6.1 兩個二維向量的夾角

假設兩個二維向量 $\boldsymbol{a}$、$\boldsymbol{b}$ 的分量為：

$$\boldsymbol{a} = (a_1, a_2)$$
$$\boldsymbol{b} = (b_1, b_2)$$

求這兩個向量的夾角 θ 是多少？這個問題可以用上一節的內積公式求得：

$$\boldsymbol{a} \cdot \boldsymbol{b} = |\boldsymbol{a}||\boldsymbol{b}| \cos\theta = a_1 b_1 + a_2 b_2$$

也就是：

$$\cos\theta = \frac{a_1 b_1 + a_2 b_2}{|\boldsymbol{a}||\boldsymbol{b}|} = \frac{a_1 b_1 + a_2 b_2}{\sqrt{{a_1}^2 + {a_2}^2}\sqrt{{b_1}^2 + {b_2}^2}}$$

算出 $\cos\theta$ 後要得到 θ，只要用反餘弦函數 $arccos()$ 就可求出。

編註： 假設上式算出 $\cos\theta$ 的值是 x，則在 *Google* 搜尋欄內輸入 *arccos*（x）即可得到 θ 的徑度，再除以 π，乘以 180 度，即可得到度數。假設上式算出的 $\cos\theta = -0.5$，則輸入 *arccos*（−0.5）會得到 2.0943951 *rad*（徑度），則 *arccos*（−0.5）/ *pi* * 180 可得到 120 度。

兩個三維向量的夾角

如果要計算兩個三維向量的夾角，可用下面這個式子算出 $\cos\theta$ 值，再用 $arccos(x)$ 求出 θ 的徑度 (再自行換算成角度的度數)：

$$\cos\theta = \frac{a_1b_1 + a_2b_2 + a_3b_3}{\sqrt{{a_1}^2 + {a_2}^2 + {a_3}^2}\sqrt{{b_1}^2 + {b_2}^2 + {b_3}^2}}$$

3.6.2 n 維向量的餘弦相似性

依照前面的方法，將這個公式擴展到 n 維向量，可以寫成下式：

$$\cos\theta = \frac{a_1b_1 + a_2b_2 + \cdots + a_nb_n}{\sqrt{{a_1}^2 + {a_2}^2 + \cdots + {a_n}^2}\sqrt{{b_1}^2 + {b_2}^2 + \cdots + {b_n}^2}} = \frac{\sum_{k=1}^{n} a_kb_k}{\sqrt{\sum_{k=1}^{n} {a_k}^2}\sqrt{\sum_{k=1}^{n} {b_k}^2}}$$

當向量空間超過三維，我們很難想像兩個向量的夾角長什麼樣子，但透過上面的公式，我們仍然可以由 $\cos\theta$ 的值，來判斷這兩個向量的行為。

當 $\cos\theta$ 接近 1 時 (夾角約 0 度)，我們可以說這兩個向量的方向幾乎相同。當 $\cos\theta$ 接近 −1 時 (夾角約 180 度)，代表這兩個向量的方向幾乎相反。當 $\cos\theta$ 接近 0 時，則代表這兩個向量的方向接近垂直。

以上這個公式的特性稱為**餘弦相似性**，也就是用二維的概念來描述 n 維的行為，常做為判斷兩向量方向是否接近的指標。

餘弦相似性的應用範例

在機器學習領域中，有的主題會需要計算 n 維向量之間的相似程度。因此，就會使用到「餘弦相似性」。在此介紹兩個實際的例子。

詞向量

詞向量是近年來很熱門的文本分析 ($textual\ \ analysis$) 方法。這個方法僅以「單字間彼此的相關性」，就能讓系統經由大量的文本資料，做出高維度的單字與數值向量對照表。

這種數值向量有個非常有趣的特質，以下是個有名的例子：

（代表「王」的數值向量）－（代表「女王」的數值向量）≒

（代表「男」的數值向量）－（代表「女」的數值向量）

這個方法的關鍵在於構成語言的主要單字，可以用數值向量完美的呈現。

輸入類似這樣的數值向量，就能夠找到與搜尋目標相似的單字。在此使用的演算法就是餘弦相似性。

人格特質預測

另一個例子是由美國 IBM 公司推出具 AI 功能的 API「$Personality\ Insight$」。將人寫出來的文字檔，例如一段 $twitter$ 的推文，輸入這個 API 後，就能推測出此推文作者的人格特質，輸出結果是個 5 維的向量，和「大五人格測驗 ($Big\ \ Five\ \ Test$)」等心理測驗的結果相同。運用餘弦相似性來預測兩個人的個性是否合得來。

3.7 矩陣運算

本節說明從向量衍伸出來的「矩陣」，以及「矩陣」與「向量」的乘法運算。矩陣是線性代數的重要內容，本節會說明最需要知道的部分。

3.7.1 1 個輸出節點的內積表示法

這是一個輸入為 x_1、x_2 的模型，可用下列式子算出一個輸出值 y：

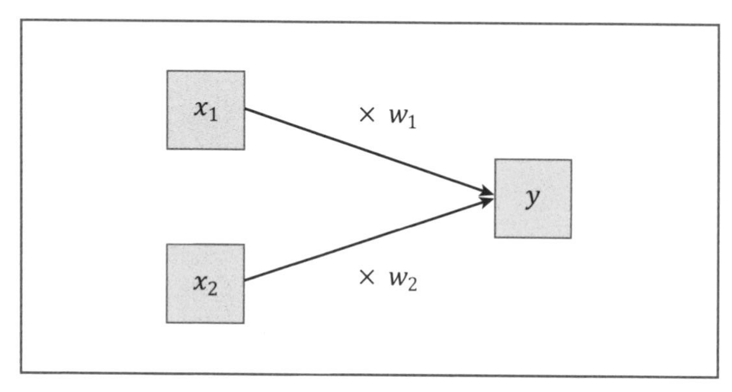

圖 3-16　2 個輸入節點，1 個輸出節點的架構

$$y = w_1 x_1 + w_2 x_2 \tag{3.7.1}$$

上式即為輸入節點 x_1、x_2 分別乘上 w_1、w_2 係數(在機器學習中稱為權重參數)後，再加總算的結果。也可將(3.7.1)式等號右邊視為兩個向量 $\boldsymbol{w} = (w_1, w_2)$、$\boldsymbol{x} = (x_1, x_2)$ 的內積，可改寫為：

$$y = \boldsymbol{w} \cdot \boldsymbol{x} \tag{3.7.2}$$

如此除了可簡化式子，還很適合利用 *Python* 的 *Numpy* 函式庫做向量運算。實際的例子會在第 7 章實踐篇出現。

3.7.2 3 個輸出節點的矩陣相乘

現在考慮有 3 個輸出節點的架構 (在第 9 章多類別分類時會用到)，如下圖所示：

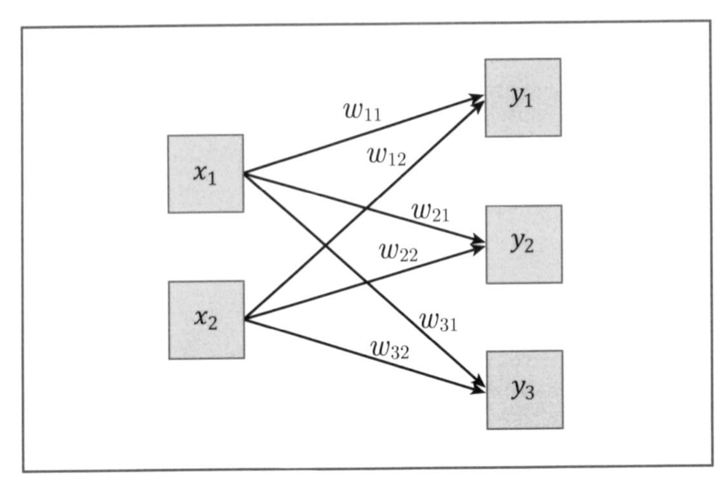

圖 3-17　2 個輸入節點與 3 個輸出節點的架構

編註： 請注意！此處的 w_{ij} 也有人寫成 w_{ji}，也就是 *index* 對調，兩種都有人用。本書是採用比較正統的用法。

此圖中代表權重的參數有 6 個 $(2 \times 3 = 6)$，此時權重 w 需改用二維的方式來表現，如下：

$$
\begin{aligned}
y_1 &= w_{11}x_1 + w_{12}x_2 \\
y_2 &= w_{21}x_1 + w_{22}x_2 \\
y_3 &= w_{31}x_1 + w_{32}x_2
\end{aligned}
\tag{3.7.3}
$$

像這樣將元素的下標用二維方式擴增到列與行的表示法，稱為矩陣 (一維的矩陣可視為向量)。為了與向量用小寫粗體字母區別，矩陣通常會用大寫粗體字母表示。矩陣 $\boldsymbol{W}$ 也可以用分量來表示，如下所示：

$$
\boldsymbol{W} = \begin{pmatrix} w_{11} & w_{12} \\ w_{21} & w_{22} \\ w_{31} & w_{32} \end{pmatrix}
$$

如此，就能計算**矩陣與向量的乘積**。例如下面這個向量：

$$\boldsymbol{x} = \begin{pmatrix} x_1 \\ x_2 \end{pmatrix}$$

就能和矩陣 $\boldsymbol{W}$ 定義出以下的乘積方法：

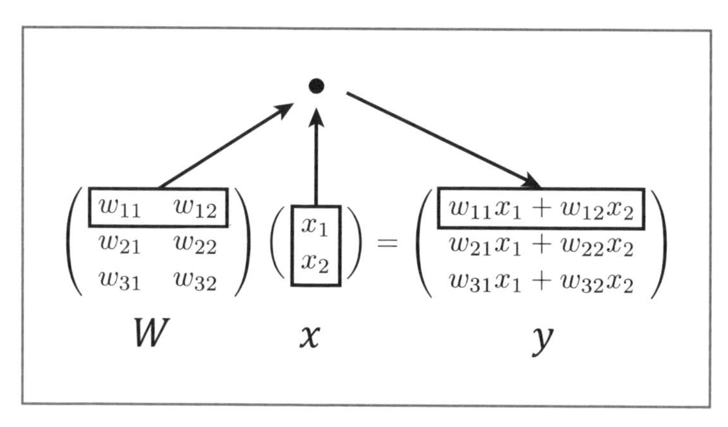

圖 3-18　矩陣與向量的乘積

計算矩陣與向量的乘積時，必須像上圖將左側矩陣 $\boldsymbol{W}$ 橫向的一列元素 (w_{11}, w_{12})，和直向的 $\boldsymbol{x}$ 向量 $\begin{pmatrix} x_1 \\ x_2 \end{pmatrix}$ 計算內積可得到 $\boldsymbol{y}$ 向量的分量 y_1，依此類推。因此，(3.7.3) 式可以簡化為：

$$\boldsymbol{y} = \boldsymbol{W}\boldsymbol{x} \tag{3.7.4}$$

將神經網路架構整理成矩陣與向量的乘積，這在後面的深度學習中都會經常見到。

編註：純量、向量、張量

除了向量和矩陣之外，我們還可以推廣至**張量**($Tensor$)。張量也是機器學習的核心，它和向量、矩陣的關係如下：

本章介紹的項目	張量	Python 的實作
純量	0 階張量	純數值
向量	一階張量	1D 陣列
矩陣	二階張量	2D 陣列
	三階張量	3D 陣列
	……	……
	n 階張量	nD 陣列

表 3-2　純量、向量、矩陣、張量對照表

矩陣與張量都可視為存放數字的容器，外觀看起來相同，但意義不同。張量在幾何上代表座標轉換的意思，也就是說張量作用在某個向量或矩陣上，就如同對該向量或矩陣做座標轉換運算；若沒有被作用的對象，則張量就形同矩陣。例如 (3.7.2) 式的 $\boldsymbol{W} \cdot \boldsymbol{x}$，就可視為權重「張量」對 $\boldsymbol{x}$「向量」做轉換運算。

為了讓張量與矩陣的維數做區別，我們將前者稱為 n 階($rank$)張量，後者稱為 n 維矩陣。不過有些文件中仍將張量稱為 n 維張量，不要弄混就好。

Chapter

4

多變數函數的微分

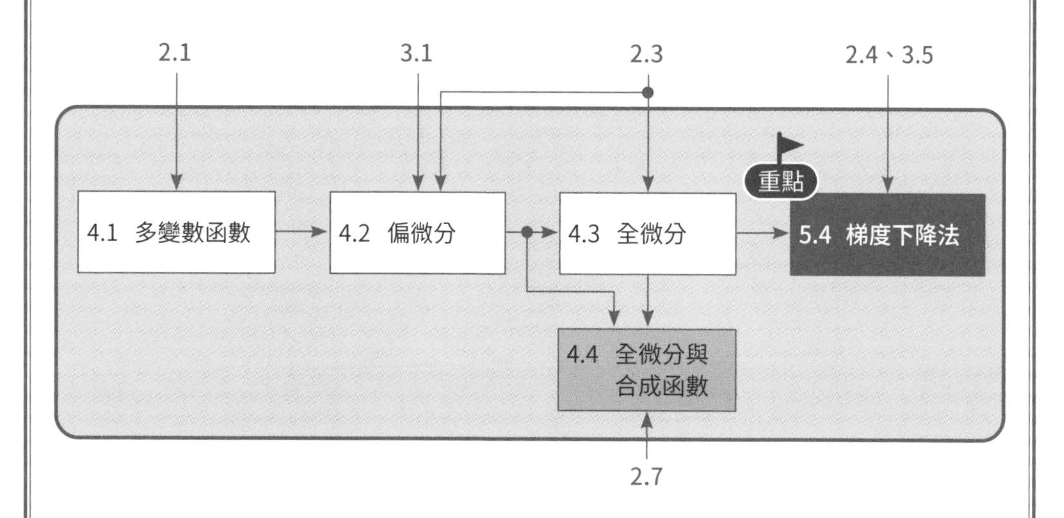

Chapter 4

多變數函數的微分

我們在第 1 章學過只有一個輸入變數 (自變數) 的簡單線性迴歸模型，但是機器學習和深度學習的模型通常不會只有一個輸入變數。例如從「身高」、「胸圍」… 來預測「體重」的模型，就**必須輸入多個數值才能進行預測**。

這種情況下，第 1 章說到的損失函數就會包括多個變數。因此，機器學習和深度學習的模型必須使用**多變數函數**及其微分才行。

本章會將單變數 (只有一個自變數) 函數及其微分的概念，延伸到多變數函數。多變數函數的微分稱為**偏微分**。而偏微分會用到向量的概念，所以請先把前一章的內容了解清楚。

本章後面會介紹「梯度下降法 (*Gradient Descent*，*GD*)」。讀過深度學習相關文章或書籍的人，應該都看過這個演算法名稱，其中就會利用到偏微分的技巧 (範例檔 *ch04-1.py*)。

4.1 多變數函數

只有 1 個輸入變數的函數，就像是一個箱子，將 x 的值輸入箱子，經過運算後再輸出 y。下圖箱子中的函數是 $y = (x-2)^2 + 1$：

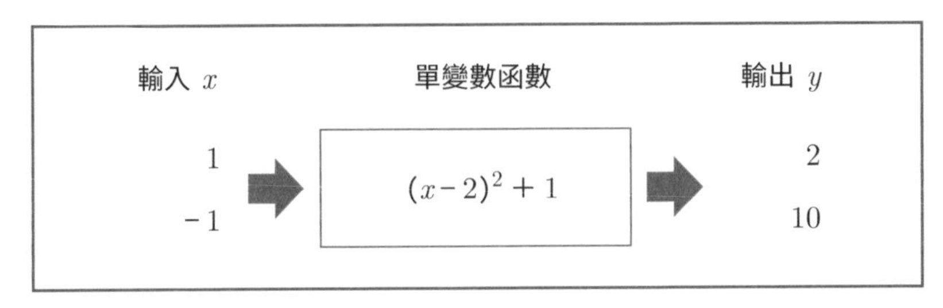

圖 4-1　單變數函數

接下來要將這個概念延伸到有多個輸入變數。

雙變數的函數

首先，我們來看雙變數的情形。輸入值以 2 個變數 (u, v) 的值為一組，例如 $(-1, 1)$、$(0, 2)$，輸出值則為 1 個數值。下圖箱子中的函數為 $L(u, v) = 3u^2 + 3v^2 - uv + 7u - 7v + 10$：

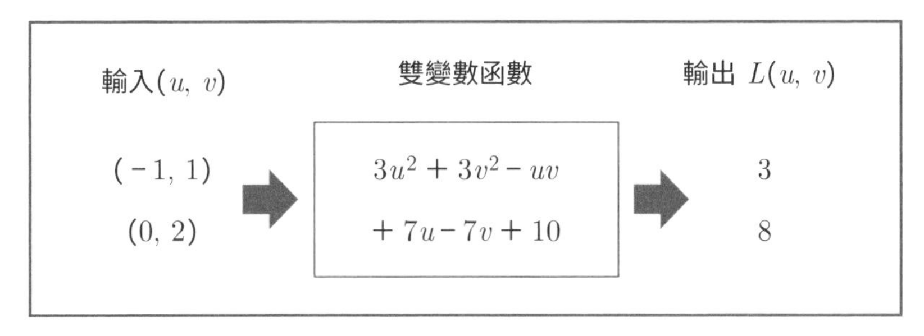

圖 4-2　雙變數的函數

當函數有 2 個輸入變數時，函數圖形就要用三維座標來呈現。圖 4-3a 用三維呈現 $L(u, v)$ 的圖形，會是一個曲面。圖 4-3b 是以「等高線」來呈現此函數的圖形。所謂等高線是指將函數值相等的所有點連接起來的線：

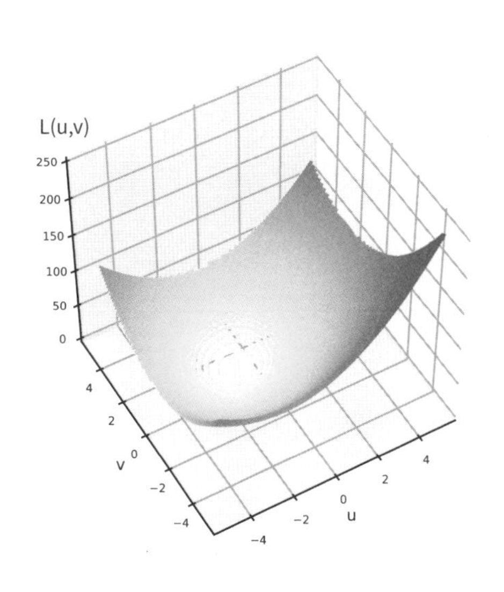

圖 4-3a　雙變數函數在三維座標的曲面

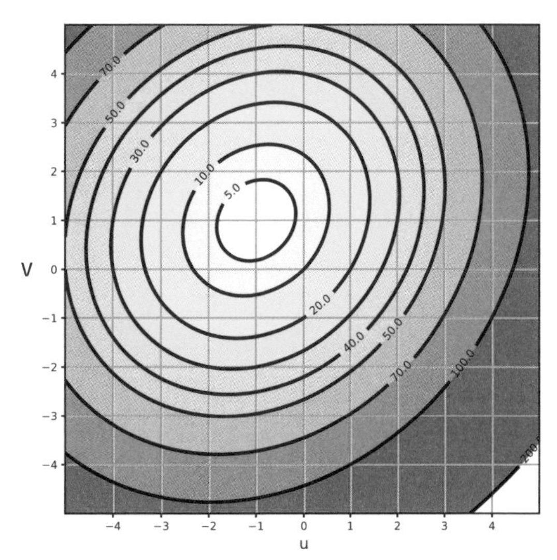

圖 4-3b　用等高線來呈現函數的圖形

擴展到多變數函數

瞭解雙變數函數之後，就可以將此概念推廣到三變數的函數。此函數就會有 3 個輸入變數，例如下面的函數就有 u、v、w 三個輸入變數：

$$L(u,\ v,\ w) = 3u^2 + 3v^2 + 3w^2 - uv + uw + 7u - 7v - 7w + 10$$

當然，同樣的概念也可以繼續推廣到有 n 個輸入變數的函數。

4.2 偏微分

如果一個函數的變數不只一個時，為了能夠看出每一個變數在變化時的影響，就要對各該變數分別做微分，稱為「**偏微分**」。也就是在對某一個變數做微分時，其餘的變數因與該變數無關，因此會被當成常數看待。

雙變數函數偏微分

我們一樣先從雙變數函數看起。偏微分的符號是 ∂(讀作 *partial* 或 *round*)，針對雙變數函數 $L(u, v)$ 的偏微分有下面兩種寫法，以 $L(u, v)$ 對變數 u 做偏微分為例：

$$\frac{\partial}{\partial u}L(u,v)$$ ← 將 L 寫在右邊

或

$$\frac{\partial L}{\partial u}$$ ← 將 L 寫在上面

$\frac{\partial}{\partial u}$ 的意思是要針對變數 u 做偏微分。如果要針對變數 v 做偏微分，只要將符號 u 改成 v 即可，也就是 $\frac{\partial}{\partial v}$ 。

為了避免大家一開始會弄混偏微分符號「∂」與微分符號「d」，因此先用下面的表示法：

$$L_u(u,\ v)\text{ 代表 }\frac{\partial}{\partial u}L(u,v)$$

我們就用 $L(u, v)$ 來計算下面這個雙變數函數的偏微分：

$$L(u,\ v) = 3u^2 + 3v^2 - uv + 7u - 7v + 10$$

因為偏微分除了要微分的變數外，其他變數都當成常數，所以 $L(u, v)$ 分別對 u、v 偏微分後的結果如下：

$$L_u(u,\ v) = 6u - v + 7 \quad \longleftarrow \text{ 對 } u \text{ 偏微分}$$
$$L_v(u,\ v) = 6v - u - 7 \quad \longleftarrow \text{ 對 } v \text{ 偏微分}$$

我們來看看上面做的偏微分在圖 4-3a 三維空間中的意義。例如，在點 $(u, v) = (0, 0)$ 對 u 偏微分的 $L_u(0, 0) = 7$ 的意義是什麼？

計算 $L_u(0, 0)$ 時，我們會將 v 值固定為 $v = 0$。因此對 u 偏微分的圖形，可以想像成是在函數曲面上 $v = 0$ 處切一刀所形成的一個切割面 (注意右圖中的實線曲線)：

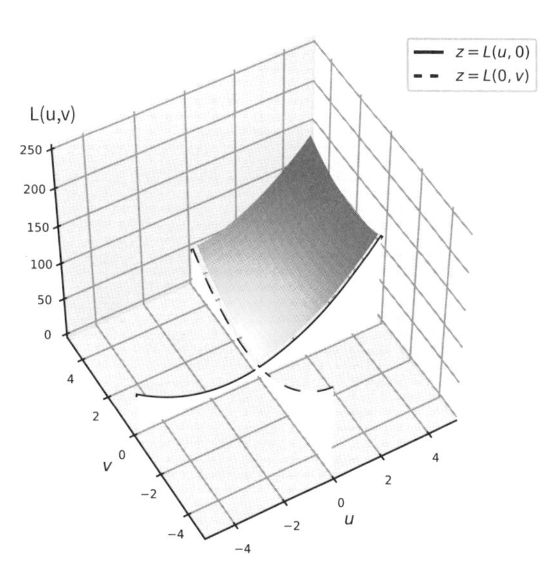

圖 4-4　三維圖形與切割面

函數 $L(u, v)$ 當 $v = 0$ 時，$L(u, 0) = 3u^2 + 7u + 10$ 就是此切割面曲線的函數。而偏微分 $L_u(0, 0)$ 代表的是這個**切割面函數 $3u^2 + 7u + 10$ 在 $u = 0$ 的斜率**。

同樣地，另一個偏微分 $L_v(0, 0)$，則是 **$u = 0$ 切割面函數在 $v = 0$ 的斜率**(請看圖中虛線曲線)。

推廣到多變數函數

偏微分也可以推廣到 3 個變數，甚至到 n 個變數。多變數函數在偏微分時，一樣只要把偏微分目標以外的變數都當成常數就可以了。例如，3 個變數的函數例子：

$$L(u, v, w) = 3u^2 + 3v^2 + 3w^2 - uv + uw + 7u - 7v - 7w + 10$$

分別對 u、v、w 偏微分後會得到：

$$\begin{aligned} L_u(u, v, w) &= 6u - v + w + 7 \\ L_v(u, v, w) &= 6v - u - 7 \\ L_w(u, v, w) &= 6w + u - 7 \end{aligned}$$

4.3 全微分

全微分就是單變數函數時的微分，只是當推廣到多變數函數的微分時，就稱為「**全微分**」。接下來，我們看看如果多變數函數的輸入變數小幅變動時，函數值會如何變動。

雙變數函數的全微分

我們先以雙變數函數為例，當 u、v 值小幅變動，亦即 $(u, v) \to (u+du, v+dv)$ 時，函數 $L(u, v)$ 的值會如何變動？

我們之前說明微分概念時，提到微分是**函數圖形上一小段區間，經過無限放大後會接近直線的特性**，來得到函數變化的狀態。

同樣的概念也可以用在雙變數函數的三維空間。我們想像三維空間的圖形中，將函數**曲面上的某一小塊區間，無限放大後會接近平面**。如此將曲面局部放大變成接近平面後，我們來看看 $L(u+du, v+du)$ 與 $L(u, v)$ 的差異：

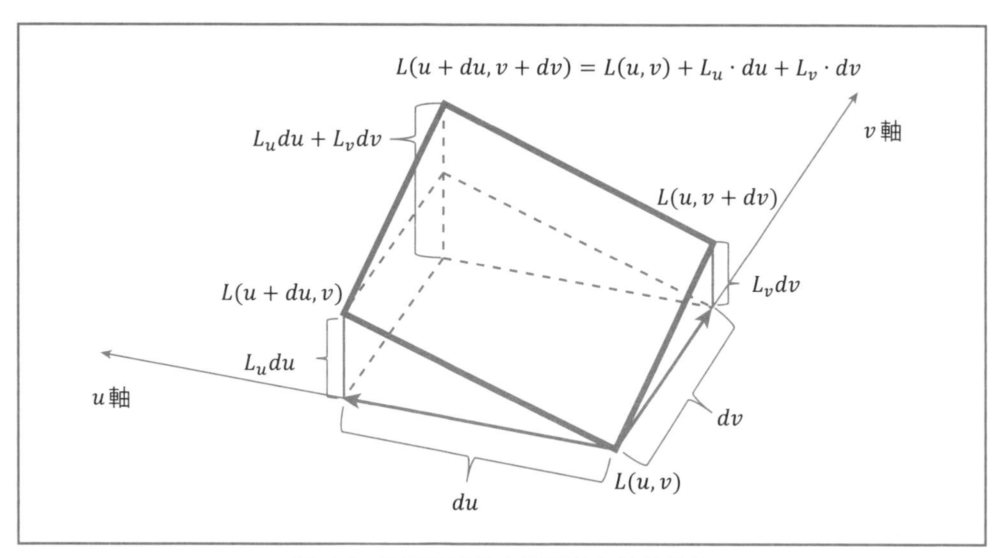

圖 4-5　雙變數函數小幅增量之後的變化

上圖即呈現了兩者的差異。如同 (2.3.1) 式中單變數函數 $f(x)$ 的變化所示：

$$f(x+dx) \fallingdotseq f(x) + f'(x)dx$$

我們將雙變數函數套入上面這個公式。在固定其中一個變數的情況下，讓另外一個變數增加微量變動，其函數值的變動就可用上節介紹的偏微分來表示。式子如下：

$$L(u+du,v) \fallingdotseq L(u,v)+L_u(u,v)du$$
$$L(u,v+dv) \fallingdotseq L(u,v)+L_v(u,v)dv$$

圖 4-5 粗線形成的四邊形，是在同一平面上的平行四邊形，可以寫成：

$$L(u+du,v+dv) \fallingdotseq L(u,v)+L_u(u,v)du+L_v(u,v)dv$$

等號兩側同減 $L(u,v)$：

$$L(u+du,v+dv)-L(u,v) \fallingdotseq L_u(u,v)du+L_v(u,v)dv \quad (4.3.1)$$

這個公式等號左邊代表 L 函數值在 $(u,\ v)$ 微量增加 $(du,\ dv)$ 時的變化，可用 dL 來表示。因此又可將 (4.3.1) 式改寫成：

$$dL = L_u du + L_v dv \quad (4.3.2)$$

也可以用偏微分符號寫成：

$$dL = \frac{\partial L}{\partial u}du + \frac{\partial L}{\partial v}dv \quad (4.3.3)$$

這就是全微分的公式。

如果變數的個數從 2 個變成 3 個或 n 個，也一樣可以利用 (4.3.3) 式改寫。為了便於表示 n 個變數，接下來就會開始使用偏微分符號「∂」。

3 個變數函數的全微分公式

原函數：$L(u, v, w)$

全微分公式：

$$dL = \frac{\partial L}{\partial u}du + \frac{\partial L}{\partial v}dv + \frac{\partial L}{\partial w}dw$$

N 個變數函數的全微分公式

原函數：$L(w_1, w_2, \cdots, w_N)$

全微分公式：

$$dL = \frac{\partial L}{\partial w_1}dw_1 + \frac{\partial L}{\partial w_2}dw_2 + \cdots + \frac{\partial L}{\partial w_N}dw_N = \sum_{i=1}^{N} \frac{\partial L}{\partial w_i}dw_i$$

4.4 全微分與合成函數

我們在 2.7 節曾經提到合成函數的微分公式 (鏈鎖法則)：

$$\frac{dy}{dx} = \frac{dy}{du} \cdot \frac{du}{dx} \tag{2.7.1}$$

現在來看看這個公式搭配全微分公式後，會變成什麼樣子。由於機器學習及深度學習中經常出現這樣的寫法，所以務必要熟悉。

中間函數 $\boldsymbol{u}$ 為向量時

此例有 3 個輸入變數 x_1、x_2、x_3。將這 3 個變數轉換成中間變數 u_1、u_2。再將 u_1、u_2 輸入 L 函數中，最後輸出 L 的運算結果：

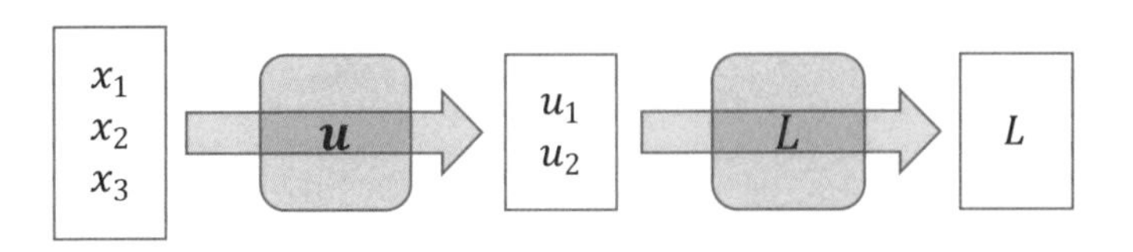

圖 4-6　例題的設定

我們可將上圖寫成以下式子：

$$u_1 = u_1(x_1,\ x_2,\ x_3)$$
$$u_2 = u_2(x_1,\ x_2,\ x_3)$$
$$L = L(u_1,\ u_2)$$

將變數 x_1、x_2、x_3 組合成向量 $\boldsymbol{x} = (x_1,\ x_2,\ x_3)$。並將 u_1、u_2 組合成 $\boldsymbol{u} = (u_1, u_2)$，則：

$$\boldsymbol{u} = \boldsymbol{u}(\boldsymbol{x}) \quad \longleftarrow \quad \boldsymbol{u} \text{ 是 } \boldsymbol{x} \text{ 的函數，即向量函數}$$
$$L = L(\boldsymbol{u}) \quad \longleftarrow \quad L \text{ 是 } \boldsymbol{u} \text{ 的函數，即合成函數}$$

接下來用 L 對 x_1 做偏微分。首先，將 u_1、u_2、L 套用上一節 (4.3.3) 式，可得：

$$dL = \frac{\partial L}{\partial u_1}du_1 + \frac{\partial L}{\partial u_2}du_2 \tag{4.4.1}$$

將等號兩側同除以 ∂x_1，表示 L 對 x_1 偏微分，可得：

換成偏微分符號

$$\frac{\partial L}{\partial x_1} = \frac{\partial L}{\partial u_1}\frac{\partial u_1}{\partial x_1} + \frac{\partial L}{\partial u_2}\frac{\partial u_2}{\partial x_1} \tag{4.4.2}$$

(4.4.2) 式是將函數 L 看成合成函數 $L(x_1, x_2, x_3)$，並對 x_1 偏微分。首先我們把實際的函數關係寫出來：

$$u_1(x_1,\ x_2,\ x_3) = w_{11}x_1 + w_{12}x_2 + w_{13}x_3$$

$$u_2(x_1,\ x_2,\ x_3) = w_{21}x_1 + w_{22}x_2 + w_{23}x_3$$

$$L(u_1,\ u_2) = {u_1}^2 + {u_2}^2$$

因此，我們可以算出 (4.4.2) 式等號右邊的每一項偏微分的結果：

$$\frac{\partial L}{\partial u_1} = 2u_1 \quad \longleftarrow \quad L \text{ 中的 } {u_2}^2 \text{ 與 } u_1 \text{ 無關，因此只留下 } 2u_1$$

$$\frac{\partial L}{\partial u_2} = 2u_2 \quad \longleftarrow \quad L \text{ 中的 } {u_1}^2 \text{ 與 } u_2 \text{ 無關，因此只留下 } 2u_2$$

$$\frac{\partial u_1}{\partial x_1} = w_{11} \quad \longleftarrow \quad u_1 \text{ 中的 } x_2\text{、}x_3 \text{ 兩項與 } x_1 \text{ 無關，只留下 } w_{11} \tag{4.4.3}$$

$$\frac{\partial u_2}{\partial x_1} = w_{21} \quad \longleftarrow \quad u_2 \text{ 中的 } x_2\text{、}x_3 \text{ 兩項與 } x_1 \text{ 無關，只留下 } w_{21}$$

然後將 (4.4.3) 式的 4 個結果代入 (4.4.2) 式：

$$\frac{\partial L}{\partial x_1} = \frac{\partial L}{\partial u_1}\frac{\partial u_1}{\partial x_1} + \frac{\partial L}{\partial u_2}\frac{\partial u_2}{\partial x_1} = 2u_1 \cdot w_{11} + 2u_2 \cdot w_{21} = 2(u_1 \cdot w_{11} + u_2 \cdot w_{21})$$

Chapter 4

這個式子就是 L 對 x_1 偏微分的結果。因為 $\boldsymbol{x}$ 向量有 x_1、x_2、x_3 這 3 個元素，接著再對 x_2、x_3 做偏微分，則可將結果寫成通式：

$$\frac{\partial L}{\partial x_i} = \frac{\partial L}{\partial u_1}\frac{\partial u_1}{\partial x_i} + \frac{\partial L}{\partial u_2}\frac{\partial u_2}{\partial x_i} \tag{4.4.4}$$

$$i = 1,\ 2,\ 3$$

如果中間的 $\boldsymbol{u}$ 包括 N 個函數 u_1、u_2、$\cdots$、u_N，則可將上式擴展為：

$$\frac{\partial L}{\partial x_i} = \frac{\partial L}{\partial u_1}\frac{\partial u_1}{\partial x_i} + \frac{\partial L}{\partial u_2}\frac{\partial u_2}{\partial x_i} + \cdots + \frac{\partial L}{\partial u_N}\frac{\partial u_N}{\partial x_i} = \sum_{j=1}^{N}\frac{\partial L}{\partial u_j}\frac{\partial u_j}{\partial x_i} \tag{4.4.5}$$

此公式在本書後面的實踐篇經常用到，很重要！

中間變數 u 只有一個時

下圖的例子與圖 4-6 不同之處，在於中間變數 u 只有一個而非向量：

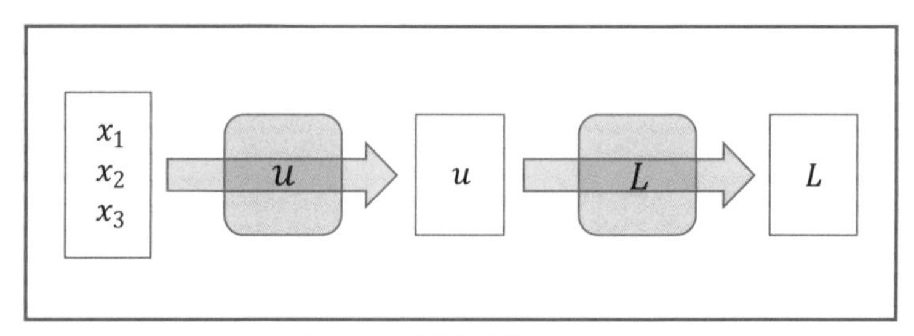

圖 4-7　中間只有一個 u

所以 L 對 u 微分會寫成常微分式：

$$dL = \frac{dL}{du}\cdot\ du \tag{4.4.6}$$

當我們要分別對 x_1、x_2、x_3 做偏微分時，就需要將相對應的常微分符號修改為偏微分符號。將 (4.4.6) 式兩邊同除以 ∂x_1，可得：

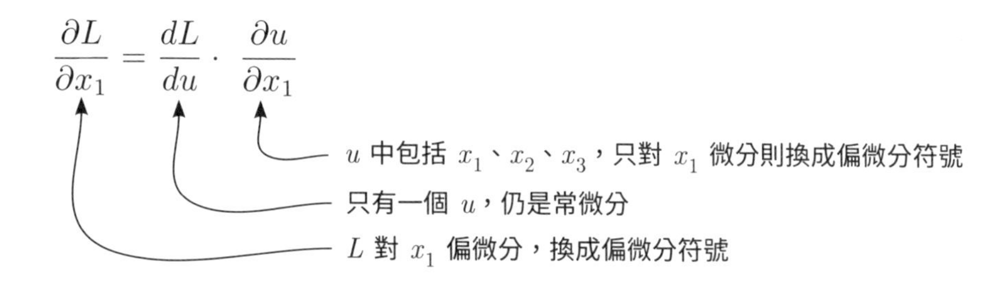

得到 L 對 x_1 的偏微分式之後，我們可以將上式改寫成通式：

$$\frac{\partial L}{\partial x_i} = \frac{dL}{du} \cdot \frac{\partial u}{\partial x_i} \tag{4.4.7}$$

4.5 梯度下降法 (GD)

接下來要說明梯度下降法 (*Gradient Descent*)。首先來看輸入值為雙變數的情況，此演算法的目的是：

> 給定某雙變數函數 $L(u, v)$，求出能讓 $L(u, v)$ 函數值最小化的 (u_{min}, v_{min}) 值。

$L(u, v)$ 是三維空間中的一個曲面函數，我們想找到此曲面的最低點 (u_{min}, v_{min}) 位置，其做法就是利用梯度下降法，朝能讓 $L(u, v)$ 值下降的方向，最後得到 $L(u, v)$ 出現最小值的位置。

我們可以用下面這幾個運算步驟來達到此目的：

(1) 先設定 (u, v) 的初始值為 (u_0, v_0)。就是曲面上的某個點。

(2) 從這個 (u, v) 值開始，找出能讓 $L(u, v)$ 函數值減少最多的**方向**。

(3) 配合 (2) 的方向，調整 (u, v) 的**變化量**，然後將新值設為 (u_1, v_1)。

(4) 再以新值 (u_1, v_1) 為基準，重複迭代 (2) 和 (3) 的步驟。

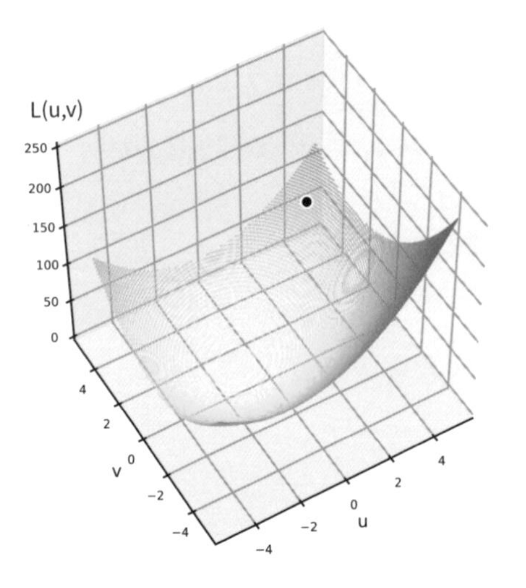

圖 4-8a 圖中黑點為曲面上 (u, v) 初值的位置

圖 4-8b 這是左圖的等高線圖，(u, v) 初值位於右上角高處

編註： 位於同一圈等高線上的各點，其 $L(u, v)$ 值都相等。

依上面步驟迭代計算的過程中，(u, v) 點會在曲面上逐步朝低點移動，其移動方向與移動量可視為向量，所以可將上面運算步驟的 (2)、(3) 用向量的觀點來看：

步驟 (2) 可視為向量移動的方向 $\cdots (A)$

步驟 (3) 可視為向量移動的大小 $\cdots (B)$

稍後再來解釋這兩點。我們先來看圖 4-9，此圖中可看出第 1 次迭代時，原本位於高處的初始值黑點，朝向與等高線垂直的方向移動到比較低的位置：

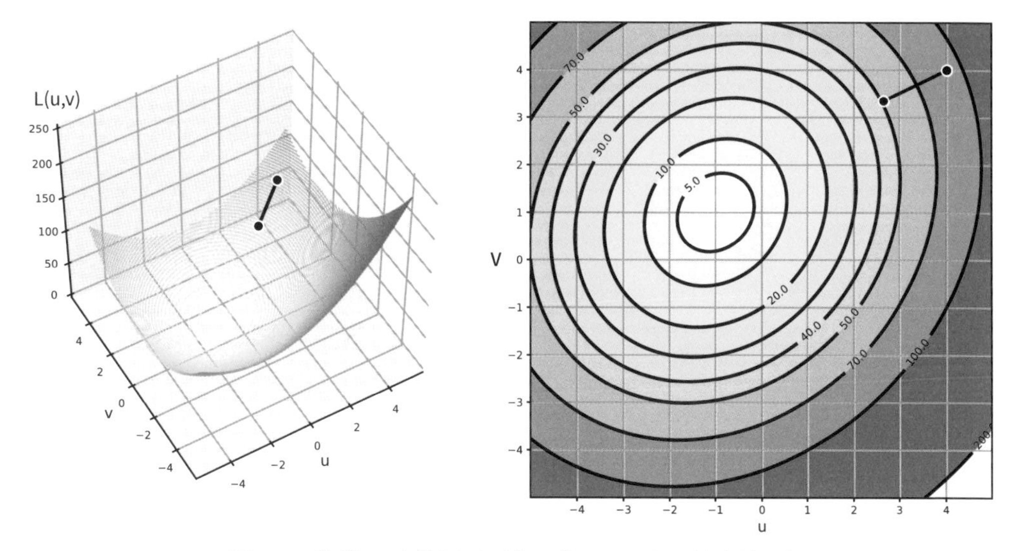

圖 4-9　迭代 1 次的圖形（左：曲面圖　右：等高線圖）

經過迭代 5 次，每次都會朝與等高線垂直方向下降：

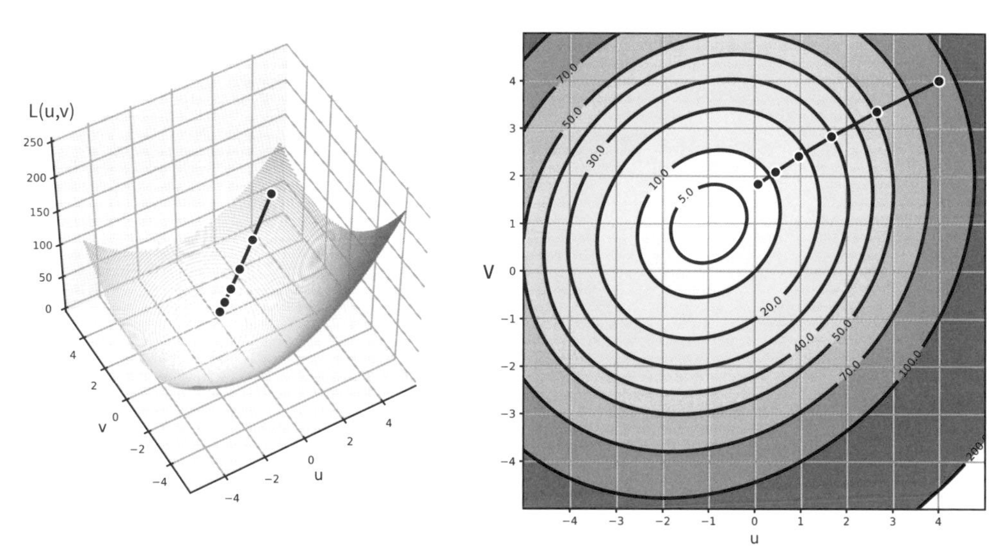

圖 4-10　迭代 5 次的圖形 (左：曲面圖　右：等高線圖)

經過迭代 20 次：

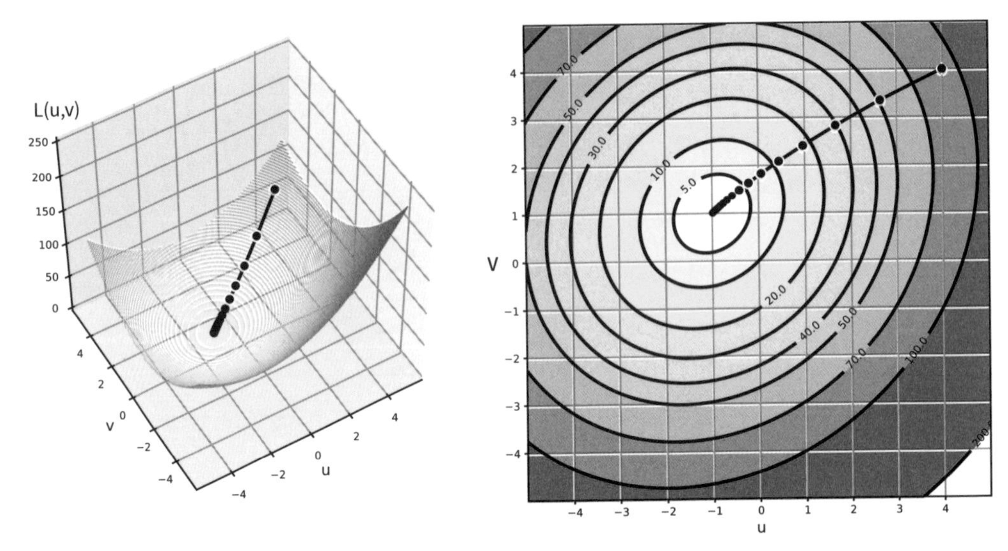

圖 4-11　迭代 20 次的圖形 (左：曲面圖　右：等高線圖)

我們可以看出來，經過多次迭代計算後，$(u,\ v)$ 的位置會逐漸趨近曲面的最低點。這樣不斷尋找最低點的演算法，即為梯度下降法。

其實梯度下降法的重點就在以下兩點：

(A) 決定下一步移動的方向

(B) 決定下一步移動的大小

決定下一步移動的方向

首先，我們用數學的觀點來思考問題 (A)。假設現在尋找最低點已經迭代 k 次，所以 $(u,\ v)$ 已經移動到 $(u_k,\ v_k)$ 點的位置。那麼，從 $(u_k,\ v_k)$ 點要移動到下一個點 $(u_{k+1},\ v_{k+1})$，該往那個方向移動？

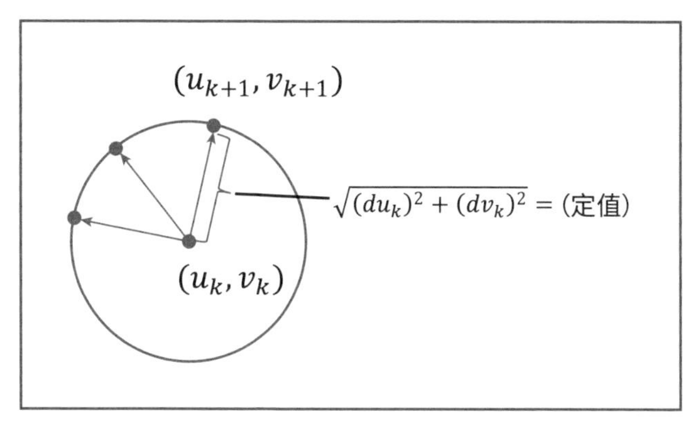

圖 4-12　移動到下一步的示意圖

要尋找向量的方向有兩個前提：(1) 移動量很微小，也就是 (du, dv) 很微小。(2) 移動量 $\sqrt{(du)^2 + (dv)^2}$ 是一個定值。

上圖中有 3 個箭頭，表示從 (u_k, v_k) 點要尋找下一個點有很多可能的移動方向。接下來要思考「哪個移動方向能最有效讓 $L(u, v)$ 的值下降」。

因為我們的前提是移動量很微小，所以可使用 4.3 節的全微分公式 (4.3.2) 式。假設函數 $L(u, v)$ 的變化量為 $dL(u, v)$，則：

$$dL(u_k, v_k) = L_u(u_k, v_k)du + L_v(u_k, v_k)dv$$

接著，將上式等號右邊看成是 $(L_u(u_k, v_k), L_v(u_k, v_k))$ 與 (du, dv) 這兩個向量的內積：

$$dL(u_k, v_k) = (L_u(u_k, v_k), L_v(u_k, v_k)) \cdot (du, dv)$$

依據向量內積公式，假設 (L_u, L_v) 與 (du, dv) 兩向量的夾角為 θ，因此向量內積可寫為 (請復習 3.5.1 節)：

$$\begin{aligned} dL(u_k, v_k) &= (L_u(u_k, v_k), L_v(u_k, v_k)) \cdot (du, dv) \\ &= |(L_u, L_v)|\ |(du, dv)| \cos\theta \end{aligned} \tag{4.5.1}$$

L 是一個圖形為曲面的多變數函數，假設在 (u_k, v_k) 點可微分，那麼 L 在 (u_k, v_k) 上的梯度，就是 L 在 (u_k, v_k) 的偏微分，其算法就是上式。由於我們要從 (u_k, v_k) 點找一個能讓 $L(u, v)$ 值最小的方向，這個方向的關鍵就在 $\cos\theta$。也就是說，$dL(u_k, v_k)$ 的大小，會由 $\cos\theta$ 決定：

若 (L_u, L_v) 和 (du, dv) 兩向量：

- 方向相同：$\cos0^\circ = 1$，表示 $dL(u_k, v_k)$ 為最大值。
- 互相垂直：$\cos90^\circ = 0$，表示 $dL(u_k, v_k)$ 為 0。
- 方向相反：$\cos180^\circ = -1$，表示 $dL(u_k, v_k)$ 為最小值。

因為 (4.5.1) 式算出來的梯度 dL 是 (L_u, L_v) 和 (du, dv) 兩向量在 (u_k, v_k) 點的最大移動量，所以將梯度大小乘以 -1，就是會讓 $L(u, v)$ 值下降的方向。

如圖 4-13 所示。

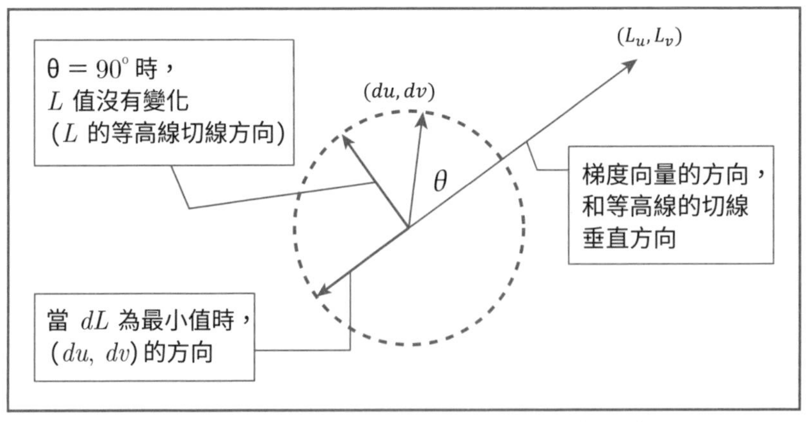

圖 4-13　(du, dv) 的方向與 $L(u, v)$ 值的關係

在此可以下個結論，只要找到「$L(u, v)$ 在 (u_k, v_k) 偏微分向量 $(L_u(u_k, v_k), L_v(u_k, v_k))$ 的方向」，其反方向就能找到讓 $L(u, v)$ 值最小的 (u, v)。

> **編註：** (Lu, Lv) 即為梯度向量。梯度向量會指向能讓函數值增加最多的方向，因此必須反方向才能讓函數值減少最多。

決定下一步移動的大小

接下來要決定移動量的大小。這個問題先從單變數函數來看會比較簡單，所以我們看以下的情況。

這是 $f(x) = x^2$ 的函數圖形，圖上的箭頭大小代表函數上 4 個點的微分值分別乘以固定值 (-0.1) 後產生的 x 方向移動量。

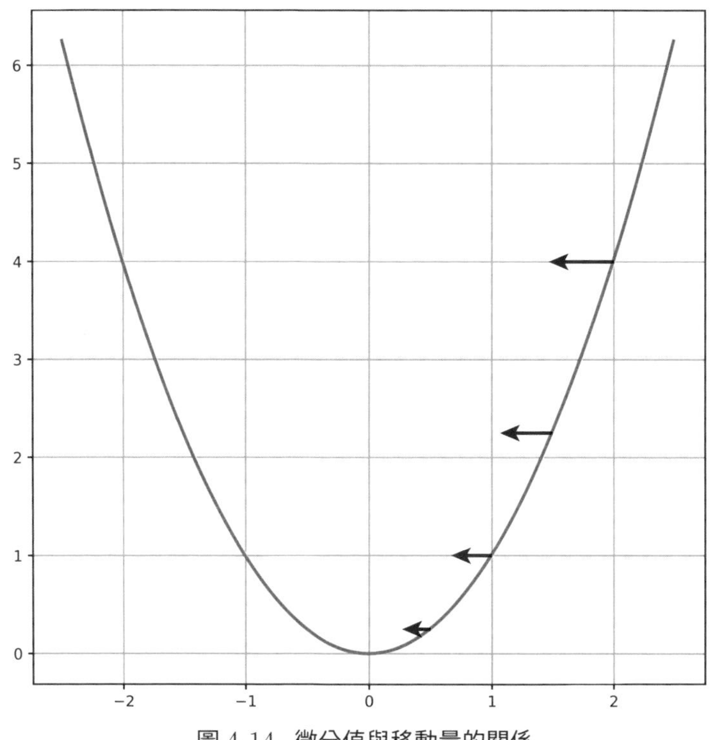

圖 4-14　微分值與移動量的關係

當 $x = 0$ 時，$f(x)$ 會有最小值，我們可發現：

- 離 $x = 0$ 較遠 ⟶ $f(x)$ 的微分變大 (即斜率變大)，移動量也變大
- 離 $x = 0$ 較近 ⟶ $f(x)$ 的微分變小 (即斜率變小)，移動量也變小

因此我們可以下個結論，各點的**微分乘上一個固定的負值**，就可變成**適當的移動量**。雖然在此我們沒有對上面這句話提供嚴謹的證明，但包括 n 變數函數，只要將其微分乘上一個固定的負值，都能變成適當的移動量。這樣就能夠決定移動量的大小。

因此，下一步 (u_{k+1}, v_{k+1}) 的位置就可以用下式算出：

學習率

$$\begin{pmatrix} u_{k+1} \\ v_{k+1} \end{pmatrix} = \begin{pmatrix} u_k \\ v_k \end{pmatrix} - \underbrace{\alpha \begin{pmatrix} L_u(u_k, v_k) \\ L_v(u_k, v_k) \end{pmatrix}}_{\text{移動量}} \tag{4.5.2}$$

移動量

這就是梯度下降法的公式。這個公式中的參數 α 稱為**學習率** (**編註：** 有些書會用 η 符號表示學習率)，是機器學習與深度學習中很重要的參數。

我們可以從前面的說明，推測學習率的影響：

- 若學習率太大：造成移動量偏大而越過最低點，無法收斂到極小值
- 若學習率太小：造成移動量過小，計算時間偏長，學習效率會變差

實際上，在機器學習和深度學習中，都必須針對不同的問題來設定適當的學習率，再反覆尋找收斂的最佳解 (**編註：** 多半由經驗而得)。

另外，我們從 (4.5.2) 式也可以看出，梯度下降法計算移動量，其實就是在計算損失函數的偏微分 (**編註：** 就是 L_u、L_v)。

等高線與梯度向量

等高線是由相同 L 值的各個點連接起來的曲線，就像圖 4-8b 那樣。而等高線上每一點的梯度向量，都會與等高線的切線垂直。而且**梯度向量的方向代表函**

數值增加最快的方向，也因此我們要將梯度向量乘上 -1，使其反過來朝函數值最小的方向。梯度向量的長度越長，表示梯度下降得越多；接近最低點時，梯度向量越短，下降也就減少。

編註：梯度向量與等高線切線向量垂直

在此證明梯度向量為什麼會與等高線切線向量垂直。

等高線上某一點 (u, v) 的梯度向量是 $\left(\frac{\partial L}{\partial u}, \frac{\partial L}{\partial v}\right)$，也就是 (L_u, L_v)。該點的切線向量是 u、v 的微分。要計算 u 與 v 微分，假設：$u = u(t)$、$v = v(t)$，表示 $(u(t), v(t))$ 在等高線上的位置會隨著 t 變動。因此計算 u、v 微分，就是計算 $\left(\frac{du}{dt}, \frac{dv}{dt}\right)$：

$$\frac{du}{dt} = \lim_{\Delta t \to 0} \frac{u(t+\Delta t) - u(t)}{\Delta t}$$

$$\frac{dv}{dt} = \lim_{\Delta t \to 0} \frac{v(t+\Delta t) - v(t)}{\Delta t}$$

因此，$L(u, v)$ 可以寫成 $L(u(t), v(t))$。假設在該點的等高線值等於 c，可知：

$$L(u(t), v(t)) = c$$ ← 在某一個等高線上的 (u, v) 點的值都是 c

在等號兩邊同時對 t 微分，利用鏈鎖法則可得：

$$\frac{\partial L}{\partial u}\frac{du}{dt} + \frac{\partial L}{\partial v}\frac{dv}{dt} = \frac{dc}{dt} = 0$$

再將上式拆成兩個向量內積：

$$\left(\frac{\partial L}{\partial u}, \frac{\partial L}{\partial v}\right) \cdot \left(\frac{du}{dt}, \frac{dv}{dt}\right) = 0$$

上式第一個向量是梯度向量，第二個向量是等高線切線向量，兩者內積為 0，即表示互相垂直。

下圖是將圖 4-8a 的三維曲面用梯度向量來表現 (**編註：**請注意！此處畫的梯度向量是已經反向過的，才會朝向函數值的低點)。比如說圖 4-8a 中 $(u, v) = (4, -4)$ 附近各點向下的梯度比較大，因此在圖 4-15 $(u, v) = (4, -4)$ 附近的梯度向量比較長。同理，$(u, v) = (-2, 0)$ 附近各點向下的梯度比較小，梯度向量比較短。

不論梯度下降法一開始選擇的 (u, v) 在哪個位置，「原則上」都會往 $(-1, 1)$ 的最低點逼近。(**編註：**依據選擇的初始值位置不同，也有可能會找到不同的低點，請看後面的專欄說明)

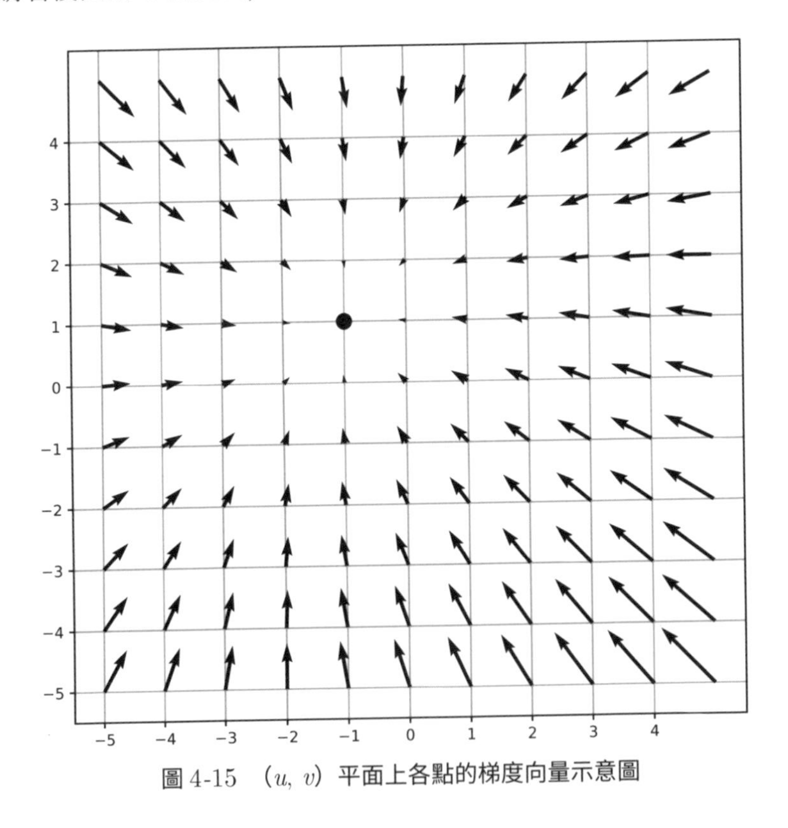

圖 4-15　(u, v) 平面上各點的梯度向量示意圖

最後，這裡提供梯度下降法的動畫範例網址，您可以看到箭頭的方向以及大小變化：

https://github.com/makaishi2/math-sample/blob/master/movie/gradient-descent.gif (縮短網址：http://bit.ly/2VGGHNu)

三變數函數的梯度下降法公式

如果函數 L 為三變數函數 $L(u, v, w)$，則梯度下降法的公式如下：

$$
\begin{pmatrix} u_{k+1} \\ v_{k+1} \\ w_{k+1} \end{pmatrix} = \begin{pmatrix} u_k \\ v_k \\ w_k \end{pmatrix} - \alpha \begin{pmatrix} L_u(u_k, v_k, w_k) \\ L_v(u_k, v_k, w_k) \\ L_w(u_k, v_k, w_k) \end{pmatrix}
$$

α：學習率；(L_u, L_v, L_w)：梯度向量

提供給讀者參考。

專欄 梯度下降法與局部最佳解

此圖中的函數有兩個局部最小值。如果初始值是選在 A 點，使用梯度下降法會找到局部最小值 C 點。但如果初值是選在 B 點，則會找到局部最小值 D 點，而不是 C 點。這其實有點碰運氣的成分。

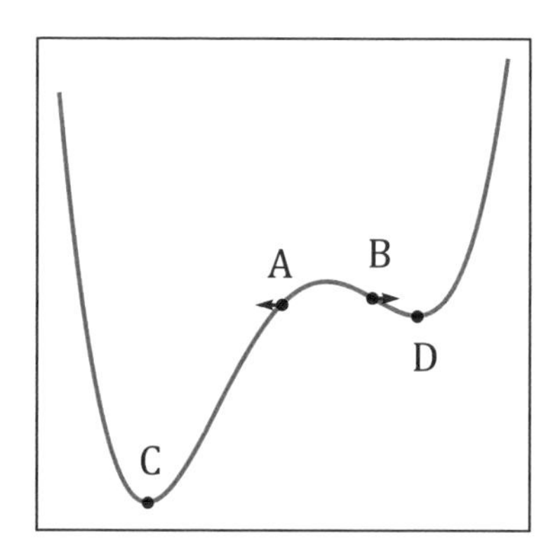

圖 4-16 因為有兩個局部最佳解，而無法決定最小值的例子

從這個例子可以知道，一開始選的初始值不同，梯度下降法未必都能找到函數真正的最小值。

因為梯度下降法是一次將所有的資料樣本都送進去運算，每次迭代時又全部再送去運算，當資料量龐大時，可能造成電腦負荷太大而無法處理，因此有兩種衍生的方法：

「隨機梯度下降法 (*Stochastic Gradient Descent*，*SGD*)」: 每次迭代只隨機挑選一筆資料做運算，雖然能夠減少只找到局部最佳解的機會，但其缺點是隨機選到的位置 (資料樣本) 可能會跳得很遠，而造成不易收斂。

「小批量梯度下降法 (*Mini Batch Gradient Descent*，*MBGD*)」: 每次迭代只挑選小批量資料分批運算。因為是一次取多筆資料運算，比較能做到穩定收斂。而且只要每個小批量的資料筆數夠多，就具有代表整體資料分佈的特性。像民調公司為何只調查 1000 人，就代表全體百姓的意見，就是這個道理。因此每個小批量資料的平均值就不會像 *SGD* 那樣亂跳，這也是目前最普遍採用的方法。

Chapter

5

指數函數、對數函數

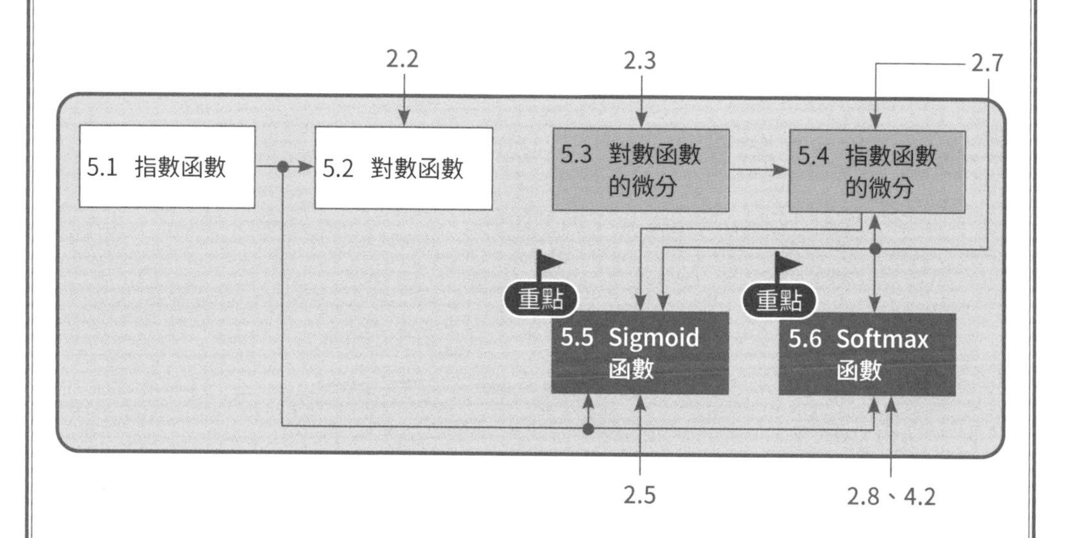

Chapter 5

指數函數、對數函數

第 1 章講到的迴歸模型，其預測函數與損失函數都與指數、對數有關。因此要學會機器學習，就必須了解指數函數與對數函數，以及它們的微分性質。在機器學習與深度學習中經常會出現的 *Sigmoid* 函數與 *Softmax* 函數，也會在本章中介紹。

5.1 指數函數

本章先從指數函數開始，並學習基本的指數運算規則。

5.1.1 連乘的定義與公式

首先，指數的概念是從相同數字連續相乘而來，比如說：

$$4 = 2 \times 2 \quad \longleftarrow \text{兩個 2 相乘}$$

$$8 = 2 \times 2 \times 2 \quad \longleftarrow \text{三個 2 相乘}$$

相同的數字相乘數次，其相乘的次數即可用次方來表示，例如：

$$8 = 2^3$$

3 稱為指數

2 稱為底數

連乘的規則

如果將 $4 \times 8 = 32$ 改為連乘的式子，可寫成：

$$2^2 \times 2^3 = (2 \times 2) \times (2 \times 2 \times 2) = 2^5$$

因此，兩個底數相同的數字相乘時，可以直接將指數部份相加，即：

$$2^2 \times 2^3 = 2^{(2+3)} = 2^5$$

上面的例子是以 2 為底數，如果改以 a 為底數 $(a \neq 0)$，並將次方數 2、3 分別換成自然數 m、n(自然數是包含 0 的正整數)，則可寫成下面的通式：

$$a^m \times a^n = a^{m+n} \tag{5.1.1}$$

如果是指數的連乘，也可以將指數部份相乘，例如：

$$(2^2)^3 = 2^2 \times 2^2 \times 2^2 = (2 \times 2) \times (2 \times 2) \times (2 \times 2) = 2^{2 \times 3}$$

寫成通式則為：

$$(a^m)^n = a^{m \times n} \tag{5.1.2}$$

5.1.2 連乘觀念的推廣

指數為 0 時，會等於 1

上面規則中的 m、n 為自然數，即當指數為 0 時一樣成立。假設 m 為非 0 的自然數，而 $n = 0$ 時，連乘的規則也成立，即：

$$a^m \times a^0 = a^{m+0} = a^m \tag{5.1.3}$$

因為 $a^m \neq 0$，將上式等號兩邊同除以 a^m，可得：

$$a^0 = 1 \tag{5.1.4}$$

表示任何非以 0 為底數的 0 次方皆等於 1。

指數為負整數時，會等於倒數

利用 $a^0 = 1$ 的規則，可將連乘推廣到指數為負整數(假設 m 為正整數)：

$$a^m \times a^{-m} = a^{m-m} = a^0 = 1 \tag{5.1.5}$$

將等號兩邊同除以 a^m，可得到指數為負整數時即為其倒數：

$$a^{-m} = \frac{1}{a^m} \tag{5.1.6}$$

例如，由(5.1.6)式計算 2^{-3}：

$$2^{-3} = \frac{1}{2^3} = \frac{1}{8}$$

指數為整數的倒數時

當指數是整數的倒數時也成立，假設 $m = \dfrac{1}{n}$ 代入(5.1.2)式：

$$\left(a^{\frac{1}{n}}\right)^n = a^{\left(\frac{1}{n} \cdot n\right)} = a^1 = a$$

因為 $a^{\frac{1}{n}}$ 的 n 次方會等於 a，那麼 a 開 n 次方根會等於 $a^{\frac{1}{n}}$，所以下列式子成立：

$$a^{\frac{1}{n}} = \sqrt[n]{a} \tag{5.1.7}$$

例如：用 (5.1.7) 式計算 $8^{\frac{1}{3}}$：

$$8^{\frac{1}{3}} = \sqrt[3]{8} = 2$$

指數為有理數時

假設 x 為有理數(任何可以用分數形式呈現的數字)，p、q 為整數，且 p 不可以等於 0，因此 x 可以表示為：

$$x = \frac{q}{p}$$

則下列式子成立：

$$a^x = a^{\frac{q}{p}} = (\sqrt[p]{a})^q$$

因此對於任何有理數 x，都可以算得出 a^x。例如計算 8 的 $-\frac{2}{3}$ 次方：

$$8^{-\frac{2}{3}} = \left(8^{\frac{1}{3}}\right)^{-2} = \left(\sqrt[3]{8}\right)^{-2} = 2^{-2} = \frac{1}{4}$$

5.1.3 將連乘寫成指數函數形式

由前述可知，對於所有的有理數 x，都可算出其相對應的 a^x 指數值。當 x 是無理數時，也可以用接近的有理數，算出其 a^x 值 (例如圓周率 π 雖然是無理數，但我們在計算時可以指定為 3.14159 有理數)。所以，當 x 是包含有理數與無理數的實數時，也都可以算出對應的 a^x 指數值。因此，若 a 為正實數，則可定義一個函數 $f(x)$ 為：

$$f(x) = a^x$$

這個函數即稱為指數函數。

指數函數的圖形

我們來看看指數函數 $f(x) = 2^x$ 的圖形。在畫座標圖時，一般都會用幾個 x 點代入函數，算出其函數值對應表如下：

x	-2	$-\frac{3}{2}$	-1	$-\frac{1}{2}$	0	$\frac{1}{2}$	1	$\frac{3}{2}$	2
$f(x)$	$\frac{1}{4}$	$\frac{1}{2\sqrt{2}}$	$\frac{1}{2}$	$\frac{1}{\sqrt{2}}$	1	$\sqrt{2}$	2	$2\sqrt{2}$	4

表 5-1　$f(x)= 2^x$ 的 9 個座標點

接著，將此表中的 $(x, f(x))$ 畫在平面座標上，再用曲線將這些點連起來，就可得到下面的函數圖形：

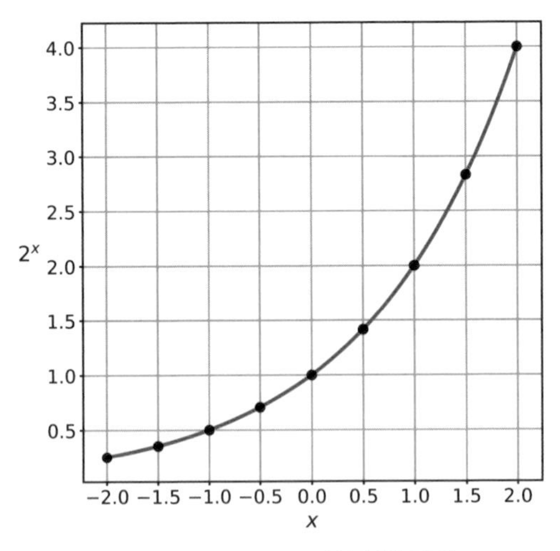

圖 5-1　$f(x)= 2^x$ 的函數圖形

由此圖可看出，當底數是大於 1 的數字，函數值會隨著指數 x 增大而快速上升。

我們接下來看看 $f(x) = \left(\frac{1}{2}\right)^x$ 的函數圖形。和上個例子一樣，先代入幾個 x 點，做為圖形的參考點，得到下面的函數值對應表：

x	-2	$-\frac{3}{2}$	-1	$-\frac{1}{2}$	0	$\frac{1}{2}$	1	$\frac{3}{2}$	2
$f(x)$	4	$2\sqrt{2}$	2	$\sqrt{2}$	1	$\frac{1}{\sqrt{2}}$	$\frac{1}{2}$	$\frac{1}{2\sqrt{2}}$	$\frac{1}{4}$

表 5-2 $f(x) = \left(\frac{1}{2}\right)^x$ 的 9 個座標點

根據此表，就能畫出下圖的函數圖形：

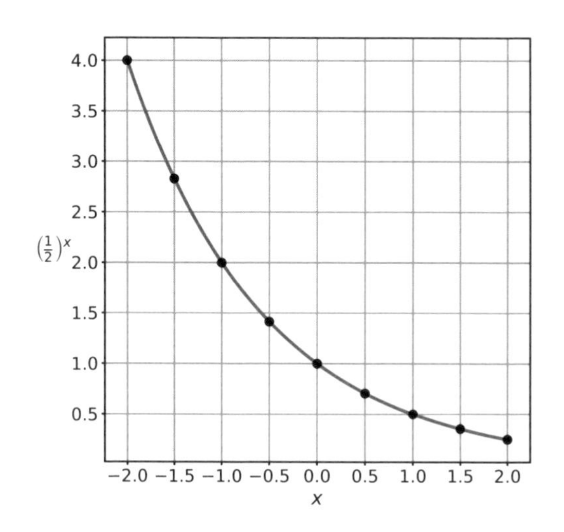

圖 5-2 $f(x)=\left(\frac{1}{2}\right)^x$ 的函數圖形

由此圖形可看出，當底數是小於 1 的正數時，函數值會隨著指數 x 增大而快速減小。

而且若將這兩個指數函數圖形相疊，會發現剛好對稱於 $x = 0$ 這條垂直線，這是因為底數 2 與 $\frac{1}{2}$ 互為倒數之故。

指數函數的運算規則

指數函數 $f(x) = a^x$ 和前面介紹過的連乘規則類似，具有下列這些運算規則：

$$a^x \times a^y = a^{x+y} \tag{5.1.8}$$

$$\frac{a^y}{a^x} = a^{y-x} \tag{5.1.9}$$

$$\frac{1}{a^x} = a^{-x} \tag{5.1.10}$$

$$(a^x)^y = a^{xy} \tag{5.1.11}$$

假設 x、y 為自然數，(5.1.8)、(5.1.9)、(5.1.11) 式都可以由下面的說明得證。而 (5.1.10) 式則由 (5.1.9) 式當 $y = 0$ 時得證。

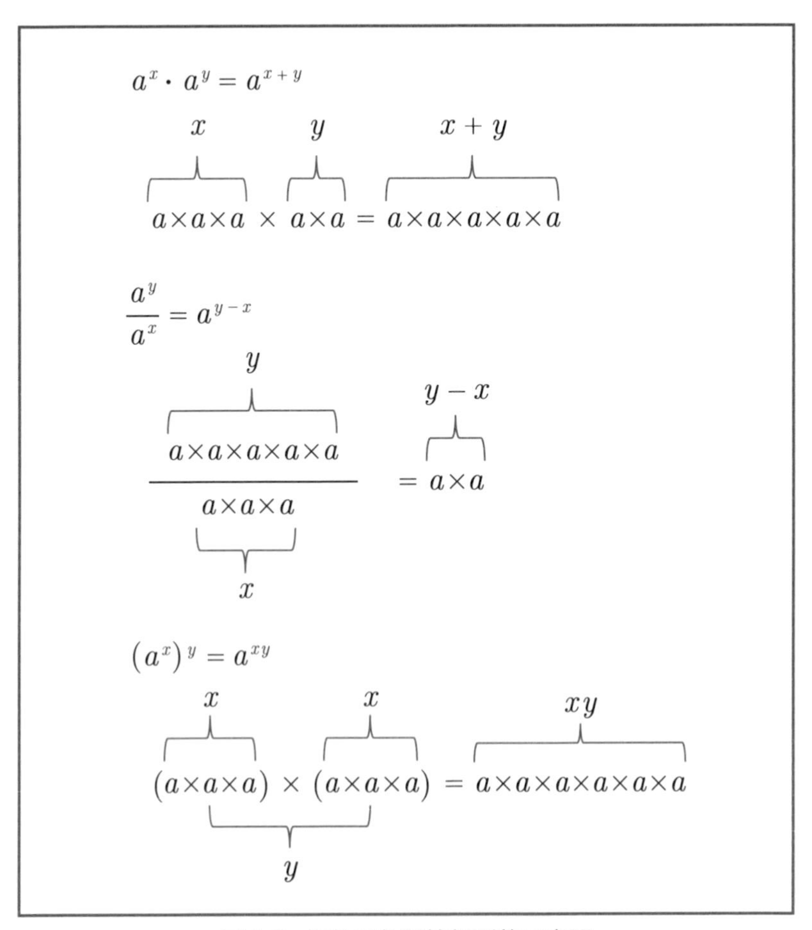

圖 5-3 指數函數運算規則的示意圖

5.2 對數函數

本節要介紹對數函數。對數函數是指數函數的反函數 (請參考 2.2 節)，所以在推導數學式的時候，常會利用兩者的對應關係。

對數函數的定義

由於對數函數是指數函數的反函數，因此我們可以從指數函數推導出對數函數。從上一節已知指數是相同數值連乘，並用次方來表示連乘的次數。而對數函數則是指數函數的反運算，從底數及乘積來找出對數。例如指數 2 的 3 次方為：

$$2^3 = 2 \times 2 \times 2 = 8$$

則 8 取以 2 為底的對數，則會得到指數的值：

$$\log_2 8 = \log_2 2^3 = 3$$

其中，log 是對數的英文 *logarithm* 的簡寫。log 右下角的 2 是對數的底數 (或稱為底)，這個底數必須為正數，通常會用 10 或 e(尤拉數) 為底數。對數的底數不能為 1，因為 1 的連乘永遠為 1，因此不用特別計算以 1 為底數的對數。等號右側的 3 為 8 的對數，即指數函數的次方值。上面這個式子，我們若用文字來敘述，則為「以 2 為底，8 的對數為 3」。

若寫成通式，假設指數為：

$$b^x = a$$

則其對數為：

$$\log_b a = x$$

真數，必須大於 0

底數，必須是不為 1 的正數

其中，$b > 0$ 且 $b \neq 1$，$a > 0$，x 則為任意實數。我們若用文字來敘述，則為「以 b 為底，a 的對數為 x」。

下表列出幾個指數及對數互相對應的例子，可以觀察它們的關係：

指數算式	對數算式
$2^3=8$	$\log_2 8=3$
$3^4=81$	$\log_3 81=4$
$10^0=1$	$\log_{10} 1=0$
$10^{-2}=0.01$	$\log_{10} 0.01=-2$
$e^1=e$	$\log_e e=1$

表 5-3 指數及對數的對應表

對數函數的圖形

如 2.2 節所說，反函數與原函數的圖形，會對稱於直線 $y = x$。例如函數 $y = 2^x$ 與其反函數 $y = \log_2 x$ 的圖形：

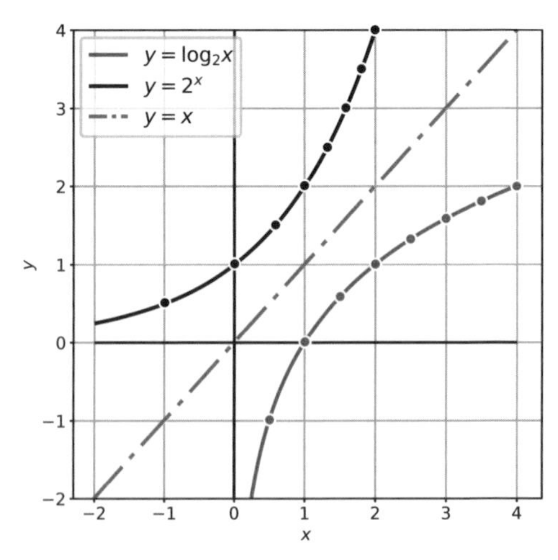

圖 5-4 指數與對數圖形對稱於 $y = x$ 直線

從此圖可以看出，**對數函數的變數 x 永遠是正值**。而其反函數，**指數函數的 y 值也永遠是正值**。

函數 $f(x)$ 的 x 值範圍稱為「定義域」，而 $f(x)$ 值的範圍則稱為「值域」。因此，我們可利用定義域及值域來看指數函數和對數函數的關係：

- 指數函數的值域永遠為正

- 對數函數的定義域永遠為正

對數函數的特徵

5.1 節最後的 (5.1.8) ~ (5.1.11) 式，可以透過下面這兩個轉換來改寫：

$$x = \log_a X \quad \Leftrightarrow \quad a^x = X$$
$$y = \log_a Y \quad \Leftrightarrow \quad a^y = Y$$

則：

$$a^x \times a^y = a^{x+y} \qquad (5.1.8)$$

$$\Leftrightarrow X \times Y = a^{x+y}$$ ⟵ 將等號左側的 a^x、a^y 改成 X、Y

$$\Leftrightarrow \log_a (X \times Y) = x + y$$ ⟵ 等號兩側分別取以 a 為底的對數

$$\Leftrightarrow \log_a (X \times Y) = \log_a X + \log_a Y$$ ⟵ 將等號右側 x、y 代換

$$\frac{a^y}{a^x} = a^{y-x} \qquad (5.1.9)$$

$$\Leftrightarrow \frac{Y}{X} = a^{y-x}$$ ⟵ 將等號左側的 a^x、a^y 改成 X、Y

$$\Leftrightarrow \log_a \left(\frac{Y}{X}\right) = y - x$$ ⟵ 等號兩側分別取以 a 為底的對數

$$\Leftrightarrow \log_a \left(\frac{Y}{X}\right) = \log_a Y - \log_a X$$ ⟵ 將等號右側 x、y 代換

$$\frac{1}{a^x} = a^{-x} \quad (5.1.10)$$

$$\Leftrightarrow \frac{1}{X} = a^{-x}$$ ←── 將等號左側的 a^x 改成 X

$$\Leftrightarrow \log_a\left(\frac{1}{X}\right) = -x$$ ←── 等號兩側分別取以 a 為底的對數

$$\Leftrightarrow \log_a\left(\frac{1}{X}\right) = -\log_a X$$ ←── 將等號左側的 x 代換

$$(a^x)^y = a^{xy} \quad (5.1.11)$$

$$\Leftrightarrow X^y = a^{xy}$$ ←── 將等號左側的 a^x 改成 X

$$\Leftrightarrow \log_a(X^y) = xy$$ ←── 等號兩側分別取以 a 為底的對數

$$\Leftrightarrow \log_a(X^y) = y\log_a X$$ ←── 將等號左側的 x 代換

這些對數函數的運算規則，在下一節對數函數的微分及本書的實踐篇，都會經常用到。在此我們重新整理一下：

$$\log_a(X \times Y) = \log_a X + \log_a Y \quad (5.2.1)$$

$$\log_a\left(\frac{Y}{X}\right) = \log_a Y - \log_a X \quad (5.2.2)$$

$$\log_a\left(\frac{1}{X}\right) = -\log_a X \quad (5.2.3)$$

$$\log_a(X^y) = y\log_a X \quad (5.2.4)$$

換底公式

對數函數的運算規則中，在 log 右下方的 a 是對數的「底」。那麼，如果更改對數函數的底，對函數值有什麼影響呢？

我們先看下面這個式子：

$$X = a^x \tag{5.2.5}$$

在等號兩側分別取以 b 為底的對數，可得：

$$\log_b X = \log_b (a^x) \tag{5.2.6}$$

將上式等號右側的式子套用 (5.2.4) 式：

$$\log_b (a^x) = x \log_b a \tag{5.2.7}$$

並在 (5.2.5) 式兩側取以 a 為底的對數，可得：

$$x = \log_a X \tag{5.2.8}$$

然後將 (5.2.7) 式等號右側的 x 用 (5.2.8) 式代入，結合 (5.2.6) 式就會變成：

$$\log_b X = \log_a X \log_b a$$

將等號兩側同除以 $\log_b a$，並將等號左右對調：

$$\log_a X = \frac{\log_b X}{\log_b a} \tag{5.2.9}$$

最後得到的 (5.2.9) 式稱為**換底公式**。這個公式的重點是，不管對數函數的底換成多少，都會成一個倍數的關係，其比值為 $\log_b a$。

專欄 對數函數的意義

我們知道對數函數是指數函數的反函數，但是對數函數有什麼用途呢？

在沒有計算機的時代，因為想要「簡化乘法運算」，所以才產生對數。當時可以透過查詢對數表，從原本的數值找到相對應的對數，將乘法運算改成加法運算，再將相加的結果，到對數表上換回原來的數值。

對數在呈現數據資料時還蠻常看到的。在此介紹一個簡單的例子，請看下面的圖表：

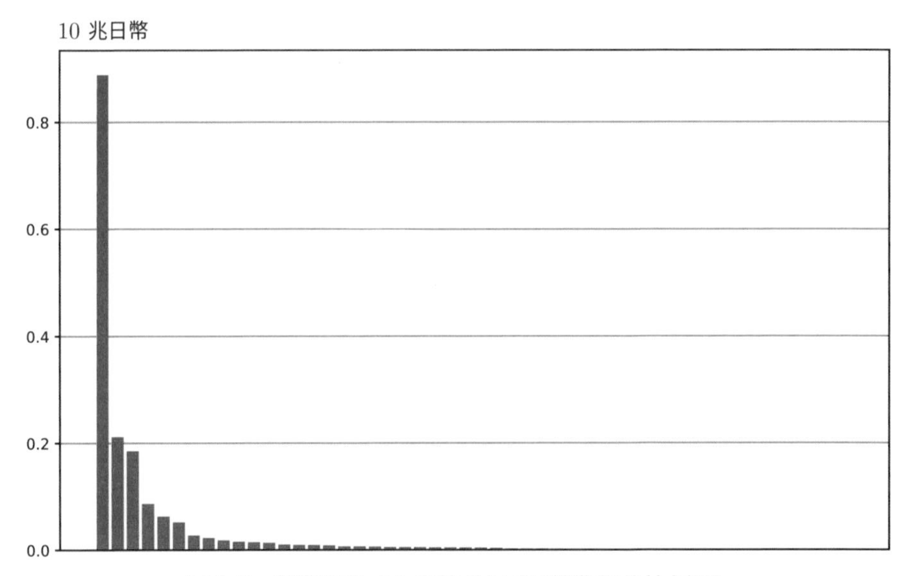

圖 5-5　營業額前 50 名的公司 (以營業額為比例尺)

這是東京證券交易所的上市公司中，營業額前 50 名公司每年營業額的長條圖。我們看得出來第一名的營業額一支獨秀，領先後面的公司太多，以營業額為比例尺會使得後面的公司的數字完全被隱沒。

但如果同樣的資料，將縱軸代表的營業額換成營業額取對數來看看：

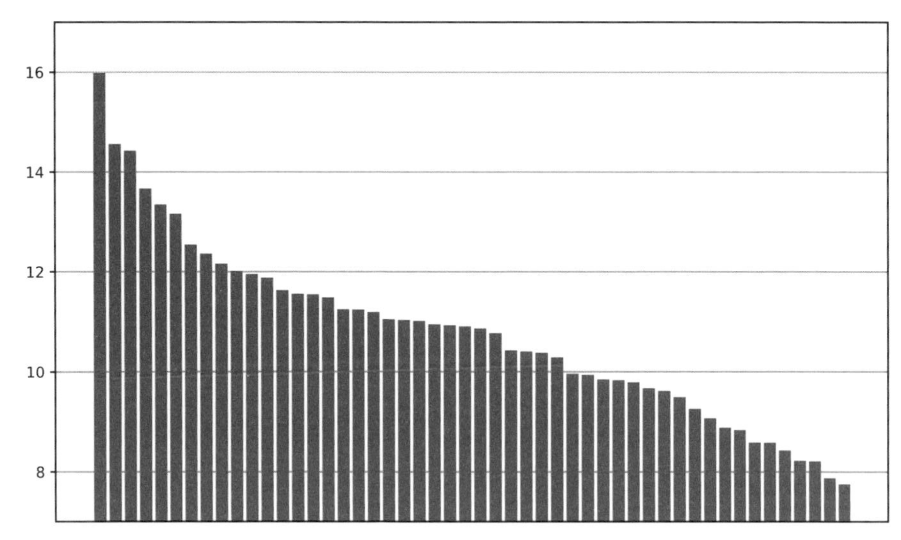

圖 5-6　營業額前 50 名的公司（以營業額取對數為比例尺）

當營業額改為取對數當做比例尺之後，很明顯可將很大與很小的數值，在同一個比例尺的圖中清楚呈現出來。

因此不管數字大小，對數函數能夠讓數字重新分佈的效果，在第 6 章導入機率函數概念時，就會用到對數的這種特性。

5.3 對數函數的微分

本節要進一步談對數函數的微分。假設對數函數為：

$$f(x) = \log_a x$$

對 $f(x)$ 微分，依照微分定義可寫為：

$$f'(x) = \lim_{h \to 0} \frac{\log_a(x+h) - \log_a x}{h}$$

上式的分子利用 (5.2.2) 式整理一下：

$$\log_a(x+h)-\log_a x=\log_a\left(\frac{x+h}{x}\right)=\log_a\left(1+\frac{h}{x}\right)$$

令一個新的 $h'=\dfrac{h}{x}$，亦即 $h=xh'$(因為 x 是非 0 的正數，所以 h 趨近於 0，也就如同 h' 趨近於 0)。將其代入上式，可將 $f(x)$ 的微分改寫為：

$$f'(x)=\lim_{h'\to 0}\frac{\log_a(1+h')}{xh'}=\frac{1}{x}\lim_{h'\to 0}\frac{\log_a(1+h')}{h'}=\frac{1}{x}\lim_{h'\to 0}\log_a\left((1+h')^{\frac{1}{h'}}\right)$$

換成 $h'\to 0$

將 $\frac{1}{h'}$ 移入分子的對數內，變成次方

因為 x 與 lim 的計算無關，而且對數函數的定義域不包括 $x=0$，所以把 x 提到 lim 前面。現在，我們想知道下式會等於什麼：

$$\lim_{h'\to 0}\log_a\left((1+h')^{\frac{1}{h'}}\right) \qquad (5.3.1)$$

假設當 h' 趨近於 0，上式會收斂到某個值 k，如此一來 $f(x)$ 的微分就會等於：

$$f'(x)=\frac{k}{x}$$

可知對數函數 $\log_a x$ 的微分會等於 $\dfrac{1}{x}$ 乘上一個常數 k。

因為對數是連續函數，我們可以將 (5.3.1) 式的 log 移到 $\lim\limits_{h\to 0}$ 的外面：

尤拉數 e

$$\lim_{h\to 0}\log_a(1+h)^{\frac{1}{h}}=\log_a\underbrace{\lim_{h\to 0}(1+h)^{\frac{1}{h}}}=\log_a e$$

此極限值會收斂到 2.71828⋯，也就是尤拉數 e

如果我們將底數 a 換成以 e 為底，則：

$$\lim_{h \to 0} \log_e (1+h)^{\frac{1}{h}} = \log_e e = 1$$

因此，以 e 為底的對數函數 $f(x) = \log_e x$ 的微分就會是：

$$f'(x) = \frac{d}{dx} \log_e x = \frac{1}{x} \tag{5.3.2}$$

以 e 為底的對數函數，又稱為自然對數 (*natural logarithm*)。一般數學課本中，將以 e 為底的自然對數都用 ln 來表示，也就是將 $\log_e x$ 寫成 $\ln x$。不過，在 *AI* 領域經常將 $\log_e x$ 的底數 e 省略，直接寫為 $\log x$，本書也是採用這種表示法。

用 Python 來計算尤拉數 e

尤拉數是由下面的算式求極限值而來：

$$\lim_{h \to 0} (1+h)^{\frac{1}{h}} = e$$

我們用 *Python* 程式來計算看看 (範例檔 *ch05-1.py*)：

```
import numpy as np
np.set_printoptions(precision=10)
x = np.logspace(0, 11, 12, base=0.1, dtype='float64')
y = np.power(1+x, 1/x)
for i in range(11):
    print( 'x = %12.10f y = %12.10f' % (x[i], y[i]))
```

```
x = 1.0000000000 y = 2.0000000000
x = 0.1000000000 y = 2.5937424601
x = 0.0100000000 y = 2.7048138294
x = 0.0010000000 y = 2.7169239322
x = 0.0001000000 y = 2.7181459268
x = 0.0000100000 y = 2.7182682372
x = 0.0000010000 y = 2.7182804691
x = 0.0000001000 y = 2.7182816941
x = 0.0000000100 y = 2.7182817983
x = 0.0000000010 y = 2.7182820520
x = 0.0000000001 y = 2.7182820532
```

圖 5-7　用程式來計算尤拉數 e

另外，我們也可以用圖形來確認。自然對數函數 $f(x) = \log x$ 的微分為 $f'(x) = \frac{1}{x}$。因此，在 $x = 1$ 這一點的切線斜率為 $f'(1) = \frac{1}{1} = 1$，表示切線方程式是：

$$y = x + x_0$$

而在 $x = 1$ 這一點，$y = \log 1 = 0$，代入上式得到 $x_0 = -1$，可得切線方程式為：

$$y = x - 1$$

下圖是 $y = x-1$ 的圖形。我們分別畫出 3 條 $y = \log_a x$ 的函數圖形，其中 a 分別為 2、e、6。底數為 e 的對數函數 $\log_e x$，在 (1, 0) 這一點的切線就是 $y = x-1$ 這條黑色實線：

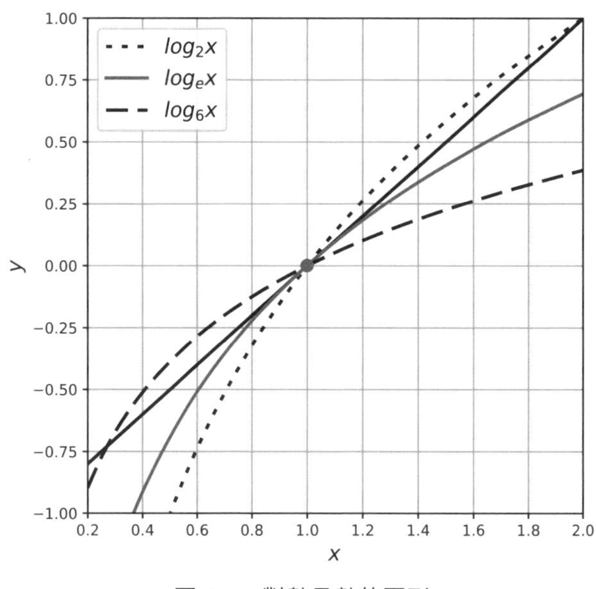

圖 5-8　對數函數的圖形

下面的連結是函數 $y = \log_a x$，當 a 從 1.5 到 6 的圖形動畫。有興趣的人可以參考。

https://github.com/makaishi2/math-sample/blob/master/movie/log-animation.gif (縮短網址 http://bit.ly/2To7sJY)

5.4 指數函數的微分

接下來要介紹指數函數的微分。因為對數函數以 e 為底時，能夠得到很漂亮的微分結果，所以我們在探討指數函數微分時，也設定指數函數的底為 e。

假設指數函數為 $y = e^x$，等號兩邊取對數後為：

$$x = \log y$$

對 y 微分，由 (5.3.2) 式可得：

$$\frac{dx}{dy} = (\log y)' = \frac{1}{y}$$

根據 2.7 節反函數的微分公式：

$$\frac{dy}{dx} = \frac{1}{\frac{dx}{dy}} = \frac{1}{\frac{1}{y}} = y$$

因此，y 對 x 的微分還是原來的 y。將 y 改回 e^x，則表示：

$$(e^x)' = e^x \tag{5.4.1}$$

這就是以 e 為底的指數函數微分公式。

e 為底以外的指數函數，例如 $y = a^x$，對其微分可將等號兩邊同取自然對數後，再進行微分 (這種方法稱為對數微分法)。首先，在等號兩邊同取以 e 為底的對數，可得：

$$\log y = \log a^x = x \log a$$

然後在等號兩邊同時對 x 微分，可得：

$$\frac{d(\log y)}{dx} = \frac{d(x \log a)}{dx} = \log a \tag{5.4.2}$$

另外，根據合成函數的微分公式 (鏈鎖法則)，也可以得出：

$$\frac{d(\log y)}{dx} = \frac{d(\log y)}{dy}\frac{dy}{dx} = \frac{1}{y}\frac{dy}{dx} \tag{5.4.3}$$

結合 (5.4.2)、(5.4.3) 式的微分結果可得：

$$\log a = \frac{1}{y}\frac{dy}{dx}$$

由上式可推導出：

$$y' = \frac{dy}{dx} = (\log a)y = (\log a)a^x \tag{5.4.4}$$

也就是：

$$\frac{d}{dx}(a^x) = (\log a)a^x \tag{5.4.5}$$

這就是以任意數 a 為底的指數函數微分公式。

以 e 為底的指數函數也可用 exp 表示

以尤拉數 e 為底的指數函數 e^x，其微分結果仍然是 e^x，這個性質非常漂亮，寫起來也很簡潔。然而實際使用的指數函數，指數的部分通常不會只有一個 x 那麼單純，多半比較複雜，在 6.2 節的常態分佈函數就是典型的例子。

當指數的部分很複雜時，字會太小而不容易看清楚，因此也常會用 $exp(x)$ 的寫法來代替 e^x 形式，例如：$e^{-\frac{(x+3)^2}{2}}$ 很吃眼力，因此可寫成 $\exp(-\frac{(x+3)^2}{2})$。

5.5 *Sigmoid* 函數

Sigmoid 函數是用於將輸入值轉換為 0~1 (0%~100%) 的值，因此可當做機率值來使用。此函數算是人工智慧領域的老前輩，雖然目前在實務上用得比較少，但因為其微分式也非常漂亮，在機器學習的書中仍然會經常出現。其函數如下：

$$y = \frac{1}{1 + \exp(-x)}$$

> *Sigmoid* 函數一般常見的形式是寫成 $y = \frac{1}{1+\exp(-(ax+b))}$，其中 a 為正數。當取 $a = 1$、$b = 0$ 時則為最簡單的形式。

下圖就是這個函數的圖形。因為函數圖形呈現 S 形，通常也稱為 S 函數：

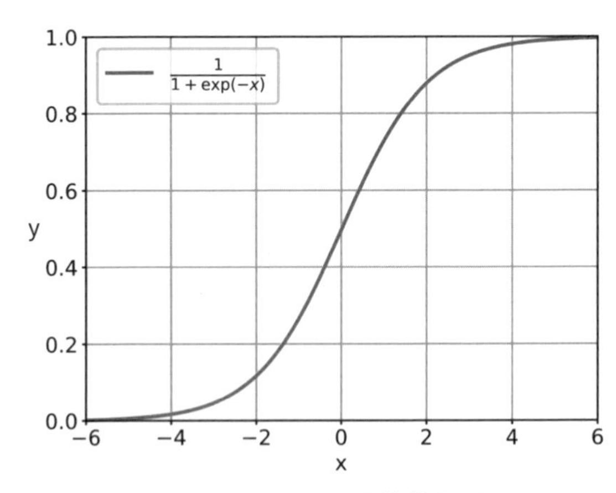

圖 5-9　*Sigmoid* 函數的圖形

我們可從上圖看出此函數具有下列性質：

- 函數值介於 0~1 之間的單調遞增函數
- x 值趨近 $-\infty$ 時，函數值趨近 0

- x 值趨近 ∞ 時，函數值趨近 1

- $x = 0$ 時，函數值為 0.5

- 圖形在座標 (0, 0.5) 會呈對稱的轉折。

前面 4 個性質只要代值進去就很清楚，因此只需要推導第 5 個性質即可。

我們將 x 與 $-x$ 分別代入下式：

$$f(x) = \frac{1}{1+\exp(-x)}$$

然後將 $f(x)$、$f(-x)$ 相加：

$$\begin{aligned} f(x)+f(-x) &= \frac{1}{(1+\exp(-x))} + \frac{1}{(1+\exp(x))} \\ &= \frac{1}{(1+\exp(-x))} + \frac{\exp(-x)}{(1+\exp(-x))} = 1 \end{aligned}$$

因此：

$$\frac{1}{2}(f(x)+f(-x)) = \frac{1}{2}$$

上式即表示在 *Sigmoid* 函數上的每一對 $(x, f(x))$ 與 $(-x, f(-x))$ 的中間點都是 (0, 0.5)。

這 5 個性質皆適用於第 6 章介紹的連續型機率密度函數。

Sigmoid 函數的微分

Sigmoid 函數的微分有個很漂亮的性質，也就是其微分結果剛好是：$y' = y(1-y)$。以下是推導過程：

$$y = \frac{1}{1+\exp(-x)}$$

首先，令 $u(x) = 1 + \exp(-x)$，則上式改寫為：

$$y(u) = \frac{1}{u}$$

我們利用下面的合成函數鏈鎖法則，來推導 *Sigmoid* 函數的微分：

$$\frac{dy}{dx} = \frac{dy}{du} \cdot \frac{du}{dx}$$

我們先計算 $\frac{dy}{du}$ 的微分：

$$\frac{dy}{du} = \left(\frac{1}{u}\right)' = (u^{-1})' = (-1) \cdot u^{-2} = -\frac{1}{u^2}$$

再算 $\frac{du}{dx}$ 的微分，先令 $v = -x$，則：

$$u = 1 + \exp(-x) = 1 + \exp(v)$$

所以可得：

$$\frac{du}{dx} = \frac{du}{dv} \cdot \frac{dv}{dx} = \exp(v) \cdot (-1) = -\exp(-x)$$

因此，將 *Sigmoid* 函數的微分結果整理如下：

$$\frac{dy}{dx} = -\frac{1}{u^2} \cdot - \exp(-x) = \frac{\exp(-x)}{(1+\exp(-x))^2} = \frac{1+\exp(-x)-1}{(1+\exp(-x))^2}$$

$$= \frac{1}{1+\exp(-x)} - \frac{1}{(1+\exp(-x))^2} = y - y^2 = y(1-y)$$

即可得到下式：

☆很重要，背起來！

$$\boxed{\frac{dy}{dx} = f'(x) = y(1-y)} \tag{5.5.1}$$

訓練神經網路中若採用 *Sigmoid* 函數做為激活函數時，就會用到此微分式。

5.6 *Softmax* 函數

Sigmoid 函數是輸入一個實數，然後輸出一個介於 0～1 之間的值。而本節要介紹的 *Softmax* 函數，輸入的是向量 (*vector*)，輸出的也是個向量，且各分量皆介於 0～1 之間。

第 4 章介紹的多變數函數，雖然同樣可以輸入多個變數的值，但只有一個輸出值。而 *Softmax* 函數的優勢在於可一次輸入多個變數值，且輸出值也可以有多個，因此應用的範圍更廣。且因為 *Softmax* 函數輸出與輸入值皆為向量，所以又稱為向量函數 (或向量值函數)。

當輸入的向量包含 3 個數值時 (3 維向量，$n=3$)，*Softmax* 函數的概念圖：

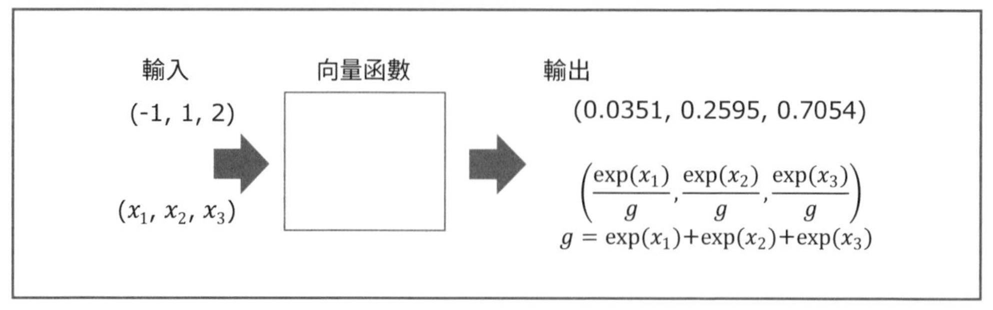

圖 5-10　*Softmax* 函數 ($n = 3$)

以下用數學式來表示：

輸入向量：$(x_1,\ x_2,\ x_3)$

輸出向量：$(y_1,\ y_2,\ y_3)$

輸出向量的各分量值 (都介於 0~1)：

$$\begin{cases} y_1 = \dfrac{\exp(x_1)}{g(x_1, x_2, x_3)} \\ y_2 = \dfrac{\exp(x_2)}{g(x_1, x_2, x_3)} \\ y_3 = \dfrac{\exp(x_3)}{g(x_1, x_2, x_3)} \end{cases}$$

其中：

$$g(x_1, x_2, x_3) = \exp(x_1) + \exp(x_2) + \exp(x_3)$$

依照以上條件，可得到：

$$y_1 + y_2 + y_3 = 1$$

$$0 \leq y_i \leq 1 \quad (i = 1, 2, 3)$$

也因為輸出向量的每個分量都會介於 0~1 之間，可當做機率值來使用。例如：輸入一張動物照片要判斷是狗、貓、鼠，運算後的輸出向量為 $(y_1, y_2, y_3) = (0.85, 0.10, 0.05)$，則可判斷該照片應該是狗。

Softmax 函數的微分

由於 *Softmax* 函數是個多變數函數，因此在對 *Softmax* 微分時就必須使用到 4.2 節的偏微分技巧。

我們先觀察向量 x、y 相同位置 (即下標相同) 的偏微分，例如 y_1 在 x_1 方向的偏微分。為了簡化式子，先令 $\exp(x_1) = h(x_1)$，則 y_1 可寫成：

$$y_1 = \frac{h(x_1)}{g(x_1, x_2, x_3)} = \frac{h}{g}$$

利用兩函數相除的微分規則 (2.8.1) 式，可得：

$$\frac{\partial y_1}{\partial x_1} = \frac{g \cdot h_{x_1} - h \cdot g_{x_1}}{g^2}$$

其中我們發現下面兩個的微分都等於 h：

$$h_{x_1} = \exp(x_1)' = \exp(x_1) = h$$

$$g_{x_1} = \frac{\partial g}{\partial x_1} = \exp(x_1)' = \exp(x_1) = h$$

所以 y_1 對 x_1 的偏微分可以寫為：

$$\frac{\partial y_1}{\partial x_1} = \frac{g \cdot h - h \cdot h}{g^2} = \frac{h}{g} \cdot \frac{g - h}{g} = \frac{h}{g} \cdot \left(1 - \frac{h}{g}\right) = y_1(1 - y_1)$$

我們發現偏微分的結果可以只用 y_1 來表示，而且和 *Sigmoid* 函數的微分性質 (5.5.1) 式相同。

接著我們來看 x、y 下標不同的偏微分。例如，y_2 在 x_1 方向的偏微分：

$$y_2 = \frac{\exp(x_2)}{g(x_1, x_2, x_3)} = \frac{h(x_2)}{g}$$

當 y_2 對 x_1 偏微分時，分子的 $h(x_2)$ 與 x_1 無關可視為常數，微分會等於 0。因此：

$$\frac{\partial y_2}{\partial x_1} = \frac{g \cdot h(x_2)_{x_1} - h(x_2) \cdot g_{x_1}}{g^2} = \frac{g \cdot 0 - h(x_2) \cdot g_{x_1}}{g^2} = -\frac{h(x_2) \cdot g_{x_1}}{g^2}$$

g_{x_1} 就是 g 在 x_1 方向的偏微分，也就是前面算過的 $h(x_1)$，所以：

$$\frac{\partial y_2}{\partial x_1} = -\frac{h(x_2) \cdot h(x_1)}{g^2} = -\frac{h(x_2)}{g} \cdot \frac{h(x_1)}{g} = -y_2 \cdot y_1$$

整理之後可得：

☆也很重要！

$$\frac{\partial y_j}{\partial x_i} = \begin{cases} y_i(1 - y_i) & (i = j) \\ -y_i y_j & (i \neq j) \end{cases} \tag{5.6.1}$$

這就是 *Softmax* 函數的偏微分結果。

專欄 Sigmoid 和 Softmax 函數的關係

從前面兩節的結果可以發現，$Sigmoid$ 函數和 $Softmax$ 函數之間有相關性。當輸入的是 2 維向量 $(n=2)$ 時，對 $Softmax$ 函數進行以下運算，就可以看得出來 (下式的計算結果是將分子分母同除以 $\exp(x_1)$，再套用 (5.1.9) 式可得：

$$y_1 = \frac{\exp(x_1)}{\exp(x_1) + \exp(x_2)} = \frac{1}{1 + \exp(-(x_1 - x_2))}$$

在此將 $x_1 - x_2$ 用 x 取代，就和 $Sigmoid$ 函數的式子完全一樣。也就是說，當 $n = 2$ 時，$Softmax$ 函數實質上就等於 $Sigmoid$ 函數。所以也可以說 $Sigmoid$ 函數是 $Softmax$ 函數的簡化版本。

這兩個函數都是屬於分類函數，在第 8 章的二元分類及第 9 章的多類別分類中會用到。

Chapter 5

MEMO

Chapter

6

機率、統計

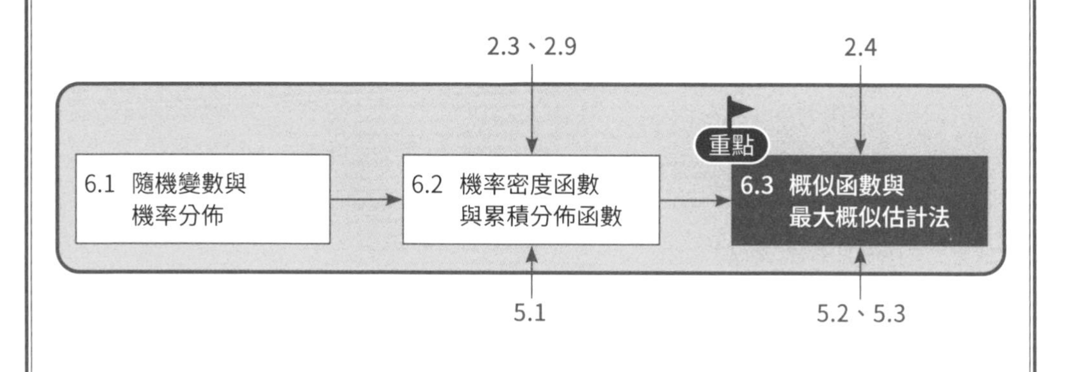

Chapter 6

機率、統計

在機器學習的分類模型中，機率是非常重要的基礎。因為分類模型就是藉由激活函數將運算結果用機率呈現，才得以依據輸入資料預測最後應該分到哪一類。

6.1 隨機變數與機率分佈

機率是用百分比來表示**某事件發生的可能性**。在數學上，將事件 X、Y 發生的機率分別用 $P(X)$、$P(Y)$ 來表示，其中 P 是來自機率 $Probability$ 的第一個字母。

機率符號中的 X、Y 稱為**隨機變數**。例如：

X 代表「公正的硬幣投擲一次，出現正面或反面」

Y 代表「公正的骰子投擲一次，骰子的點數」

則：

$X = \{$ 正面 , 反面 $\}$ 共有 2 種，出現機率各為 $\frac{1}{2}$

$Y = \{1, 2, 3, 4, 5, 6\}$ 共有 6 種，出現機率各為 $\frac{1}{6}$

> **編註：** 任何可觀測的值，都可當做隨機變數哦！例如 Z 代表「投擲不公正骰子一次，出現正面或反面」也是隨機變數喔！。

因此，X 出現正面的機率可以寫為：

$$P(X = \text{正面}) = \frac{1}{2}$$

而 Y 出現點數 2 的機率則是：

$$P(Y = 2) = \frac{1}{6}$$

若將隨機變數每種情況的機率值都列出來，就可看出其機率分佈。以上面的隨機變數 X、Y 為例，其機率分佈分別為：

隨機變數 X	正面	反面
$P(X)$	$\frac{1}{2}$	$\frac{1}{2}$

表 6-1　X(硬幣) 的機率分佈

隨機變數 Y	1	2	3	4	5	6
$P(Y)$	$\frac{1}{6}$	$\frac{1}{6}$	$\frac{1}{6}$	$\frac{1}{6}$	$\frac{1}{6}$	$\frac{1}{6}$

表 6-2　Y(骰子) 的機率分佈

編註： 所謂機率分佈，就是每個可能出現的值 (例如：1、2、3、4、5、6)，各有多少機率 (例如：$\frac{1}{6}$、$\frac{1}{6}$、$\frac{1}{6}$、$\frac{1}{6}$、$\frac{1}{6}$、$\frac{1}{6}$)，把它們全部列出來，如上表所示。

機率事件還可以組合成複合型的機率事件。例如，可以將隨機變數 X_n 定義為：

$X_n =$ 「硬幣投擲 n 次時，出現正面的次數」

像擲硬幣這種只有二擇一 (正面、反面) 的機率分佈又稱為「二項分佈」。現在將 n 分別為 1、2、3、4 時的機率分佈列成表 6-3：

$n = 1$ 時(正面出現 0 次、1 次的機率)

隨機變數 X_1	0	1
$P(X_1)$	$\frac{1}{2}$	$\frac{1}{2}$

$n = 2$ 時(正面出現 0 次、1 次、2 次的機率)

隨機變數 X_2	0	1	2
$P(X_2)$	$\frac{1}{4}$	$\frac{2}{4}$	$\frac{1}{4}$

$n = 3$ 時(正面出現 0 次、1 次、2 次、3 次的機率)

隨機變數 X_3	0	1	2	3
$P(X_3)$	$\frac{1}{8}$	$\frac{3}{8}$	$\frac{3}{8}$	$\frac{1}{8}$

$n = 4$ 時(正面出現 0 次、1 次、2 次、3 次、4 次的機率)

隨機變數 X_4	0	1	2	3	4
$P(X_4)$	$\frac{1}{16}$	$\frac{4}{16}$	$\frac{6}{16}$	$\frac{4}{16}$	$\frac{1}{16}$

表 6-3　二項分佈的機率分佈

機率分佈也可以用直方圖來表示，如下面幾張圖：

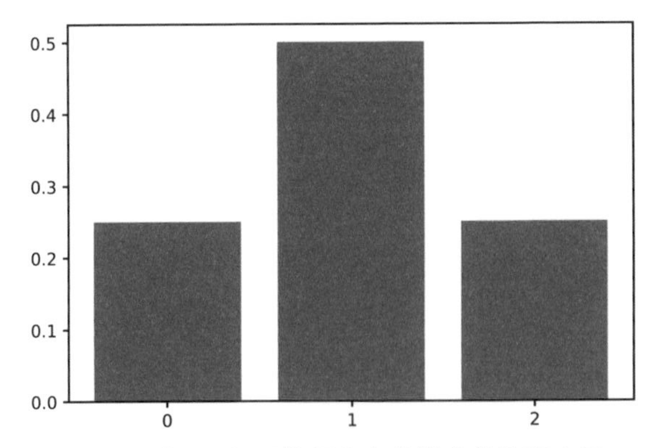

圖 6-1　擲 2 個硬幣很多次的機率分佈直方圖

編註： 請注意！這邊 $n = 1$、$n = 2$、$n = 3$、⋯ 並不是只擲 1 次、2 次、3 次！例如：圖 6-1，你擲 2 次硬幣不會有那樣的圖出現！圖 6-1 是機率分佈，意思是說，如果以「擲 2 個硬幣為一組」來觀察，則擲很多組之後，會出現 0 次正面、1 次正面、2 次正面的機率分佈會像圖 6-1 那樣！這很重要，請勿誤解！

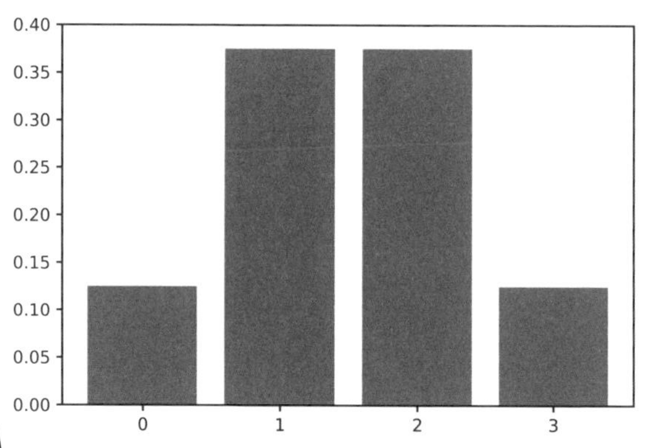

圖 6-2　擲 3 個硬幣很多次的機率分佈直方圖

很多次就是指一萬次、一百萬次、一億次…

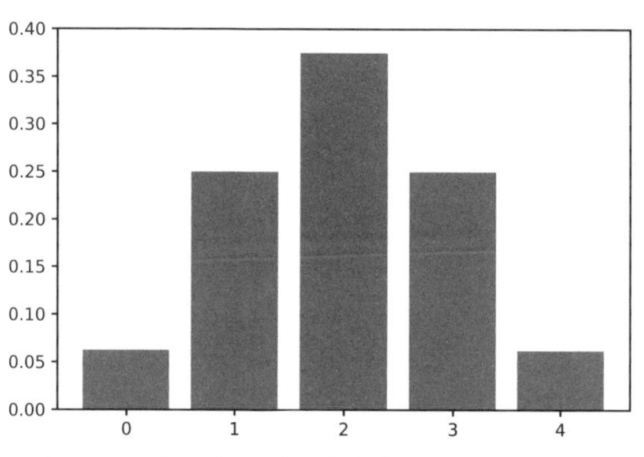

圖 6-3　擲 4 個硬幣很多次的機率分佈直方圖

假設 n 值更大的時候，這個直方圖會變成什麼樣子呢？我們可以寫程式分別畫出當 $n = 10$、100、1000 時的圖，如下所示：

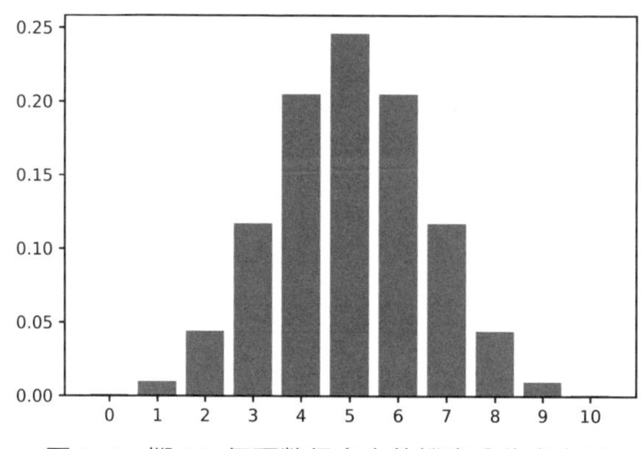

圖 6-4　擲 10 個硬幣很多次的機率分佈直方圖

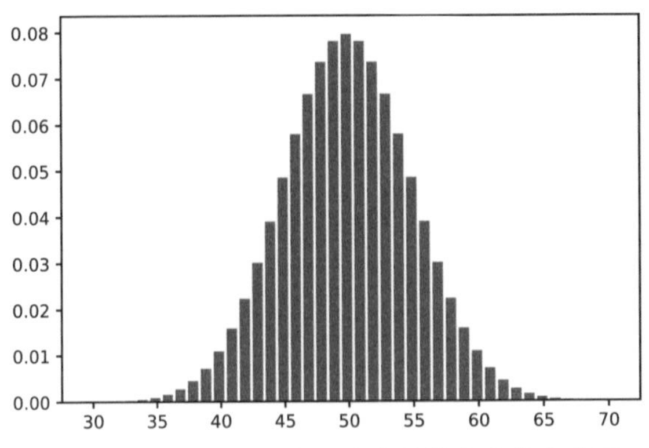

圖 6-5　擲 100 個硬幣很多次的機率分佈直方圖

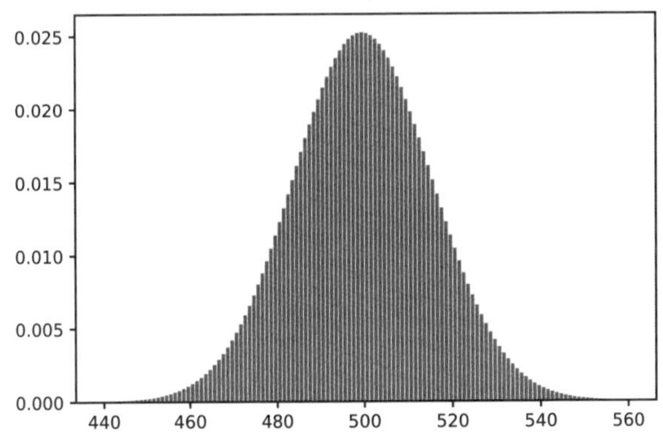

圖 6-6　擲 1000 個硬幣很多次的機率分佈直方圖

6.2 機率密度函數與累積分佈函數

我們從上面的圖 6-5 和圖 6-6 可以看得出來，當二項分佈的 n 值很大時，其機率分佈圖的形狀會呈常態分佈 (亦稱為高斯分佈)，也就是呈現中央高起且兩側快速下降的鐘型曲線 (*bell-shaped curve*)，這稱為「**中央極限定理**」。而這條連續的常態分佈曲線的函數稱為「**機率密度函數**」，定義如下 (其中 μ 為平均數，σ 為標準差)：

$$f(x, \mu, \sigma) = \frac{1}{\sqrt{2\pi}\sigma} \exp\left(-\frac{(x-\mu)^2}{2\sigma^2}\right)$$

依據中央極限定理，以前面投擲硬幣的例子來說，當擲 1 個硬幣的試驗做 n 次，則出現正面的平均數是 $\mu = np$ (例如，硬幣出現正面的機率是 $\frac{1}{2}$，則擲

1000 次出現正面的平均數會是 $1000 \cdot \frac{1}{2} = 500$)。雖然平均數是 μ，但每次試驗擲出的正面次數並非都剛好是 μ，而會存在一些偏差(**編註：** 例如出現正面 420、490、500、510、580 次，其平均數仍為 500)。我們將每一次試驗的數據與平均數 μ 的差距取平方和，再取平均值，即稱為變異數 $\sigma^2 = np(1-p)$。因為變異數是差距取平方，所以開根號即為與平均數的實際差距，稱為標準差 $\sigma = \sqrt{np(1-p)}$。

因此可知，當 1 個硬幣出現正面的機率是 $p = \frac{1}{2}$ 時，則平均數 $\mu = np = \frac{n}{2}$，$\sigma^2 = np(1-p) = \frac{n}{4}$。令 $\frac{n}{2} = m$，則投擲硬幣的機率就會近似於：

$$P(X_n = x) \approx \frac{1}{\sqrt{m\pi}} \exp\left(-\frac{(x-m)^2}{m}\right)$$

以下 *Python* 程式(範例檔 *ch06-1.py*)是利用二項式係數公式(請看 2.5 節專欄)畫出機率分佈圖(細密的直方圖)，與用常態分佈的機率密度函數畫出的鐘型曲線做比對：

```
import numpy as np
import scipy.special as scm
import matplotlib.pyplot as plt

# 常態分佈函數的定義
def gauss(x, n):
    m = n/2
    return np.exp(-(x-m)**2 / m) / np.sqrt(m * np.pi)

# 畫出常態機率密度函數與二項分佈
N = 1000
M = 2**N
X = range(440,561)
plt.bar(X, [scm.comb(N, i)/M for i in X])
plt.plot(X, gauss(np.array(X), N), c='k', linewidth=2)
plt.show()
```

限制顯示範圍在 440~560 次這一段 (Python 程式只會取 440~560)

用藍色長條畫出二項分佈圖

用黑色曲線畫出常態分佈圖

圖 6-7　常態分佈的機率密度函數與二項分佈函數圖

Chapter 6

編註：comb 函數與 gauss 函數

上面程式倒數第 3 行，用到 $scipy.special$ 函式庫中的 $comb$ 函數，此函數就是計算 2.5 節介紹過的二項式係數 ${}_nC_k$ 的值。分別取 ${}_{1000}C_{440}$、${}_{1000}C_{441}$、…、${}_{1000}C_{560}$ 的值，即表示出現 440~560 個正面的次數。因為我們要看的是機率分佈，因此每一項要除以 M(在此為 2^{1000})。

您如果想看到從 0~1000 的機率分佈圖，只需將 $X = range(440, 561)$ 這行程式的繪圖區間放大到 $range(0, N+1)$ 就可以了。只要調整 N 的大小為 2、3、4、10，就可以畫出圖 6-1~6-4 了。

程式倒數第 2 行是呼叫 $gauss$ (高斯) 函數，將上一行算好的 X 描繪出常態分佈的機率密度函數圖。

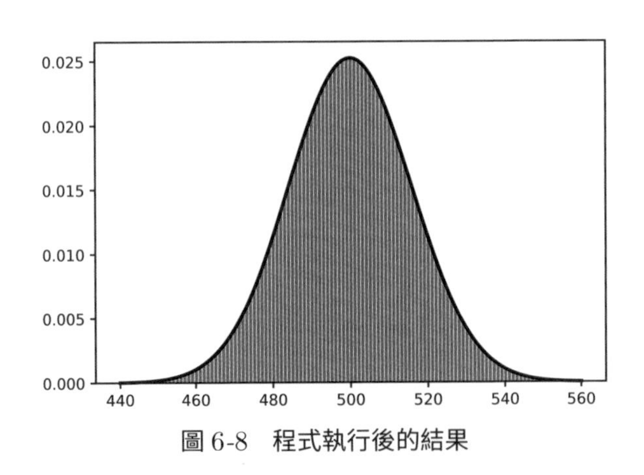

圖 6-8　程式執行後的結果

由上圖可看出，二項分佈當 n 很大時，直方圖頂端連起來的曲線與機率密度函數曲線幾乎吻合，符合中央極限定理。

以圖 6-9 為例，此圖形是由很多細長的長方形組成，因為隨機變數所有可能狀況的機率加總要等於 1(也就是 100%)，也就表示圖中所有長方形面積相加要等於 1。如果我們想知道擲 1000 次且出現正面不超過 480 次的機率(也就是下圖箭頭所指的曲線下方的面積)，該怎麼做？

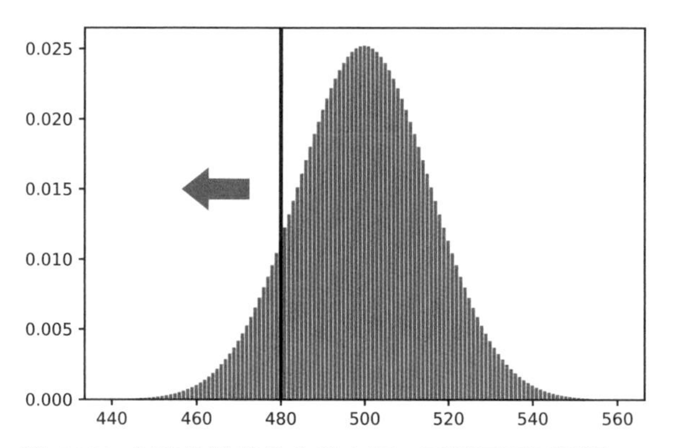

圖 6-9　擲 1000 次時的機率分佈直方圖，要算正面不超過 480 次的機率

其實，就是要計算正面出現 0~480 次加總的機率：

$$P(X_{1000} \leqq 480)$$

因為機率密度函數是連續函數，要求出曲線下方的面積，就可以利用積分來計算，因此機率 $P(X_{1000} \leq 480)$ 可寫成機率密度函數 $f(x)$ 從 0 到 480 的積分：

$$P(X_{1000} \leq 480) \approx \int_0^{480} f(x)dx$$

將 $m = \frac{1000}{2} = 500$ 代入前面機率密度函數，可得：

$$f(x) = P(X_n = x) \approx \frac{1}{\sqrt{500\pi}} \exp\left(-\frac{(x-500)^2}{500}\right)$$

然後寫成 $Python$ 程式算出結果 (範例檔 $ch06\text{-}2.py$，在程式中將 $f(x)$ 用 $normal(x)$ 代替)：

```
import numpy as np
from scipy import integrate  ←從 scipy 函式庫載入積分模組
def normal(x):     # 定義常態分佈函數
    return np.exp(-((x-500)**2) / 500) / np.sqrt(500*np.pi)
area=integrate.quad(normal, 0, 480) #計算常態分佈函數 0~480
print(area)                          之間的積分
```

結果：

```
(0.10295160536603419, 1.1221646961240407e-13)
        ↑                     ↑
     積分結果                誤差值
```

圖 6-10　積分的結果

可知由 0~480 的積分結果約為 0.103，表示擲 1000 次硬幣，出現正面不超過 480 次的機率約為 10.3%。

> **編註：** 您可自行試試更改程式中的積分範圍，並比對圖 6-9。例如積分範圍 0~440 的結果幾近於 0；範圍 0~500 的結果約 0.5(因為 500 是平均值，等於積分一半的面積)；範圍 0~560 的結果約 0.9999，已經相當接近 1(100%) 了。

Sigmoid 函數的機率密度函數

Sigmoid 函數的輸出值介於 0~1(即 0%~100%)之間，因此也可以將其輸出值做為機率使用。*Sigmoid* 函數如下：

$$f(x) = \frac{1}{1 + \exp(-x)}$$

Sigmoid 函數(請復習 5.5 節)的圖形，從機率的角度來看即為**累積分佈函數** (*Cumulative Distribution Function*)。也就是說，*Sigmoid* 會隨著 x 由左到右，函數值也由 0 逐漸「累積」到 1。回頭再看一次圖 6-9，如果將正面出現的次數由 0 次開始朝 1000 次的方向逐步積分(也就是將細長條的面積逐步加總)，最後的結果就會等於 1，這就是累積分佈函數的性質，事實上就是對機率

密度函數做積分。因此可知，$Sigmoid$ 函數就是某個機率密度函數的積分，因此只要將 $Sigmoid$ 函數微分，就可以得到機率密度函數：

$$f'(x) = f(x)(1 - f(x))$$

也就是說，當我們從機率的角度來看 $Sigmoid$ 函數，可整理成下面兩式：

累積分佈函數：$f(x)$

機率密度函數：$f(x)\ (1 - f(x)\ )$

$Sigmoid$ 的機率密度函數與常態分佈的機率密度函數 (在 $\mu = 0$、$\sigma = 1.6$ 的情況下) 會極為接近。若將兩者畫在同一張圖做比較，則如下圖：

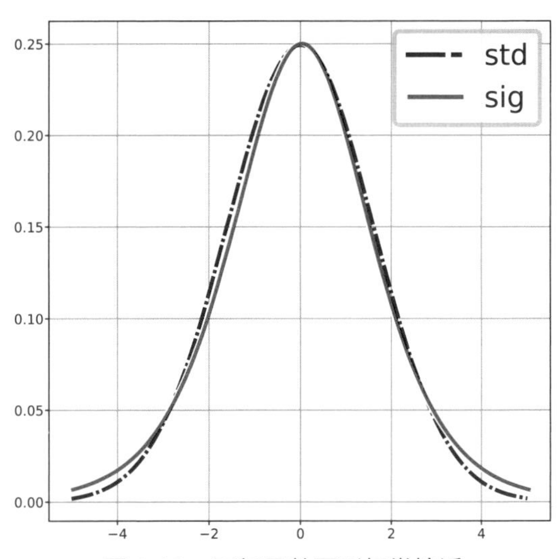

圖 6-12　兩個函數圖形相當接近

$Python$ 程式碼如下 (範例檔 $ch06\text{-}3.py$)：

```
import matplotlib.pylab as plt
import numpy as np
x = np.arange(-6, 6, 0.1)

# sigmoid 函數
sg = 1 / (1 + np.exp(-x))
```

Chapter 6

```
# sigmoid 函數的微分
sig = sg*(1-sg)

# 常態分佈 mu=0, sigma=1.6 的機率密度函數
std = np.exp(-x**2 / (2*1.6*1.6)) / (1.6 * np.sqrt(2 * np.pi))

plt.plot(x, sig)
plt.plot(x, std)

plt.xlabel('x')
plt.ylabel('f(x)')
plt.show()
```

6.3 概似函數與最大概似估計法

接下來要進入統計的領域。在統計學中有一種**最大概似估計法** (*Maximum Likelihood Estimation method*)，可用來推估機率模型中的參數值。現在我們來思考下面這個例子：

> 假設有一台抽獎機，每次抽的中獎機率都不會改變，也就是說每次抽中與否，都與前一次是否抽中無關，表示每次抽都是獨立事件。
>
> 假設此抽獎機連抽 5 次，只有第 1 次和第 4 次中獎，其他 3 次沒有中獎。若每次中獎機率為 p，請推測最有可能的 p 值為多少？

在這台抽獎機的機率模型中，我們想要推估的參數就是 p 的值。我們將隨機變數 X_i 定義為：

$$X_i = \begin{cases} 1\ (\text{中獎}) \\ 0\ (\text{沒中獎}) \end{cases} \tag{6.3.1}$$

因為每次中獎的機率為 p，可知沒中獎的機率為 $(1-p)$，則抽 5 次的中獎機率可分別寫為：

第 i 次	X_i	$P(X=X_i)$
1	1	p
2	0	$1-p$
3	0	$1-p$
4	1	p
5	0	$1-p$

6-5 抽 5 次，抽中與否的機率

已知第 1 次和第 4 次中獎且另外 3 次沒中獎要發生的機率，就是將各次的機率相乘，如下式：

$$
\begin{aligned}
&P(X=X_1)\cdot P(X=X_2)\cdot P(X=X_3)\cdot P(X=X_4)\cdot P(X=X_5)\\
&=p\cdot(1-p)\cdot(1-p)\cdot p\cdot(1-p)\\
&=p^2\cdot(1-p)^3 \qquad (6.3.2)
\end{aligned}
$$

上面的這個式子稱為**概似函數** (*Likelihood function*)。只要找出能讓概似函數出現極大值的 p，就是最能符合此抽獎機機率模型的答案。而要找出極大值，就是找出概似函數微分後等於 0 的 p，且此 p 可以讓概似函數出現極大值 (**編註：** 微分等於 0 的 p，可能是極大值、極小值、或沒有極值，請復習 2.4 節)，這就是**最大概似估計法**的用處。

> **編註：** 概似函數習慣上會用 L (*Likelihood*) 做為函數名稱，但許多機器學習的書中習慣用 L 表示損失函數 (*Loss function*)，讀者在閱讀時請分辨清楚以免混淆。

要直接對 (6.3.2) 式微分，只需直接乘開為多項式就能做到。但在機器學習上用到的概似函數要更加複雜，難以直接微分，因此通常的作法是將概似函數取對數，如此可讓多項連乘的概似函數轉換成多項連加的**對數概似函數**，且發生極值的位置會相同。

編註：為什麼**對數概似函數**與**概似函數**發生極值的位置會相同？請回顧 5.2 節最後的專欄，將 50 大企業營業額的圖形取對數後，並不影響其原本圖形的走向，營業額最大的取對數後仍然是最大的。這是因為對數 log 本身是單調遞增函數，取對數改變的只是數值的大小，並不會改變高低順序。

此處為了說明取對數的過程，因此仍採用 (6.3.2) 式在等號兩側取對數，可以轉換為：

$$\log(p^2(1-p)^3) = 2\log p + 3\log(1-p) \tag{6.3.3}$$

然後對上式微分，並令其等於 0：

$$\begin{aligned} & \frac{2}{p} + \frac{3\cdot(-1)}{1-p} = 0 \\ \Leftrightarrow\ & 2(1-p) - 3p = 0 \\ \Leftrightarrow\ & 5p = 2 \\ \Leftrightarrow\ & p = \frac{2}{5} = 0.4 \end{aligned}$$

我們用 $Python$ 程式畫出概似函數 (6.3.2) 式在 p 介於 0~1 之間的圖形 (範例檔 ch06-4.py)，即可清楚看出概似函數在 $p = 0.4$ 時有極大值：

```
import matplotlib.pylab as plt
import numpy as np

# p 的範圍由 0.0 到 1,0, 間隔 0.01
p = np.arange(0.0, 1.0, 0.01)

# 計算概似函數 y 軸的值，在此是 L(ikelihood) 的意思
L = np.power(p, 2) * np.power((1-p), 3)

plt.grid(True)
plt.plot(p, L)
```

```
plt.xlabel('p')
plt.ylabel('L(p)')
plt.show()
```

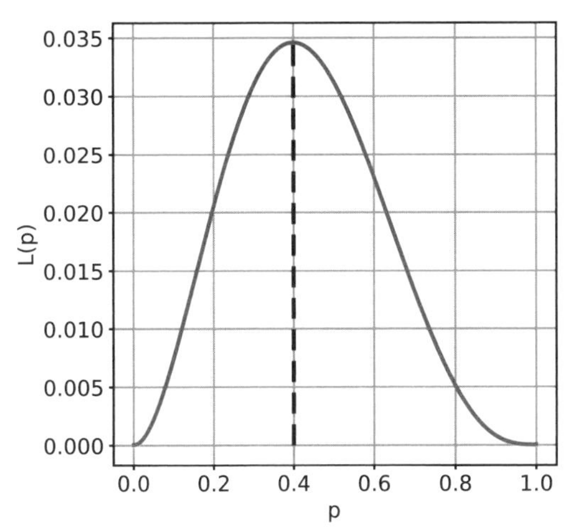

圖 6-13　橫軸為 p，縱軸為概似函數的值

藉由最大概似估計法得出的 $p = 0.4$，就是符合「抽 5 次會中 2 次」這個機率模型的參數值。其實，這和直接用中獎 2 次去除以抽 5 次的結果相同。

既然這麼直觀，那為什麼還需要花時間用最大概似估計法呢？那是因為此處舉的例子都是為了淺顯易懂，但真實情況不會這麼直觀得到答案。我們在第 8 章的邏輯斯迴歸模型就會用到比較複雜的概似函數，不過基本方法都一樣，所以務必瞭解從建立概似函數，到對數概似函數微分的作法：

(1) 列出隨機變數有幾種可能，並將每次事件用機率表示 (參考 (6.3.1) 式與表 6-5)。

(2) 將每次事件的機率相乘建立概似函數。

(3) 將概似函數取對數，對機率參數微分後等於 0，即為能讓概似函數出現極大值的機率參數 p 值。

專欄 為何概似函數的極值是求最大值，而不是最小值？

最大概似估計法是找出「概似函數微分等於 0」的參數值。照理講，找出的參數也有可能讓概似函數出現極小值或無極值。

不過，既然概似函數是由各已知事件的機率 (介於 0~1) 相乘而來，數值只會大於等於 0，而等於 0 就是極小值，也就是此機率模型最不可能發生的情況。而我們希望的是此機率模型最可能發生的情況，因此能產生極大值的參數才是我們要的。

編註：對數概似函數發生極大值的位置

這個 $Python$ 程式 (範例檔 $ch06\text{-}5.py$) 可以畫出對數概似函數 (6.3.3) 式的圖形，可以清楚看出對數概似函數的極大值位置也一樣在 $p = 0.4$：

```
# p 的範圍由 0.0001 到 0.9999, 間隔 0.01, 是為了避免出現 log 0
p = np.arange(0.0001, 0.9999, 0.01)

# 計算對數概似函數 y 軸的值
LL =2 * np.log(p) + 3 * np.log(1-p)
```

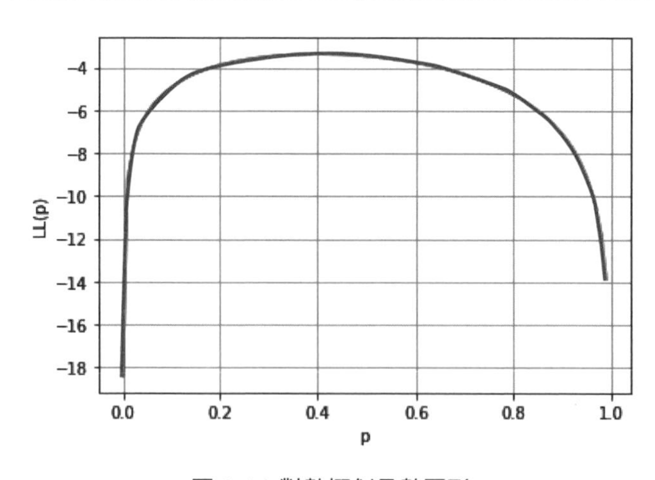

圖 6-14 對數概似函數圖形

實踐篇

Chapter

7

線性迴歸模型（迴歸）

重點

實現深度學習所需概念	第 1 章 迴歸 1	第 7 章 迴歸 2	第 8 章 二元分類	第 9 章 多類別分類	第 10 章 深度學習
1 損失函數	○	○	○	○	○
3.7 矩陣運算				○	○
4.5 梯度下降法		○	○	○	○
5.5 Sigmoid 函數			○		○
5.6 Softmax 函數				○	○
6.3 概似函數與最大概似估計法			○	○	○
10 反向傳播					○

Chapter 7

線性迴歸模型 (迴歸)

監督式學習的模型有**迴歸**及**分類**兩種，其中比較簡單的是迴歸模型，本章就從最基礎的線性迴歸模型來認識深度學習中很重要的損失函數與梯度下降法(**編註：** 此處所講的迴歸 / 分類模型是指數學模型，而不是指機器學習的架構模型。迴歸模型與分類模型同樣都是利用現有資料去找出規則，差異在於迴歸模型會得到一個數值，例如本章用波士頓房地產資料去推測某一個物件的房價；而分類模型則是推測屬於哪一種分類，例如第 10 章會介紹推測手寫數字是 0~9 的哪一個)。

7.1 損失函數的偏微分與梯度下降法

在線性迴歸模型中，訓練的基本原理是**以誤差平方和做為損失函數 (*loss function*)，並尋找使其函數值最小的參數**。這在第 1 章曾經介紹過，不記得的讀者可回頭復習。

「**簡單線性迴歸**」模型因為只有一個自變數，最佳參數值可以用配方法求得。但有兩個或更多個自變數的「**多元線性迴歸**」模型就不適合用配方法。要找出多元線性迴歸最佳參數值的方法是「求損失函數對每個參數 (w_0, w_1, $\cdots w_n$) 偏微分時，其值皆為 0 的點。」

由於線性迴歸模型中，損失函數 (誤差平方和) 為參數 w_i 的二次函數，其偏微分結果必為 w_i 的一次函數。而這些偏微分的結果都要等於 0。因此若有 n 個參數，則使用 n 元一次聯立方程式，即可求得滿足上述條件的 (w_0, w_1, $\cdots$ w_n) 參數值。像這樣用數學方程式求得的解稱為「**解析解**」，而藉由一組 (w_0, w_1, $\cdots w_n$) **粗估初始值**開始，經過反覆運算得到的解則稱為「**近似解**」，這也是最適合交給電腦處理的方法。

現在來做個簡單的練習題，以下為 4.1 節提到的損失函數，試求其解析解。

$$L(u, v) = 3u^2 + 3v^2 - uv + 7u - 7v + 10$$

將此兩個變數的函數分別對 u、v 做偏微分，並讓兩個偏微分的式子等於 0，然後解聯立方程式：

$$\begin{cases} L_u(u,v) = 6u - v + 7 = 0 & (7.1.1) \\ L_v(u,v) = -u + 6v - 7 = 0 & (7.1.2) \end{cases}$$

編註： 提醒您，L_u 代表 L 對 u 的偏微分，L_v 代表 L 對 v 的偏微分，請參考 4.2 節。

如此可得到 u、v 這兩個參數的值：

$$(u, v) = (-1, 1)$$

回頭檢視第 4 章圖 4.3 的等高線圖，$(u, v) = (-1, 1)$ 的點確實正好位於曲面的碗底位置，可確認如此求得的解是正確的。

雖然用解聯立方程式的方法可以得到解析解，不過這種運算並不適合交由電腦執行，因此本章會採用適合用電腦運算的梯度下降法 (*Gradient Descent*，*GD*) 來解決線性迴歸問題。而且也會搭配 *Python* 程式實際執行並求出近似解。

7.2 範例問題設定

本章範例使用的訓練資料，為機器學習常用的公開資料集：「*The Boston Housing Dataset*」，此為美國波士頓房地產資料集，可用於預測當地房價。

The Boston Housing Dataset

A Dataset derived from information collected by the U.S. Census Service concerning housing in the area of Boston Mass.

 ***Delve***

This dataset contains information collected by the U.S Census Service concerning housing in the area of Boston Mass. It was obtained from the StatLib archive (http://lib.stat.cmu.edu/datasets/boston), and has been used extensively throughout the literature to benchmark algorithms. However, these comparisons were primarily done outside of **Delve** and are thus somewhat suspect. The dataset is small in size with only 506 cases.

The data was originally published by Harrison, D. and Rubinfeld, D.L. `*Hedonic prices and the demand for clean air*', J. Environ. Economics & Management, vol.5, 81-102, 1978.

圖 7-1　The Boston Housing Dataset
引用自 https://www.cs.toronto.edu/~delve/data/boston/bostonDetail.html

裏面的資料是 1970 年代波士頓郊區的不動產物件相關統計資料。

不動產物件相關屬性 (*attribute*)
PRICE：房產物件價格 (平均值)
RM：各物件的房間數 (平均值)
AGE：於 1940 年前建造的房屋比例
等等

區域特性
LSTAT：低所得者比例
CRIM：犯罪率
CHAS：是否位於查爾斯河沿岸 (1：*Yes*、0：*No*)
等等

這次範例的目的是**利用物件價格以外的屬性值，建立可預測物件價格之模型**。因為要預測的是連續數值 (價格)，因此採用**迴歸模型**。

迴歸模型包括簡單線性迴歸模型，以及多元線性迴歸模型。只有 1 個自變數的是簡單線性迴歸模型，有 2 個或以上自變數的是多元線性迴歸模型。我們會先建立**單一自變數(此處用平均房間數 RM)的簡單線性迴歸模型**，並進行預測。之後會**再加入一個自變數(低所得者比例 LSTAT)，建立多元線性迴歸模型**，以提升模型的準確率。

7.3 訓練資料與預測值的數學符號標示法

在使用訓練資料做計算時，需要將所有資料分別標示出來，本書依循機器學習領域的慣例，將「這是第幾筆資料」的索引加上小括號，標示在上標的位置，例如 $x^{(0)}$、$x^{(1)}$ 分別表示第 0 筆、第 1 筆資料(**編註：** 上標有時候會寫成 x^0、x^1…，不過為了避免和次方數混淆，多半會加上小括號。如果寫成 x_0、x_1…則稱為下標，下標習慣上不會寫成 $x_{(0)}$、$x_{(1)}$…)。一般來說，索引都會從 1 開始，此處會從 0 開始，是為了配合 *Python* 語言陣列的索引起始值為 0 之故。

至於 y 的值，本書將預測值標示為 yp (*predict*)、實際值標示為 yt (*truth*)，以示區別。

筆數	RM	PRICE
1	6.575	24
2	6.421	21.6
3	7.185	34.7
:	:	:
506	6.03	11.9

表 7-1　本次範例使用的資料

Chapter 7

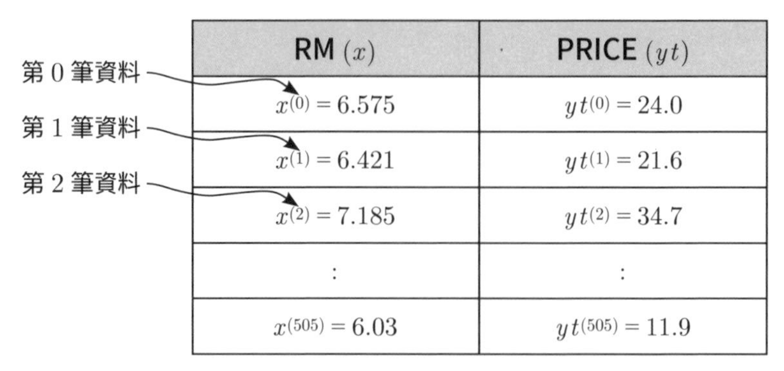

RM (x)	PRICE (yt)
$x^{(0)} = 6.575$	$yt^{(0)} = 24.0$
$x^{(1)} = 6.421$	$yt^{(1)} = 21.6$
$x^{(2)} = 7.185$	$yt^{(2)} = 34.7$
$\vdots$	$\vdots$
$x^{(505)} = 6.03$	$yt^{(505)} = 11.9$

表 7-2　將訓練資料改用標示法呈現

7.4 梯度下降法的概念

接下來要介紹梯度下降法的概念。

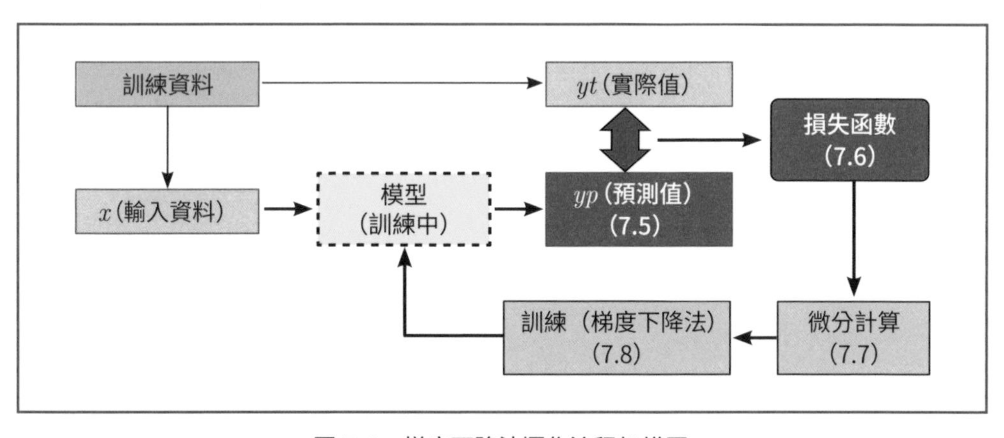

圖 7-2　梯度下降法運作流程架構圖

我們來看上圖的意思。已知輸入值 x 與實際值 yt 的資料，我們想找出這兩者之間的對應關係，也就是找出其間的數學模型。

將訓練資料 x 放進一個假設的預測模型中計算出結果為 yp(預測值)，將 yp 與 yt 之間的差距取平方和即為損失函數，我們的目標就是讓損失函數的值盡可能變小，如此就表示預測模型算出來的 yp 要越來越接近 yt，這樣就能逐步調整出最符合訓練資料的數學模型。

在求損失函數值最小化的過程中，我們會用損失函數對各參數做偏微分，以及利用梯度下降法，後面幾節就會詳細說明其運算過程。

以下是我們在 4.5 節得出的梯度下降法公式，後面就會實際用到：

$$\begin{pmatrix} u_{k+1} \\ v_{k+1} \end{pmatrix} = \begin{pmatrix} u_k \\ v_k \end{pmatrix} - \alpha \begin{pmatrix} L_u(u_k, v_k) \\ L_v(u_k, v_k) \end{pmatrix} \tag{7.4.1}$$

編註： 這條式子的意思就是計算損失函數 L 在 (u_k, v_k) 的微分 (也就是梯度)，然後乘上學習率 α，就知道損失函數的下降率 L_u 和 L_v。再用 (u_k, v_k) 去算出下一個 (u_{k+1}, v_{k+1})。

7.5 建立預測模型

下圖是以「*The Boston Housing Dataset*」的 506 筆資料樣本繪製成的散佈圖 (*scatter plot*)。其中 x 軸為平均房間數 RM、y 軸為物件價格 PRICE。

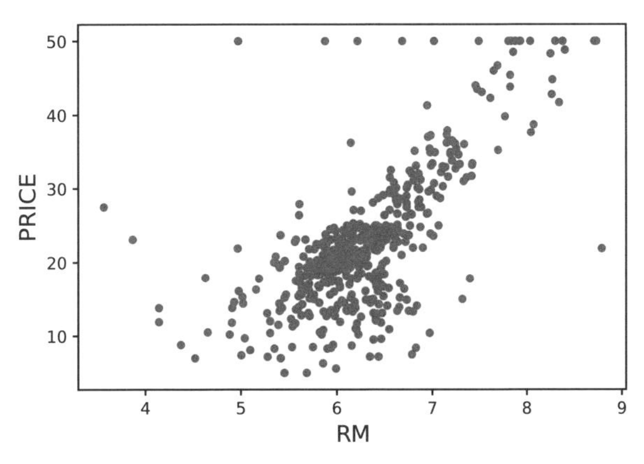

圖 7-3 平均房間數 *vs.* 物件價格的散佈圖

由散佈圖可看出，資料點雖然散佈很廣，但從大多數集中的點可看出由左下到右上的趨勢是趨近於直線分佈 (表示房間數越多的房屋，其價格也趨向越高)。接下來要建立一個簡單線性迴歸模型，也就是要找出最符合散佈圖趨勢的一條直線數學模型。

之前在第 1 章提過，簡單線性迴歸模型的預測值 yp，可用 2 個參數 w_0、w_1 的一次函數表示：

$$yp = w_0 + w_1 x \tag{7.5.1}$$

本節將討論如何以更簡潔的形式表現 (7.5.1) 式。首先，將 (7.5.1) 式右側改寫如下：

$$w_0 + w_1 x = w_0 \cdot 1 + w_1 \cdot x$$

如此一來，可看作是兩個向量 (w_0, w_1) 和 $(1, x)$ 的內積。

然後將 $(1, x)$ 的 x 加上下標改寫為 x_1，並將 1 用**虛擬變數** x_0 來表示，即可將輸入資料改以向量形式表現：

$$\boldsymbol{x} = (x_0, x_1)$$

同樣也可將 (w_0, w_1) 指定為 $\boldsymbol{w}$ 向量：

$$\boldsymbol{w} = (w_0, w_1)$$

如此一來，(7.5.1) 式就可利用向量內積簡化為：

$$yp = \boldsymbol{w} \cdot \boldsymbol{x} \tag{7.5.2}$$

這種形式的寫法，是機器學習中很常見的表示方式，能讓複雜的數學式變得相當簡潔。

此外，由於 (7.5.2) 式是一組資料 $x = (x_0, x_1)$ 的運算式，但在機器學習實際計算時，是針對訓練樣本中數量眾多的資料 $x^{(0)}$、$x^{(1)}$、$x^{(2)}$、……各別進行運算並得出預測值。為了呈現出這一點，預測模型的數學式可用 7.3 節定義的標示法表示如下：

$$yp^{(m)} = \boldsymbol{w} \cdot \boldsymbol{x}^{(m)} \tag{7.5.3}$$

下圖將此運算式以節點間的關係圖呈現 (在神經網路中，x 的虛線方塊稱為輸入層節點 (或稱輸入層)，yp 方塊則稱為輸出層節點。

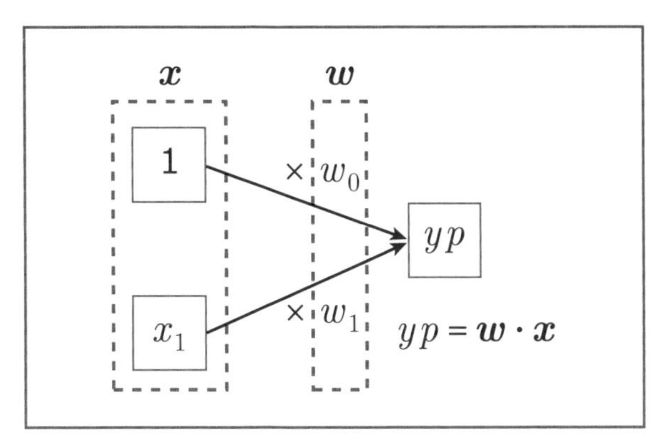

圖 7-4　簡單線性迴歸模型的預測方程式關係圖

7.6 建立損失函數

第 1 章曾提到線性迴歸模型的損失函數 L 是使用 y 值的預測值 (yp) 與實際值 (yt) 之間差值的平方加總，也就是「誤差平方和」。

若利用 7.3 節的符號標示法與 7.5 節提出的預測模型，可將此損失函數 L 表示如下 (以 M 代表資料總數共 506 筆，也因為索引是由 0 開始，加總符號就會由 0 到 $M-1$)：

$$\begin{aligned}L &= (yp^{(0)} - yt^{(0)})^2 + (yp^{(1)} - yt^{(1)})^2 + \cdots + (yp^{(M-1)} - yt^{(M-1)})^2 \\ &= \sum_{m=0}^{M-1} (yp^{(m)} - yt^{(m)})^2\end{aligned}$$

誤差平方和的值會與資料筆數成正比 (筆數越多，誤差平方和會越大)，因此用 100 筆資料與用 1000 筆資料算出來的誤差平方和，一定會有很大的差異。

但在判斷模型準確率時，會希望損失函數的值不要受到資料筆數影響。故將誤差平方和除以資料總筆數取平均值作為損失函數之值，如此就不受資料筆數多寡的影響了。

此外，下一節會對損失函數做微分，以利後續梯度下降法的運算。因損失函數為二次方程式，微分後會產生一個係數 2，故令損失函數再除以 2，如此即可與微分後產生的 2 相抵銷。經過這番考慮之後，即可將損失函數設為：

$$L(w_0, w_1) = \frac{1}{2M} \sum_{m=0}^{M-1} (yp^{(m)} - yt^{(m)})^2 \tag{7.6.1}$$

7.7 損失函數的微分

本節要用損失函數 $L(w_0,\ w_1)$ 分別對 w_0 與 w_1 這兩個參數做偏微分。

首先來看 L 對 w_1 偏微分，也就是將 (7.6.1) 式對 w_1 偏微分，可寫為：

$$\frac{\partial L(w_0, w_1)}{\partial w_1} = \frac{1}{2M} \sum_{m=0}^{M-1} \frac{\partial((yp^{(m)} - yt^{(m)})^2)}{\partial w_1} \tag{7.7.1}$$

接下來為了讓偏微分過程容易看懂，先不看 Σ 內代表第 m 筆資料的上標，而只看下面這個簡化的式子：

$$\frac{\partial((yp - yt)^2)}{\partial w_1}$$

先將預測值與實際值之間的誤差 (*difference*) 以 yd 函數表示如下：

$$yd(w_0, w_1) = yp - yt \tag{7.7.2}$$

由於 yp 是由 $w_0x_0 + w_1x_1$ 計算出的預測值，由於 x_0、x_1 是已知的輸入值，所以 yp 的值會隨 w_0、w_1 而變化，因此 yp 可視為 w_0、w_1 這兩個變數的函數，可寫成 $yp(w_0, w_1)$。然後我們用 $yd(w_0, w_1)$ 對 w_1 偏微分可得：

$$\frac{\partial(yd(w_0,w_1))}{\partial w_1} = \frac{\partial(yp(w_0,w_1))}{\partial w_1} = \frac{\partial(w_0x_0 + w_1x_1)}{\partial w_1} = x_1$$

原本 $yd = yp - yt$，當 yd 對 w_1 偏微分時，因為 yt 是已知的實際值，對 w_1 偏微分會等於 0，所以只會剩下 yp 對 w_1 的偏微分

w_0 與 w_1 無關，微分會等於 0，只留下 x_1

接下來，求 $(yd)^2$ 對 w_1 偏微分的結果。先利用合成函數的鏈鎖法則，再代入上式的結果，可得：

$$\frac{\partial((yd)^2)}{\partial w_1} = ((yd)^2)' \cdot \frac{\partial(yd)}{\partial w_1} = 2yd \cdot x_1$$

接著，將資料樣本的上標加回來：

$$\frac{\partial\left((yd^{(m)})^2\right)}{\partial w_1} = 2yd^{(m)} \cdot x_1^{(m)}$$

再將上式代回 (7.7.1) 式，可得以下結果：

$$\frac{\partial L(w_0,w_1)}{\partial w_1} = \frac{1}{M}\sum_{m=0}^{M-1} yd^{(m)} \cdot x_1^{(m)}$$

Chapter 7

然後用相同的做法讓 L 對 w_0 偏微分，可得：

$$\frac{\partial L(w_0, w_1)}{\partial w_0} = \frac{1}{M}\sum_{m=0}^{M-1} yd^{(m)} \cdot x_0^{(m)}$$

我們可將上面 2 個偏微分結果，利用下標 $i = 0, 1$，合併成 1 條式子：

$$\frac{\partial L(w_0, w_1)}{\partial w_i} = \frac{1}{M}\sum_{m=0}^{M-1} yd^{(m)} \cdot x_i^{(m)} \qquad (7.7.3)$$

$$(i = 0,\ 1)$$

將前面的式子整理如下：

$$yp^{(m)} = \boldsymbol{w} \cdot \boldsymbol{x}^{(m)} \qquad (7.7.4)$$

$$yd^{(m)} = yp^{(m)} - yt^{(m)} \qquad (7.7.5)$$

7.8 梯度下降法的運用

本節會將前一節得到的偏微分結果應用在梯度下降法，以求出能讓損失函數值最小化的 w_0、w_1 參數。

關於變數的標示法

接下來的運算式中的符號會出現許多上標下標，請注意它們代表的意思。為了避免混淆，會做以下的區別：

- i：表示是向量資料中的第 i 個元素，放在下標位置。
- m：表示是全部資料樣本中的第 m 筆資料，放在上標位置。
- k：表示是迭代運算的第 k 次運算，放在上標位置。

以下分別舉例說明各符號代表的意思 (之後若忘記運算式中標記的含意，可翻回本頁復習)：

$w_i^{(k)}$ ⟵ 此為權重向量 $\boldsymbol{w}$ 的第 i 個元素，經過 k 次迭代運算後的結果。

$\boldsymbol{w}^{(k)}$ ⟵ 此為權重向量 $\boldsymbol{w}$ 經過 k 次迭代運算後的結果，會用粗體表示。

$x_i^{(m)}$ ⟵ 資料樣本中第 m 筆輸入向量 $\boldsymbol{x}$ 的第 i 個元素 (也就是第 i 個分量)。請注意！輸入向量只會有第幾筆，不會有迭代次數。因此出現在「輸入值」的上標就表示第幾筆，出現在「權重」的上標就表示第幾次迭代。如此就不會混淆。

$\boldsymbol{x}^{(m)}$ ⟵ 資料樣本中第 m 筆輸入向量 $\boldsymbol{x}$。$\boldsymbol{x}$ 會用粗體表示是一個向量，而不是向量中的元素。

$yt^{(m)}$ ⟵ 資料樣本中第 m 筆的實際值。

$yp^{(k)(m)}$ ⟵ 將資料樣本中第 m 筆輸入向量，經過 k 次迭代得到的預測值。

$yd^{(k)(m)}$ ⟵ 因為 yd 誤差值是由 $yp - yt$ 而來，因此表達形式與 $yp^{(k)(m)}$ 相同，表示第 m 筆資料經過 k 次迭代後得到的預測值再減掉第 m 筆的實際值 $yt^{(\mathrm{m})}$。

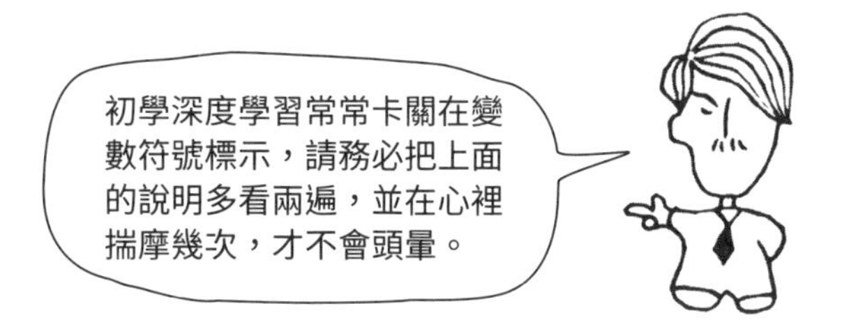

現在回到梯度下降法的說明。我們先將 (7.7.4)、(7.7.5) 式用現在的標示法改寫為：

$$yp^{(k)(m)} = \boldsymbol{w}^{(k)} \cdot \boldsymbol{x}^{(m)} \tag{7.8.1}$$

$$yd^{(k)(m)} = yp^{(k)(m)} - yt^{(m)} \tag{7.8.2}$$

(7.8.1) 式是以迭代第 k 次的權重向量 $\boldsymbol{w} = (w_0, w_1)$ 去算出新的預測值 yp。

(7.8.2) 式是以新的預測值 yp 計算與實際值 yt 的誤差 yd。

再由 (4.4.1) 式的梯度下降公式可知，參數值 (在此為權重值) 在經過第 k 次迭代的結果為 ${w_i}^{(k)}$，然後要求得第 $k+1$ 次迭代的結果 ${w_i}^{(k+1)}$ 時，可將 (7.7.3) 式套用到 (7.4.1) 式。我們來看一下如何套用：

$$\begin{pmatrix} u_{k+1} \\ v_{k+1} \end{pmatrix} = \begin{pmatrix} u_k \\ v_k \end{pmatrix} - \alpha \begin{pmatrix} L_u(u_k, v_k) \\ L_v(u_k, v_k) \end{pmatrix} \tag{7.4.1}$$

將 u 換成 w_0，v 換成 w_1，則：

$$\begin{pmatrix} u_{k+1} \\ \\ v_{k+1} \end{pmatrix} \Rightarrow \begin{pmatrix} {w_0}^{(k+1)} \\ \\ {w_1}^{(k+1)} \end{pmatrix}, \quad \begin{pmatrix} u_k \\ \\ v_k \end{pmatrix} \Rightarrow \begin{pmatrix} {w_0}^{(k)} \\ \\ {w_1}^{(k)} \end{pmatrix}$$

因此 (7.4.1) 式可以改寫為：

$$\begin{pmatrix} {w_0}^{(k+1)} \\ \\ {w_1}^{(k+1)} \end{pmatrix} = \begin{pmatrix} {w_0}^{(k)} \\ \\ {w_1}^{(k)} \end{pmatrix} - \alpha \begin{pmatrix} \dfrac{\partial L({w_0}^{(k)}, {w_1}^{(k)})}{\partial w_0} \\ \\ \dfrac{\partial L({w_0}^{(k)}, {w_1}^{(k)})}{\partial w_1} \end{pmatrix}$$

$$\Rightarrow \begin{pmatrix} w_0{}^{(k+1)} \\ w_1{}^{(k+1)} \end{pmatrix} = \begin{pmatrix} w_0{}^{(k)} \\ w_1{}^{(k)} \end{pmatrix} - \alpha \begin{pmatrix} \dfrac{1}{M} \displaystyle\sum_{m=0}^{M-1} yd^{(k)(m)} \cdot x_0{}^{(m)} \\ \dfrac{1}{M} \displaystyle\sum_{m=0}^{M-1} yd^{(k)(m)} \cdot x_1{}^{(m)} \end{pmatrix}$$

$$\Rightarrow \quad w_i{}^{(k+1)} = w_i{}^{(k)} - \frac{\alpha}{M} \sum_{m=0}^{M-1} yd^{(k)(m)} \cdot x_i{}^{(m)} \qquad (7.8.3)$$

$$(i = 0, 1)$$

(7.8.3) 式是以誤差 yd 計算第 $k+1$ 次迭代的更新權重向量 $\boldsymbol{w} = (w_0, w_1)$。

在 (7.8.3) 式中的 $w_i(i = 0, 1)$ 其實可以直接改用 $\boldsymbol{w}$ 向量改寫為：

$$\boldsymbol{w}^{(k+1)} = \boldsymbol{w}^{(k)} - \frac{\alpha}{M} \sum_{m=0}^{M-1} yd^{(k)(m)} \cdot \boldsymbol{x}^{(m)} \qquad (7.8.4)$$

(7.8.1)、(7.8.2)、(7.8.4) 即為「**以簡單線性迴歸模型做線性預測，並以梯度下降法實踐的數學模型**」。下一節會將這三個算式寫成 *Python* 程式。

學習率參數 α

在 (7.8.4) 式中出現的參數 α 在梯度下降法中是**學習率**。藉由指定學習率的大小，可以調整梯度下降的幅度。

學習率的值 (請看下圖中的 α) 若設得太大，梯度下降到最低點的過程中，有可能下一步會越過最低點 (跳到最低點右邊)，然後往回修正時又越過最低點 (跳到最低點左邊)，如此來來回回而難以收斂到最低點。相反的，若學習率的值設得太小，則每一步走得太小，要收斂到最低點需要的步數又會過多。

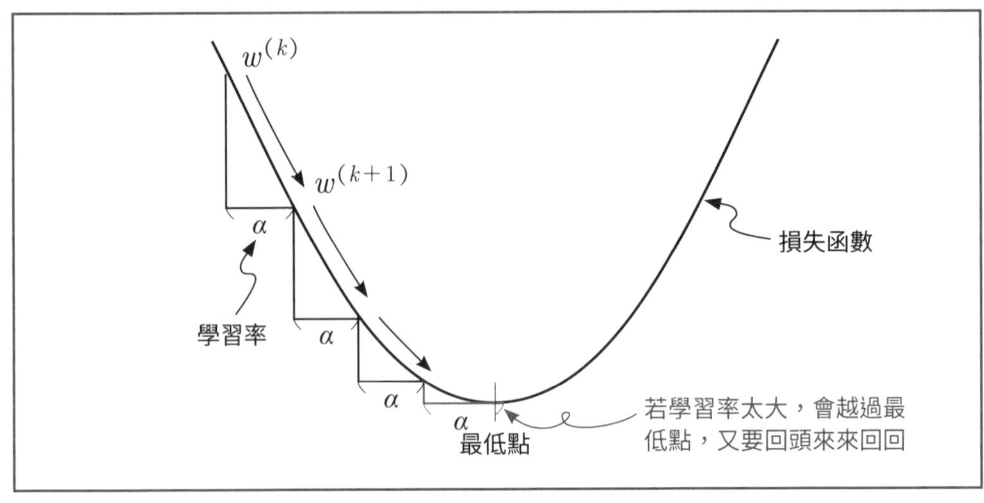

圖 7-5 學習率的大小會影響收斂

編註： 機器學習中有許多需要調整的參數，學習率也是其中之一。通常我們在訓練過程中，都會給定一個學習率的值進行計算。如果使用到 *Keras* 之類的工具，裏面甚至會幫您動態調整學習率。

7.9 程式實作

接下來要用 *Python* 程式實作梯度下降法。

本章程式範例檔包括 *ch07-1.py* ~ *ch07-4.py*，您可用 *Python* 開發工具 *Anaconda* 的 *Spyder* 開啟執行，或是將程式碼貼入 *Jupyter Notebook* 分段執行 (請看附錄介紹操作方式)。

各章範例檔取得方式，請看本書最前面的「讀者專用 本書範例程式」說明。

本書假設讀者已具備 *Python* 程式能力，因此僅將重要的部分放在書中說明，其他請自行看範例檔中的註解。

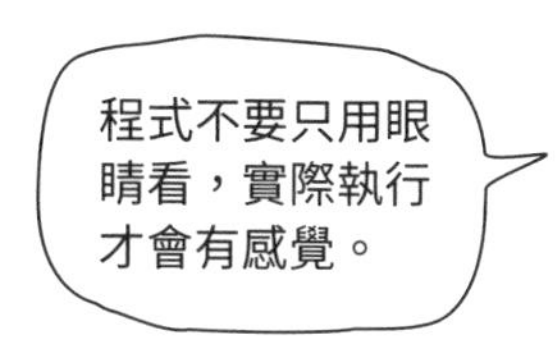

準備訓練用資料

一開始要先取得波士頓房地產資料集，只需用 *load_ boston*() 就可取得，共包括 506 筆資料，每筆都包括 13 個屬性(該房地產的特徵)，但我們一開始只需要取出 1 個特徵 *RM*(房間數的平均值)：

```
# 準備訓練用的資料
boston = load_boston()          ←— 下載資料集
x_org, yt = boston.data, boston.target
feature_names = boston.feature_names
print('原 data', x_org.shape, yt.shape)
print('項目名：', feature_names)

# RM 資料整理
x_data = x_org[:,feature_names == 'RM'] ←— 只取 RM 的資料集
print('整理後', x_data.shape)
```

```
原 data (506, 13) (506,) ←— 有 506 筆資料，每筆有 13 個特徵
項目名： ['CRIM' 'ZN' 'INDUS' 'CHAS' 'NOX' 'RM' 'AGE' 'DIS' 'RAD'
'TAX' 'PTRATIO'
 'B' 'LSTAT']
整理後 (506, 1) ←— 只取 RM 後資料集的 shape
```

圖 7.6　準備訓練用的資料

整理後的訓練資料

然後，我們要為選出來的每一筆 *RM* 資料前面加上一個虛擬變數值 1，如此才算將輸入資料準備好：

Chapter 7

```
# 在 x 向量第 1 個位置中加入虛擬變數
x = np.insert(x_data, 0, 1.0, axis=1)
print('加入虛擬變數後', x.shape)
# 印出輸入資料 x(含虛擬變數)
print(x.shape)
print(x[:5,:])
```

```
加入虛擬變數後 (506, 2)
(506, 2)
[[1.    6.575]
 [1.    6.421]
 [1.    7.185]
 [1.    6.998]
 [1.    7.147]]
```

```
# 印出實際值 yt
print(yt[:5])
```

```
[24.  21.6 34.7 33.4 36.2]
```

圖 7.7　訓練資料的狀態

由上面的程式輸出可看出輸入資料 x 包括一個值為 1 的虛擬變數，以及 RM (房間數)，而成一個矩陣形式。

程式碼中的 $x.shape$ 會傳回 x 陣列的 $shape$(形狀)，也就是 x 陣列的結構。傳回值 (506, 2) 表示 x 陣列的資料有 506 筆，且資料樣本的維度為二維。$x.shape$ 的值在之後梯度計算時會使用到。

yt 為一維陣列，是每一行 x 對應到的實際值 (物件價格)，yt[:5] 表示僅輸出第 0~4 共 5 筆。

預測函數

預測函數就是機器用來做預測運算的函數，它是機器學習的核心，當機器訓練完成，找到最佳的參數組合後，真正在運作的就是預測函數了！初學者一般都忙著在學習損失函數、梯度下降法、最佳化演算法，而忘了預測函數的存在。

我們現在要介紹的預測函數很簡單，內容只有短短一行，似乎沒必要定義為函數，但這是機器學習中很重要的運作步驟，因此仍定義為函數。

```
# 以預測函數 (1, x) 之值計算預測值 yp
def pred(x, w):
    return(x @ w)
```

圖 7.8　預測函數

程式中的「@」代表「內積」的意思(也就是讓 $\boldsymbol{x}$ 與 $\boldsymbol{w}$ 向量做內積)，在機器學習中會常用到。其語法在本節後面的專欄會說明。

初始化處理

這段程式是梯度下降法的初始化設定。首先使用前面 $x.shape$ 的值，將資料樣本的總數指定給 M(本例為 506) 及輸入資料的維度 D(本例中為 2)。隨後設定迭代的運算次數 ($iters$) 及學習率 ($alpha = \alpha$)。並利用 $np.ones$ 函數，將權重向量 $\boldsymbol{w}$ 所有元素皆初始化為 1：

```
# 初始化處理

# 資料樣本總數
M = x.shape[0]

# 輸入資料之維數(含虛擬變數)
D = x.shape[1]

# 迭代運算次數
iters = 50000
```

Chapter 7

```
# 學習率
alpha = 0.01

# 權重向量的初始值(預設全部為 1)    ← 這就是 7.1 節提到的粗估初始值
w = np.ones(D)

# 記錄評估結果用(僅記錄損失函數值)
history = np.zeros((0,2))
```

圖 7-9　梯度下降法的初始化處理

編註： 權重向量的粗估初始值一般會設為 1，但不表示一定適用。我們在 10.8 節會學到先將粗估初始值做正規化處理，再與輸入資料做運算的「*He normal*」方法。

主程式

程式核心部分為下方一開始的 3 行，分別對應到 7.8 節得到的 3 個梯度下降法運算式。也就是：

1. 用 (7.8.1) 式計算 $\boldsymbol{x}$、$\boldsymbol{w}$ 向量的內積，得到預測值 yp。

2. 用 (7.8.2) 式計算預測值 yp 與實際值 yt 的差值。

3. 用 (7.8.4) 式計算出新的 $\boldsymbol{w}$。

然後依 1、2、3 的循環迭代計算 $iters$(此程式預設為 50000) 次。

```
# 迭代運算
for k in range(iters):

    # 計算預測值(7.8.1)
    yp = pred(x, w)

    # 計算誤差(7.8.2)
    yd = yp - yt
```

```
# 梯度下降法的實作(7.8.4)
w = w - alpha * (x.T @ yd) / M

# 繪製學習曲線所需資料之計算與儲存
if ( k % 100 == 0):
    # 計算損失函數值(7.6.1)
    loss = np.mean(yd ** 2) / 2
    # 記錄計算結果
    history = np.vstack((history, np.array([k, loss])))
    # 顯示畫面
    print( "iter = %d  loss = %f" % (k, loss))
```

圖 7-10　梯度下降法的主程式

在 *for* 迴圈中 *if* 後面幾行是用來記錄損失函數的值，以便繪製學習曲線。

其中執行梯度下降法和計算損失函數值的程式碼，都活用了 *NumPy* 函式庫的特色，在做向量及陣列運算時相當便利。其中 $x.T$ 是將 x 轉置矩陣的算符(將行與列的元素對調)。若想了解為何 (7.8.4) 式實作時必須轉置矩陣，可參考專欄說明。

Chapter 7

損失函數值

下面程式會顯示出損失函數一開始的初始值，以及結束迭代運算後的最終值。我們可以看到損失函數值從一開始的 154.22 下降到結束時的 21.80，這個過程就是在找出損失函數的最小值，也就是圖形上的最低點。

```
# 損失函數的初始值、最終值
print(' 損失函數初始值 : %f' % history[0,1])
print(' 損失函數最終值 : %f' % history[-1,1])
```

```
損失函數初始值：154.224934
損失函數最終值：21.800325
```

圖 7-11　損失函數值的記錄

於散佈圖上繪製迴歸線

在求得最佳 $\boldsymbol{w}$ 值後，接著要計算預測值以繪製迴歸線。若以第 1 章說明的「**訓練階段**」與「**預測階段**」來區分，現在開始要進行的是「預測階段」。

首先，我們以 min、max 函數分別找出全部輸入資料 $\boldsymbol{x}$ 中的最小值、最大值。

既然已經利用梯度下降法找出最佳的 $\boldsymbol{w} = (w_0, w_1)$ 參數值，則將加上虛擬變數的輸入資料 $(1, x\_min)$、$(1, x\_max)$ 分別代入 $pred$ 函數，即可得出準確的預測值 (y_min, y_max)。

虛擬變數。請參考 (7.5.1) 式的相關說明

然後將 (x_min, y_min) 與 (x_max, y_max) 兩點連起來，這條直線就是最適合用來描述所有輸入資料的線性迴歸線，並繪製於散佈圖上，如下所示：

```
# 計算繪製迴歸線所需之座標值
xall = x[:,1].ravel()
xl = np.array([[1, xall.min()],[1, xall.max()]])
yl = pred(xl, w)
```

```
# 繪製散佈圖與迴歸線
plt.figure(figsize = (6,6))
plt.scatter(x[:,1], yt, s = 10, c='b')
plt.xlabel('ROOM', fontsize = 14)
plt.ylabel('PRICE', fontsize = 14)
plt.plot(xl[:,1], yl, c = 'k')
plt.show()
```

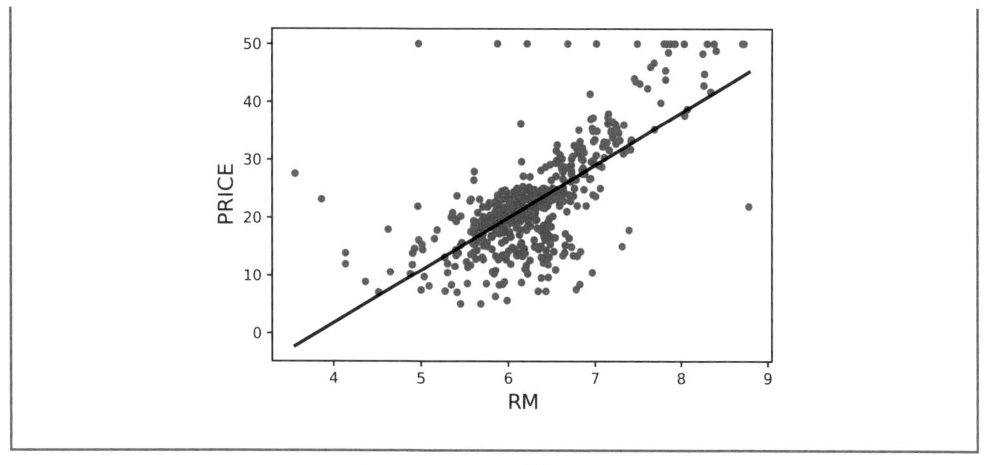

圖 7-12　顯示線性迴歸線

繪製學習曲線

在機器學習中，評估模型有一張很重要的圖表就是學習曲線。學習曲線是以迭代運算次數為橫軸，損失函數值為縱軸畫出來的曲線。學習曲線又稱為歷史曲線，也就是模型的學習歷程 (*learning history*)，由學習歷程可看出模型收斂的速度。

記錄學習歷程的變數 *history* 以 *NumPy* 形式同時儲存了 (迭代運算次數 , 損失函數值)，因此只要將其結果以圖表呈現即可。由學習曲線可看出，每一次迭代運算，損失函數值便更趨近 (收斂) 於一個定值 (也就是最小值)。

```
# 繪製學習曲線 (第一組數除外)
plt.plot(history[1:,0], history[1:,1])
plt.show()
```

Chapter 7

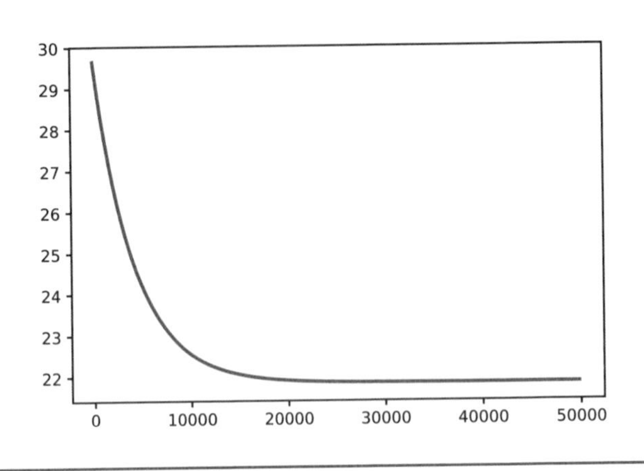

圖 7-13　繪製學習曲線

使用 NumPy

Python 可以將機器學習中常用的矩陣運算、向量內積等數學運算，利用 *Numpy* 函式庫來處理，也因為 *Numpy* 會自動處理這些複雜的運算，使程式變得相當簡潔。因此本書範例程式中的內積運算都會用 *Numpy* 實作。

本專欄將以實例介紹 @ 算符，即內積運算 (範例檔 *ch07-2.py*)。

計算兩向量的內積

假設 2 個向量 $\boldsymbol{w}$、$\boldsymbol{x}$，其內積的結果是純量 y：

$$\boldsymbol{w} = (w_1,\ w_2)$$
$$\boldsymbol{x} = (x_1,\ x_2)$$

由於向量在 *NumPy* 中被視為一維陣列，可寫成如下的程式。其中 *np.array* 函數用來產生向量、矩陣變數。*shape* 屬性則用來查詢向量、矩陣的維度。

```
# w = (1, 2)
w = np.array([1, 2])          ← 將一個矩陣轉換為 Numpy 陣列
print(w)                      ← 輸出此陣列的內容
print(w.shape)                ← 輸出此陣列的 shape(形狀)
```

```
[1 2]                          ← 此為 w 向量
(2,)
```

```
# x = (3, 4)
x = np.array([3, 4])
print(x)
print(x.shape)
```

```
[3 4]                          ← 此為 x 向量
(2,)
```

```
#(3.7.2)式的內積實作範例
# y = 1*3 + 2*4 = 11
y = x @ w                      ← x 與 w 內積
print(y)
```

```
11                             ← [3 4]·[1 2] 內積結果
```

圖 7-14　向量之間的內積運算範例

矩陣與向量的內積

下面程式中的 X 是一個 3 列 2 行的矩陣，用來計算矩陣與向量的內積。由測試結果可知，矩陣與向量之間也可用 @ 算符做內積運算，且運算結果會傳回 1 維的 $NumPy$ 陣列。這就是前面預測函數 $pred$ 得以運算的原因。

```
# X 為 3 列 2 行的矩陣
X = np.array([[1,2],[3,4],[5,6]])
print(X)              ← 輸出 Numpy 陣列內容
print(X.shape)        ← 輸出 Numpy 陣列的 shape
```

```
[[1 2]
 [3 4]                ← 此為 X 陣列
 [5 6]]
(3, 2)                ← 此為 X 的 shape
```

```
Y = X @ w                ← X 陣列與 w 向量做內積運算
print(Y)
print(Y.shape)
```

```
[ 5 11 17]    ← [[1 2], [3 4], [5 6]]·[1 2] 分別做內積的結果
(3,)          ← Y 的 shape
```

圖 7-15　矩陣與向量的內積運算

轉置矩陣

下面的程式是稍微複雜一點的內積運算，先列出 (7.8.4) 式做為對照用。

$$\boldsymbol{w}^{(k+1)} = \boldsymbol{w}^{(k)} - \frac{\alpha}{M}\sum_{m=0}^{M-1} yd^{(k)(m)} \cdot \boldsymbol{x}^{(m)} \qquad (7.8.4)$$

為了避免複雜的符號影響解說，我們先看 Σ 裏面，並暫時將代表迭代次數的上標 (k) 拿掉 ，即可簡化為：

$$\sum_{m=0}^{M-1} yd^{(m)} \cdot \boldsymbol{x}^{(m)}$$

進一步將 M 從原本範例的 506 筆資料簡化為 3 筆，然後將 Σ 算式展開：

$$yd^{(0)} \cdot \boldsymbol{x}^{(0)} + yd^{(1)} \cdot \boldsymbol{x}^{(1)} + yd^{(2)} \cdot \boldsymbol{x}^{(2)}$$

由於 $\boldsymbol{x} = (x_0,\ x_1)$，因此上式即等於：

$$\begin{pmatrix} yd^{(0)}x_0^{(0)} + yd^{(1)}x_0^{(1)} + yd^{(2)}x_0^{(2)} \\ yd^{(0)}x_1^{(0)} + yd^{(1)}x_1^{(1)} + yd^{(2)}x_1^{(2)} \end{pmatrix}$$

因為 $\boldsymbol{X}$ 是 3 列 2 行的矩陣，而 $\boldsymbol{yd}$ 是 3 列 1 行的矩陣，為了讓 $\boldsymbol{X}$ 與 $\boldsymbol{yd}$ 能夠相乘，就必須將 $\boldsymbol{X}$ 矩陣轉置成 2 列 3 行才行。此時可使用 T 算符將 $\boldsymbol{X}$ 矩陣用 $\boldsymbol{X}.T$ 做轉置 (**編註：** 也可以使用 $np.transpose(X)$ 函數) 。

```
# 建立轉置矩陣
XT = X . T   ←— 轉置
print(X)
print(XT)
```

```
[[1 2]
 [3 4]      X 轉置前
 [5 6]]
[[1 3 5]
 [2 4 6]]   X 轉置後
```

```
yd = np.array([1, 2, 3])    ←— 設定 yd 的值
print(yd)
```

```
[1 2 3]
```

```
# 計算梯度值
grad = XT @ yd
print(grad)
```

```
[22 28]
```

圖 7-16　矩陣轉置相乘

用 mean 函數計算損失函數值

本章範例中使用的損失函數如下：

$$L(w_0, w_1) = \frac{1}{2M}\sum_{m=0}^{M-1}(yp^{(m)} - yt^{(m)})^2 \qquad (7.6.1)$$

並以下式定義誤差 $yd(m)$：

$$yd^{(m)} = yp^{(m)} - yt^{(m)}$$

將 $yd^{(m)}$ 代回 (7.6.1) 式，可得：

$$L(w_0, w_1) = \frac{1}{2M}\sum_{m=0}^{M-1}(yd^{(m)})^2 = \frac{1}{2}\left(\frac{1}{M}\sum_{m=0}^{M-1}(yd^{(m)})^2\right)$$

Chapter 7

最後一個算式的括號中，其實就是 $(yd^{(m)})^2$ 的平均值。我們可用計算平均值的 $mean$ 函數 (此函數會先做加總之後再取平均值)。我們可以將 (7.6.1) 式寫成下面這樣：

```
# 計算損失函數值(7.6.1)
loss = np.mean(yd ** 2) / 2 ◀— 計算((1² + 2² + 3²)/ 3)/ 2
```

```
2.3333333333333333
```

圖 7-17 利用 $mean$ 計算損失函數值

7.10 推廣到多元線性迴歸模型

現在一樣使用「*The Boston Housing Dataset*」的樣本資料，但在輸入項目中追加 LSTAT (低所得者比例)，使其成為二維的資料。像這樣有多個輸入項目的線性迴歸模型，稱為多元線性迴歸模型。雖然名稱不同，但其觀念仍與簡單線性迴歸模型幾乎相同。

以下為追加項目之後的模型與運算式：

模型描述

輸入項目：

RM：房間數 (x_1)

LSTAT：低所得者比例 (x_2)

輸出項目：

PRICE：物件價格 (y)

預測式

$$yp = w_0x_0 + w_1x_1 + w_2x_2$$

資料樣本內容

$$\begin{array}{lll} {x_1}^{(0)} = 6.575 & {x_2}^{(0)} = 4.98 & y^{(0)} = 24.0 \\ {x_1}^{(1)} = 6.421 & {x_2}^{(1)} = 9.14 & y^{(1)} = 21.6 \\ {x_1}^{(2)} = 7.185 & {x_2}^{(2)} = 4.03 & y^{(2)} = 34.7 \\ : & : & : \\ {x_1}^{(505)} = 6.030 & {x_2}^{(505)} = 7.88 & y^{(505)} = 11.9 \end{array}$$

損失函數

$$L(w_0, w_1, w_2) = \frac{1}{2M} \sum_{m=0}^{M-1} (yp^{(m)} - yt^{(m)})^2$$

$$yp^{(m)} = w_0 x_0^{(m)} + w_1 x_1^{(m)} + w_2 x_2^{(m)}$$

偏微分的計算結果

$$\frac{\partial L(w_0, w_1, w_2)}{\partial w_i} = \frac{1}{M} \sum_{m=0}^{M-1} yd^{(m)} \cdot x_i^{(m)}$$

$(i = 0,\ 1,\ 2)$

$$yd^{(m)} = yp^{(m)} - yt^{(m)} = w_0 x_0^{(m)} + w_1 x_1^{(m)} + w_2 x_2^{(m)} - yt^{(m)}$$

迭代運算的演算法

$$yp^{(k)(m)} = \boldsymbol{w}^{(k)} \cdot \boldsymbol{x}^{(m)}$$

$$yd^{(k)(m)} = yp^{(k)(m)} - yt^{(m)}$$

$$\boldsymbol{w}^{(k+1)} = \boldsymbol{w}^{(k)} - \frac{\alpha}{M} \sum_{m=0}^{M-1} yd^{(k)(m)} \cdot \boldsymbol{x}^{(m)}$$

在迭代運算的式子中，並未標示輸入資料的維數。這代表簡單線性迴歸建立的算式及處理都有考慮通用性，因此即使發展成多元線性迴歸，也不需修改運算的邏輯。實際上真的是這樣嗎？接下來就直接來驗證。

追加輸入資料項目

首先製作多元線性迴歸所需之輸入資料。下面是實作程式碼 (範例檔 *ch07-3.py*)，利用 *hstack* 函數追加‘LSTAT’項目的列到原本的矩陣 $\boldsymbol{x}$ 後，令新的輸入資料矩陣為 $x2$。

```
# 追加列（LSTAT: 低所得者比例）
x_add = x_org[:,feature_names == 'LSTAT']
x2 = np.hstack((x, x_add))
print(x2.shape)
```

```
(506, 3)
```

```
# 印出輸入資料 x（含虛擬資料）
print(x2[:5,:])
```

```
[[1.    6.575 4.98 ]
 [1.    6.421 9.14 ]
 [1.    7.185 4.03 ]
 [1.    6.998 2.94 ]
 [1.    7.147 5.33 ]]
```

```
# 輸出實際值 yt
print(yt[:5])
```

```
[24.  21.6 34.7 33.4 36.2]
```

圖 7-18　追加輸入資料項目

接下來只要將原本迭代運算中的 x 改寫為 $x2$，看起來就能執行。**編註：** 先提醒您，此程式的結果會因損失函數值越來越大，以致無法收斂。先別著急，在範例檔 *ch07-4.py* 中會調整學習率的值，就可以收斂了。

```
# 初始化處理

# 資料樣本總數
M = x2.shape[0]        ← x2 矩陣第 0 軸總共資料筆數（有幾列）

# 輸入資料的維數（含虛擬變數）
D = x2.shape[1]        ← x2 矩陣第 1 軸有幾個項目（有幾行）

# 迭代運算次數
iters = 50000

# 學習率
alpha = 0.01           ← 此程式示範的重點就是此值會影響收斂與否

# 權重向量的初始值（設定所有值為 1）
w = np.ones(D)

# 記錄評估結果用（僅記錄損失函數值）
history = np.zeros((0,2))
```

```
# 迭代運算
for k in range(iters):

    # 計算預測值(7.8.1)
    yp = pred(x2, w)

    # 計算誤差(7.8.2)
    yd = yp - yt

    # 梯度下降法的實作(7.8.4)
    w = w - alpha * (x2.T @ yd) / M

    # 繪製學習曲線圖之資料的計算與儲存
    if ( k % 100 == 0):
        # 計算損失函數值(7.6.1)
        loss = np.mean(yd ** 2) / 2
        # 記錄計算結果
        history = np.vstack((history, np.array([k, loss])))
        # 顯示畫面
        print( "iter = %d  loss = %f" % (k, loss))
```

```
iter = 0  loss = 112.063982
iter = 100  loss = 3753823486849608377064358936576.000000
iter = 200  loss = 2655334090092060615098462127626418350192889440029764569006080.000000
...
```

loss 越來越大無法收斂了

圖 7-19　多元線性迴歸　第一次計算

由執行結果發現損失函數的值不僅沒有收斂，反而越來越大，以致於會出現 *overflow* 的警告，最後會變成 *NaN*(無法計算)。這是因為我們增加 LSTAT (低所得者比例 ($x2$)) 的資料之後，比原來多了一個要計算的參數，原本設的學習率 $alpha = 0.01$ 可能太大，使得計算梯度下降時無法收斂。

我們試著將學習率從原本的 0.01 調整為 0.001 (因為作者測試過，用 0.001 的學習率會收斂得很快)，同時也將迭代次數調整為 2000 (這也是作者測試的結果，學習率調小之後，迭代次數就不需要 50000 次那麼多了)。

以下是將學習率調整為 0.001，迭代次數調整為 2000 之後的程式 (範例檔 *ch07-4.py*)。

```
# 迭代運算次數
# iters = 50000
iters = 2000

# 學習率
# alpha = 0.01
alpha = 0.001
```

圖 7-20　調整學習率參數後

```
# 運算結束的損失函數初始值、最終值
print(' 損失函數初始值 : %f' % history[0,1])
print(' 損失函數最終值 : %f' % history[-1,1])
```

```
損失函數初始值：112.063982
損失函數最終值：15.280228
```

圖 7-21　損失函數值

損失函數值經過 2000 次迭代後下降到 15.28。而之前簡單線性迴歸的損失函數值約降到 21.8。可見追加 1 個新的變數，可讓損失函數的值下降，這也表示預測的準確程度提高了。

本範例的學習曲線如下圖所示。可以看到在迭代運算約 500 次後，損失函數就已達到收斂，再迭代更多次也不會有明顯的差別了：

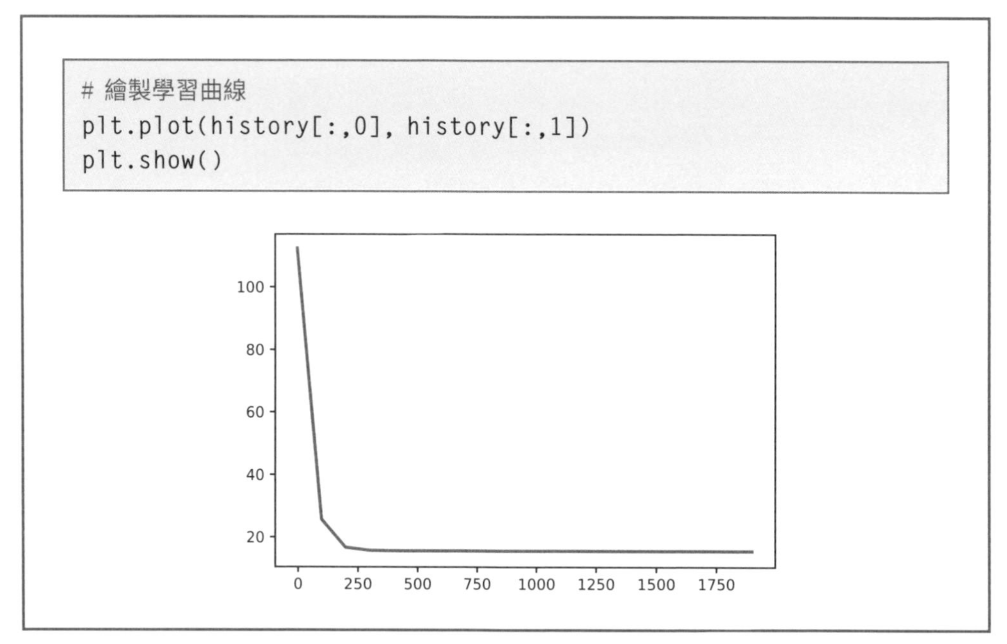

```
# 繪製學習曲線
plt.plot(history[:,0], history[:,1])
plt.show()
```


圖 7-22　繪製學習曲線

專欄 學習率與迭代運算次數的調整方法

由本章最後的範例可知學習率的大小，對收斂與否的影響很大。若實際上碰到這種情形，有什麼解決的方法呢？這個問題沒有一定的答案，如果發現難以收斂，則試著將學習率調為原來的 $\frac{1}{10}$，再視情況微調。

此範例在將學習率調整為原本的 $\frac{1}{10}$ 時，就順利收斂了，因此就以該值作為學習率。迭代運算次數的調整方式也類似，可以藉由觀察學習曲線的狀態，將預設次數每次調大 10 倍看看，待確認大概的收斂值之後，再往回修正到原本的 $\frac{1}{2}$ 或 $\frac{1}{5}$。

編註： 以此例來說，如果讓迭代次數 $iters = 50000$，損失函數最小值是 15.269837。放大 10 倍到 $iters = 500000$，損失函數最小值是 15.256301。我們可看出從迭代 5 萬次到 50 萬次，迭代次數增加 45 萬次，但結果差異也只有 0.013536。而且，50 萬次與 2000 次的 15.280228 也只差了 0.023927，是否值得讓電腦多跑那麼多次呢？而且，這個例子的資料量很少，要計算的參數也很少，但在實務上要計算的資料量與參數量可能相當龐大，迭代次數越高就表示算得越久，此時權衡得失就很重要了。

經過這次的範例，相信讀者應該都能理解機器學習中「**學習率**」**的重要性**。但可惜的是，如何設定最好的學習率並沒有明確的答案。由於學習率會隨著輸入資料的性質而改變，因此除了嘗試去尋找之外，似乎也不容易有其他方法。但有個經驗可提供給您參考。在實務的機器學習訓練中，會先對資料做正規化處理，避免資料中不同特徵的數值範圍差異太大，而使得梯度下降過程不易收斂。以本章例子來說 (見 7-29 頁)，x_1、x_2 這兩個特徵的數值範圍接近，就沒有收斂問題。

但如果兩者數值範圍差異很大，例如 x_1 在 3.0~9.0 之間、x_2 在 0~1000 之間。如此一來，像圖 4-8b 的等高線就會變得非常狹長，若初始點不巧選在狹長端，就很容易造成鋸齒狀的緩慢收斂過程。在已正規化的情況下，將學習率設在 0.01 到 0.001 左右，通常都能順利達到收斂。

Chapter

8

邏輯斯迴歸模型（二元分類）

重點

實現深度學習所需概念	第 1 章 迴歸 1	第 7 章 迴歸 2	第 8 章 二元分類	第 9 章 多類別分類	第 10 章 深度學習
1 損失函數	○	○	○	○	○
3.7 矩陣運算				○	○
4.5 梯度下降法		○	○	○	○
5.5 Sigmoid 函數			○		○
5.6 Softmax 函數				○	○
6.3 概似函數與最大概似估計法			○	○	○
10 反向傳播					○

Chapter 8

邏輯斯迴歸模型 (二元分類)

接續上一章的線性迴歸，本章將介紹在分類模型當中，具有代表性的邏輯斯迴歸模型 (*logistic regression*)。

利用機器學習處理分類問題可分為 2 種：二元分類 (*binary classification*) 與多類別分類 (*multiclass classification*)。本章先介紹較簡單的二元分類模型。

二元分類模型的架構比線性迴歸模型來得複雜，但只要掌握好理論篇的數學基礎概念就一定能夠理解。

下面的流程是本章的學習地圖。閱讀本章時可搭配此圖，確認當下學習內容所在的位置：

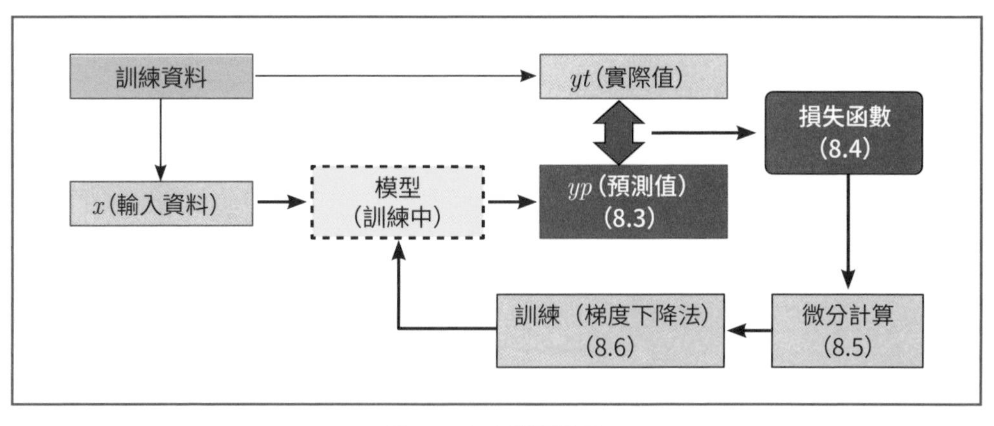

圖 8-1 本章學習地圖

此學習地圖基本上與前一章線性迴歸相同，但因為會改用非線性的邏輯斯函數取代線性函數，因此損失函數以及運算上有區別。

8.1 範例問題設定

本章範例使用的資料是「*Iris Data Set*」，這是收集鳶尾花特徵的資料集，是經常被使用在機器學習教學的公開資料。

Iris Data Set

Download: Data Folder, Data Set Description

Abstract: Famous database; from Fisher, 1936

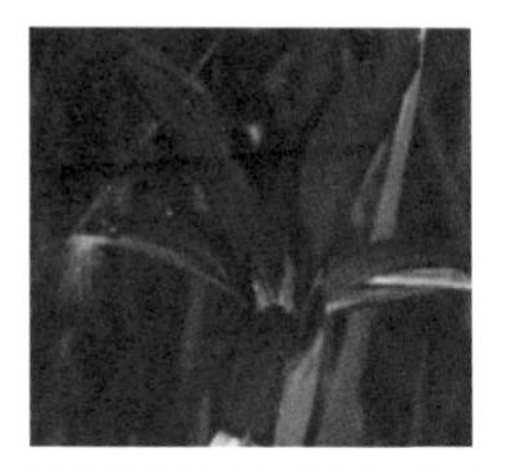

Data Set Characteristics:	Multivariate	Number of Instances:	150	Area:	Life
Attribute Characteristics:	Real	Number of Attributes:	4	Date Donated	1988-07-01
Associated Tasks:	Classification	Missing Values?	No	Number of Web Hits:	2262219

圖 8-2　Iris Data Set
引用自 https://archive.ics.uci.edu/ml/datasets/iris

此資料集包含三種鳶尾花品種：「*Setosa*(山鳶尾)」、「*Versicolour*(變色鳶尾)」、「*Virginica*(維吉尼亞鳶尾)」。每個品種各有 50 筆資料，總共是 150 筆，每筆資料包括 4 個特徵 (*features*) 資料：

sepal length　←— 萼片長度 (cm)

sepal width　←— 萼片寬度 (cm)

petal length　←— 花瓣長度 (cm)

petal width　←— 花瓣寬度 (cm)

因為本章是要示範二元分類，因此只使用 $Setosa(class = 0$：類別設為 0) 和 $Versicolour(class = 1$：類別設為 1) 這兩個品種共 100 筆資料，且為了容易說明起見，只用萼片長度 (設為 x_1) 與萼片寬度 (設為 x_2) 這兩個特徵進行分類。

原始資料經此挑選後，原本多類別分類問題，便成了二元分類問題。我們在下一章的多元分類就會使用全部的原始資料做練習。

我們將訓練資料中的 5 筆整理如下表。請注意！yt 是已知的分類，表中前 2 筆資料是 $Setosa$ 品種，用 0 表示；後 3 筆是 $Versicolour$ 品種，用 1 表示：

yt（實際值）	x_1（萼片長度）	x_2（萼片寬度）
0	5	3.2
0	5	3.5
1	5	2.3
1	5.5	2.3
1	6.1	3

表 8-1 訓練資料

8.2 線性迴歸模型與分類模型的差異

線性迴歸的目的是要找出一條距離各資料點誤差最小的直線，如下頁左圖所示。而分類則是企圖將一群資料有效區分成不同的類別，例如二元分類就是用一條分界線 (不一定是直線) 將資料分成兩類，如下頁右圖所示：

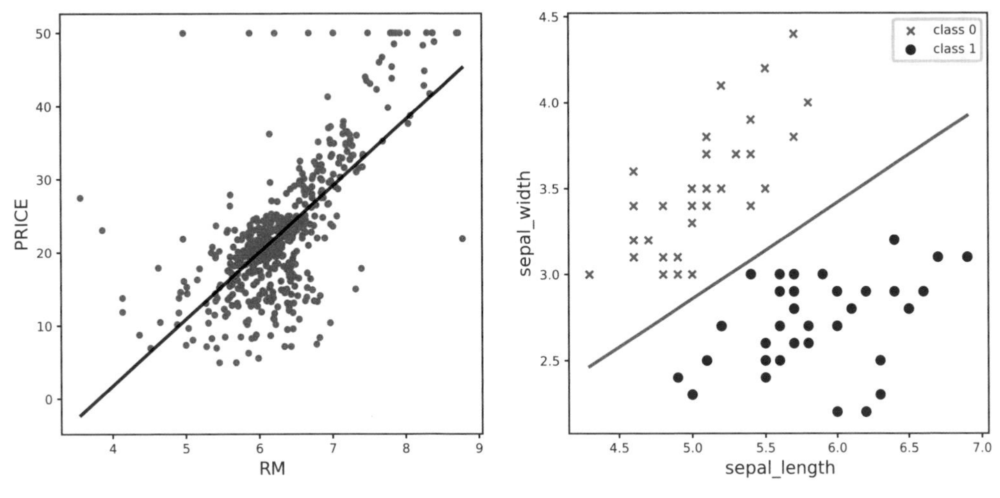

圖 8-3　線性迴歸問題 (左)、分類問題 (右) 的散佈圖

分類問題中的分界線稱為**決策邊界** (*decision boundary*)。由於迴歸問題與分類問題要考慮的完全不同，因此建立的預測函數與損失函數自然也不同。

8.3 針對預測模型之討論

我們先考慮以一條線性函數來將訓練資料進行分類。因為有萼片長度 x_1 與萼片寬度 x_2 兩個因變數，設定對應的權重為 w_1、w_2，以及常數 w_0：

$$u = w_0 + w_1 x_1 + w_2 x_2 \tag{8.3.1}$$

在這種情況可以想到的第一個做法，是用下面的標準來判斷：

u 的值為負 $\rightarrow class = 0$

u 的值為正 $\rightarrow class = 1$

這與神經網路 (*neural network*) 最早提出的「感知器 (*perceptron*)」模型非常類似。但使用感知器的分類方式已知不大可行，因此接下來會採用「梯度下降法 (*Gradient Descent*)」來做分類。

編註： 感知器是 1950 年代的神經網路所提出的線性二元分類法，也就是在兩類資料組成的一大群資料中，存在至少一條直線可將這兩類資料完美切開，也就是非 0 則 1。但真實資料的分佈不會這麼剛好，後來也就不採用了。

如前一章所述，梯度下降法的重點在於建立可微分的損失函數 (對參數 w 微分)，並逐步調整參數值，最後找出能讓損失函數最小化的參數，如此即可產生預測函數進行預測。

但若要將此機制套用至分類問題，光是算出預測值並不足以區分是哪個分類，因為預測值的大小可以從負無限大到正無限大，這沒辦法做分類。因此在分類模型中，我們希望算出來的預測值限縮在 0~1 之間，就如同機率值介於 0%~100%。在二元分類中，我們可以設定只要預測值比較接近 0 就可預測是某個分類，比較接近 1 則是另一個分類。因此我們有以下策略：

「使用某種函數，將 (8.3.1) 式的計算結果『轉換』為 0 到 1 之間的機率值，並以此作為輸出的預測值。」$Sigmoid$ 函數就具有這個特性：

$$f(x) = \frac{1}{1 + \exp(-x)} \tag{8.3.2}$$

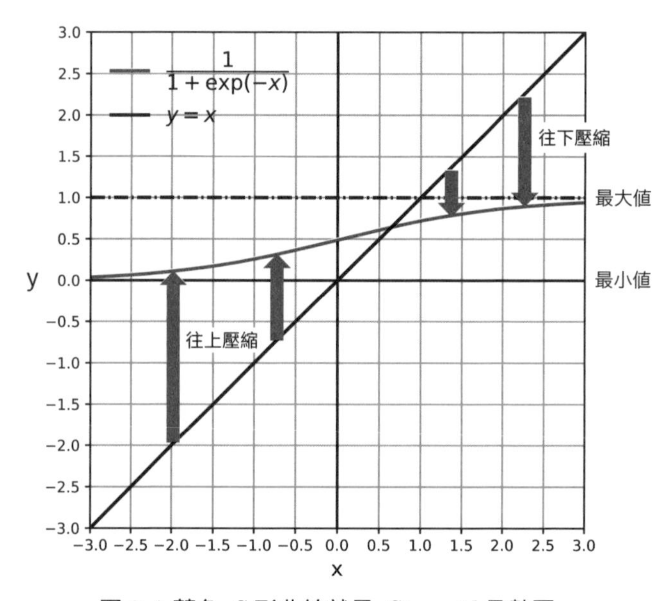

圖 8-4 藍色 S 形曲線就是 $Sigmoid$ 函數圖

前一頁的圖(可執行範例檔 *ch08-1.py*)是將 *Sigmoid* 函數與直線 $y = x$ 畫在一起做比對。原本 $y = x$ 的函數值是從負無限大到正無限大，但經過 *Sigmoid* 函數轉換後，函數值就整個被限縮在 0 到 1 之間了(從箭頭可以看出變化)。

假設資料分佈如下圖時：

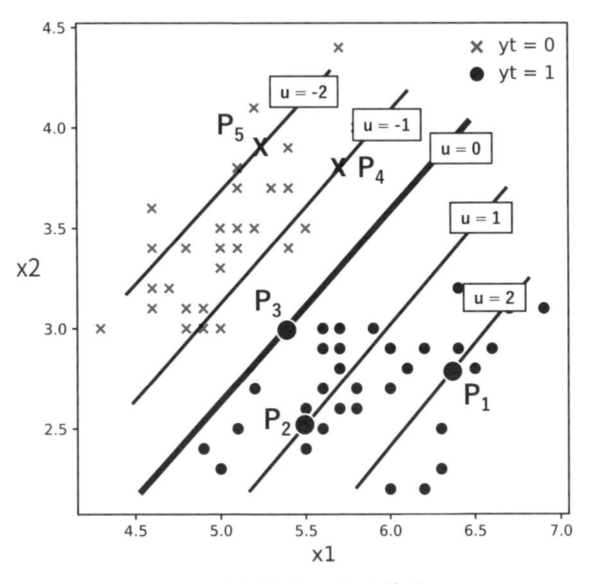

圖 8-5 資料散佈圖與決策邊界

上圖藍色叉叉 × 的 yt(實際值)為 0(分類 $class = 0$)；黑色圓點 ● 的 yt 為 1 (分類 $class = 1$)。中央的加粗斜線是能將藍色叉叉與黑色圓點的資料切開的決策邊界，令其線性方程式為：

$$w_0 + w_1x_1 + w_2x_2 = 0$$

因為圖上決策邊界的斜率為正，表示 x_2 會隨著 x_1 增大(減小)而增大(減小)，可知 w_1 與 w_2 的正負號必須相反，因此假設上式中 $w_1 > 0$、$w_2 < 0$。(若 $w_1 < 0$、$w_2 > 0$ 也只需將整個式子乘上 -1 就可以了)

上式等於 0 只是其中的一條直線，若讓上式等於一個常數 u(見下式)，並讓 u 等於 1、2、…或 −1、 −2、…，則可畫出圖中 4 條細黑線：

$$w_0 + w_1x_1 + w_2x_2 = u$$

現在由上圖中 5 條直線各取 1 個代表點：P_1、P_2、P_3、P_4、P_5，並在下表列出各點在一次函數 $w_0 + w_1x_1 + w_2x_2 = u$ 中的 u 值，以及將 u 值代入 (8.3.2) 式 *Sigmoid* 函數 $f(u)$ 後得到的值 (都會介於 0~1 之間，可視為機率 0%~100%)：

P_m	*yt* (實際值)	u	$f(u)$
P_1	1	2	0.88
P_2	1	1	0.73
P_3	1	0	0.5
P_4	0	−1	0.27
P_5	0	−2	0.12

表 8-2　散佈圖中 5 個點的 u 值及 $f(u)$ 值

編註： 簡單計算 $f(u)$ 值可在 *Excel* 儲存格中輸入「= 1/(1+exp(*u*))」，其中的 u 依序代入 2、1、0、−1、−2 即得。

我們先看決策邊界 (分界線) 右下方屬於 $class = 1$ (散佈圖中以「●」表示) 的點 P_1 及 P_2，兩者的 $f(u)$ 值皆大於 0.5。其中 P_1 距離決策邊界比 P_2 遠，P_1 的 $f(u)$ 值也比 P_2 的 $f(u)$ 值大，表示 P_1 屬於 $class = 1$ 的機率比 P_2 要大。

此現象也出現在位於決策邊界左上方屬於 $class = 0$ (散佈圖中以「×」表示) 的點 P_5 及 P_4 上。P_5 距離決策邊界比 P_4 遠，離得越遠，其 $f(u)$ 值也越小，表示屬於 $class = 1$ 的機率越小 (也表示屬於 $class = 0$ 的機率越高)。

我們會發現 P_1 及 P_5 的 $f(u)$ 值相加會等於 1、且 P_2 及 P_4 的 $f(u)$ 值相加也

等於 1。其原因可參考 5.5 節介紹 *Sigmoid* 函數時講過的 $f(x) + f(-x) = 1$ 的特性。利用此性質，可由 P_5「$class = 1$ 的機率」$= 0.12$，反算出「$class = 0$ 的機率」為 $1 - 0.12 = 0.88$。

最後來看剛好位於決策邊界上的 P_3 這個點。此點實際上是屬於 $class = 1$，但因為其 $f(u)$ 值剛好是 0.5，表示此點屬於 $class = 1$ 與 $class = 0$ 的機率都相等，因此用 $u = 0$ 這條決策邊界就判斷不出來。以肉眼來看的話，如果 $u = -0.5$ 就可以分得很好。或者直接讓 $f(u) \geq 0.5$ 皆判斷為 $class = 1$。

在此將以上內容整理如下：

(1) 由輸入資料 (x_1, x_2) 計算 $u = w_0 + w_1x_1 + w_2x_2$ 之值。

(2) 由 (1) 得到的 u 值計算 $f(u)$ 值。此處的 $f(u)$ 即 *Sigmoid* 函數：

$$f(u) = \frac{1}{1 + \exp(-u)}$$

(3) 經此計算得到的 **$f(u)$ 值，代表「該點屬於 $class = 1$ 的機率」**。

(4) **將此 $f(u)$ 值視為 y 的預測值 yp**。

(5) **使用預測值分類時，以預測值是否大於 0.5 進行判斷**。

(6) 將 yp 視為 $\boldsymbol{w}(w_0, w_1, w_2)$ 的函數時，其值會隨著 $\boldsymbol{w}$ 的變化而產生連續變化。

其中 (1) 執行的算式：

$$w_0 + w_1x_1 + w_2x_2$$

可改寫為：

Chapter 8

$$w_0 \cdot 1 + w_1 x_1 + w_2 x_2$$

增加虛擬變數 $x_0 = 1$

如此即可視為 $\boldsymbol{x} = (x_0, x_1, x_2)$ 與 $\boldsymbol{w} = (w_0, w_1, w_2)$ 這兩個向量的內積。

綜合以上討論，可整理出下面幾個式子：

$$u = \boldsymbol{w} \cdot \boldsymbol{x} \tag{8.3.3}$$

$$yp = f(u) \tag{8.3.4}$$

$$f(u) = \frac{1}{1 + \exp(-u)} \tag{8.3.5}$$

其運算圖如下所示：

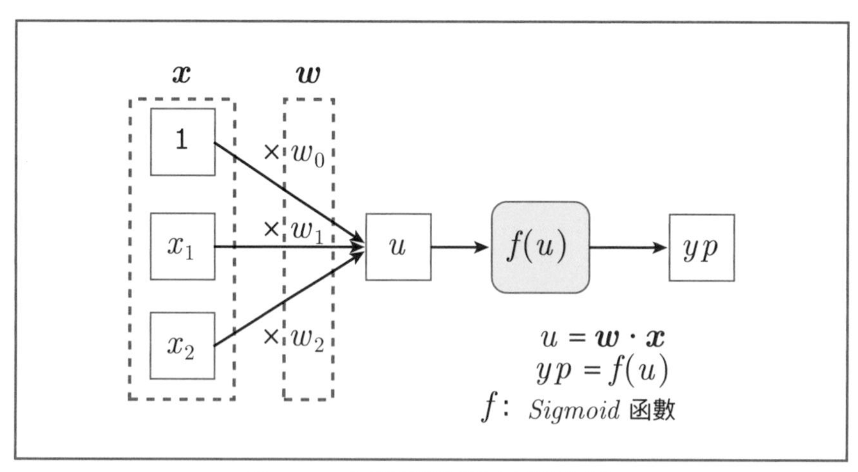

圖 8.6 二元邏輯斯迴歸之預測模型

如此，即已得到預測函數。下一節要找出適合此預測函數的損失函數。

將預測值轉換成機率的意義

以 yt 表示實際值，當 yp(預測值) 接近 1，除了代表「該樣本點為 $class = 1$ 的機率高」，也表示「$yp - yt$ 的值誤差接近 0」。同理，當 yp 的值接近 0，除了代表「該樣本點為 $class = 0$ 的機率高」，同時也表示「$yp - yt$ 的誤差值接近 0」。

這個結果，是將 $class$ 的值設為 0 和 1，並將預測值轉換為機率才得以實現，這在之後定義損失函數時很有幫助。

8.4 損失函數(交叉熵 *Cross entropy*)

再整理一下到目前為止的內容。將模型在預測階段的行為表示如下：

$$u(x_1, x_2) = w_0 + w_1 x_1 + w_2 x_2$$

利用 *Sigmoid* 函數：

$$f(u) = \frac{1}{1 + \exp(-u)}$$

將 $u(x_1, x_2)$ 代入上式，進行以下計算，即可得到預測值 yp：

$$yp = f(u) = f(w_0 + w_1 x_1 + w_2 x_2)$$

由於本章討論的問題中，yt 值只會是 0 或 1 其中一個，因此若 $yt = 1$ 的機率為 yp，則 $yt = 0$ 的機率就是 $1 - yp$。因此機率可寫成下式：

$$P(yt, yp) = \begin{cases} yp & (yt = 1 \text{ 的時候}) \\ 1 - yp & (yt = 0 \text{ 的時候}) \end{cases}$$

接下來，要用這個 $P(yt, yp)$ 找出概似函數來定義損失函數。以下為方便說明，限定輸入資料為 5 組：

$$\text{輸入值：} \boldsymbol{x}^{(1)}, \boldsymbol{x}^{(2)}, \boldsymbol{x}^{(3)}, \boldsymbol{x}^{(4)}, \boldsymbol{x}^{(5)}$$

$$\text{實際值：} yt^{(1)}, yt^{(2)}, yt^{(3)}, yt^{(4)}, yt^{(5)}$$

其中，輸入值 $\boldsymbol{x}$ 為 $(x_0, x_1, x_2) = (1, x_1, x_2)$ 的向量。實際值 yt 的值只會是 0 或 1，其值設為 $(yt^{(1)}, yt^{(2)}, yt^{(3)}, yt^{(4)}, yt^{(5)}) = (1, 0, 0, 1, 0)$。

而對應到各輸入資料 $\boldsymbol{x}^{(m)}$ 的預測值 $yp^{(m)}$ 則定義如下：

$$u^{(m)} = \boldsymbol{x}^{(m)} \cdot \boldsymbol{w}$$

$$yp^{(m)} = f(u^{(m)})$$

下面的表格在 6.3 節曾用過：

m	$yt^{(m)}$ (實際值)	$u^{(m)}$	$yp^{(m)}$	$P^{(m)}$
1	1	$\boldsymbol{x}^{(1)} \cdot \boldsymbol{w}$	$f(u^{(1)})$	$yp^{(1)}$
2	0	$\boldsymbol{x}^{(2)} \cdot \boldsymbol{w}$	$f(u^{(2)})$	$1-yp^{(2)}$
3	0	$\boldsymbol{x}^{(3)} \cdot \boldsymbol{w}$	$f(u^{(3)})$	$1-yp^{(3)}$
4	1	$\boldsymbol{x}^{(4)} \cdot \boldsymbol{w}$	$f(u^{(4)})$	$yp^{(4)}$
5	0	$\boldsymbol{x}^{(5)} \cdot \boldsymbol{w}$	$f(u^{(5)})$	$1-yp^{(5)}$

表 8-3　5 組樣本資料與 P 值 (標示上標 m 則為 $P^{(m)}$)

這邊要再次提醒，由於現在是訓練階段，上表中的 $\boldsymbol{x}^{(m)}$ 及 $yt^{(m)}$ 都是作為訓練用的常數，$\boldsymbol{w} = (w_0, w_1, w_2)$ 則是變數。此外，由於 $u^{(m)}$ 中會有 (w_0, w_1, w_2)，因此機率 $P^{(m)}$ 也會是 (w_0, w_1, w_2) 的函數。

找出概似函數與對數概似函數

接下來要定義概似函數 Lk。我們可將 5 個樣本資料的 P 值相乘，如此即可定義出概似函數：

$$Lk = P^{(1)} \cdot P^{(2)} \cdot P^{(3)} \cdot P^{(4)} \cdot P^{(5)} \tag{8.4.1}$$

接著對 (8.4.1) 概似函數取對數，可得到對數概似函數，即可將連乘的式子轉換為連加的式子。利用 (5.2.1) 式的對數公式展開如下：

$$\begin{aligned}\log(Lk) &= \log(P^{(1)} \cdot P^{(2)} \cdot P^{(3)} \cdot P^{(4)} \cdot P^{(5)}) \\ &= \log(P^{(1)}) + \log(P^{(2)}) + \log(P^{(3)}) + \log(P^{(4)}) + \log(P^{(5)})\end{aligned}$$

由表 8-3 可看出，$P^{(m)}$ 會因 $yt^{(m)}$ 值是 1 或 0 而不同，因此我們很巧妙的將這兩種情況結合成一個式子：

$$\log(P^{(m)}) = yt^{(m)} \log(yp^{(m)}) + (1 - yt^{(m)}) \log(1 - yp^{(m)}) \tag{8.4.2}$$

乍看之下可能不易理解，我們代入表 8-3 中的 2 個資料來試算看看：

當 $m = 1$ 時，$yt^{(1)} = 1$，則 (8.4.2) 式為：

$$\begin{aligned}&yt^{(1)} \log(yp^{(1)}) + (1 - yt^{(1)}) \log(1 - yp^{(1)}) \\ &= 1 \cdot \log(yp^{(1)}) + (1 - 1) \log(1 - yp^{(1)}) = \log(yp^{(1)})\end{aligned}$$

當 $m = 2$ 時，$yt^{(2)} = 0$，則 (8.4.2) 式為：

$$\begin{aligned}&yt^{(2)} \log(yp^{(2)}) + (1 - yt^{(2)}) \log(1 - yp^{(2)}) \\ &= 0 \cdot \log(yp^{(2)}) + (1 - 0) \log(1 - yp^{(2)}) = \log(1 - yp^{(2)})\end{aligned}$$

可知 (8.4.2) 式在這兩種情況都能成立，這是因為**善用 $\boldsymbol{yt^{(m)}}$ 之值只會是 0 或 1 的特性**。而這也是 8.1 節提到二元邏輯斯迴歸的實際值 yt 必須為 0 或 1 的原因。

找出損失函數

如此一來，可將對數概似函數利用 (8.4.2) 式改寫為：

$$
\begin{aligned}
\log(Lk) &= \sum_{m=1}^{5} \log(P^{(m)}) \\
&= \sum_{m=1}^{5} (yt^{(m)} \log(yp^{(m)}) + (1 - yt^{(m)}) \log(1 - yp^{(m)}))
\end{aligned}
$$

關於此對數概似函數式子，有以下幾點說明：

(1) 上式是為了講解方便才只用 5 筆資料，一般資料筆數會以 M 筆表示。

(2) 目前為訓練階段，權重參數 (w_0, w_1, w_2) 才是我們要求的值。

(3) 由於概似函數以求得最大值為目標，但梯度下降法的損失函數以求得最小值為目標，因此可將概似函數乘以 −1 做為損失函數。

(4) 上式為各樣本點代入 (8.4.2) 式計算後之和。但如上一章所述，損失函數值會隨資料的筆數成正比增加，使損失函數的準確率難以比較，因此要取平均值，使其不受資料件數影響。

(5) 由於 *Python* 的陣列索引是從 0 開始，因此需要令 m 的初始值為 0。

綜合以上討論，得到損失函數如下：

$$
L(w_0, w_1, w_2) = -\frac{1}{M} \sum_{m=0}^{M-1} (yt^{(m)} \cdot \log(yp^{(m)}) + (1 - yt^{(m)}) \log(1 - yp^{(m)})) \tag{8.4.3}
$$

算平均值（$-\frac{1}{M}$）

m 改為由 0 到 $M-1$

其中：

$$u^{(m)} = \boldsymbol{w} \cdot \boldsymbol{x}^{(m)} = w_0 + w_1 x_1^{(m)} + w_2 x_2^{(m)}$$

$$yp^{(m)} = f(u^{(m)})$$

$$f(u^{(m)}) = \frac{1}{1 + \exp(-u^{(m)})}$$

(8.4.3) 式稱為**交叉熵函數** (*cross entropy function*)。「交叉」一詞是因實際值 $yt^{(m)}$ 與預測值 $yp^{(m)}$ 交叉存在。交叉熵函數的有趣用途，我們留在本章最後的專欄介紹。

交叉熵函數的微分

(8.4.3) 式是對多筆資料的交叉熵函數取平均值，因此計算微分時，只要先求 Σ 裏面的微分，再做加總即可。不過損失函數的微分要到下一節才介紹，本節先講解對特定項目交叉熵函數的微分運算。

為使式子易於了解，先將上標取下：$yt^{(m)} \Rightarrow yt$、$yp^{(m)} \Rightarrow yp$，再以 ce 表示特定項目的交叉熵函數：

$$ce = -(yt \log(yp) + (1 - yt)\log(1 - yp))$$

因為 yt 是確定的常數、yp 為變數，因此 ce 對 yp 微分時，可將 yt 視為常數。可得：

$$\begin{aligned} \frac{d(ce)}{d(yp)} &= -\frac{yt}{yp} - \frac{(1 - yt)(-1)}{1 - yp} = \frac{-yt(1 - yp) + yp(1 - yt)}{yp(1 - yp)} \\ &= \frac{yp - yt}{yp(1 - yp)} \end{aligned} \qquad (8.4.4)$$

此式會在下一節中用到。

Chapter 8

對數函數微分公式

1. $\dfrac{d}{dx}\log x = \dfrac{1}{x}$ ← 請復習 (5.3.2) 式

2. $\dfrac{d}{dx}\log(1-x)$ 可利用鏈鎖法則，令 $u = 1 - x$，因此：

$$\frac{d}{dx}\log(1-x) = \frac{d}{du}\log(u) \cdot \frac{du}{dx}(1-x)$$

$$= \frac{1}{u} \cdot (-1) = -\frac{1}{1-x}$$

8.5 損失函數的微分

前一節已建立了 (8.4.3) 式損失函數，接下來要利用最大概似估計法來找出能讓損失函數最小化的權重參數值。

我們需要對損失函數做偏微分計算。計算過程看似有點複雜，但只要記得訓練階段的 $\boldsymbol{x}$ 及 y 都是已知的實際值 (也就是常數)，只有權重向量 $\boldsymbol{w}$ 是需要做偏微分的變數即可。

下圖呈現從輸入資料 x 到損失函數值的整個運算流程。其中 $u \to yp \to L$ 的過程都會經過函數轉換，因此可將整體視為 1 個大的合成函數。

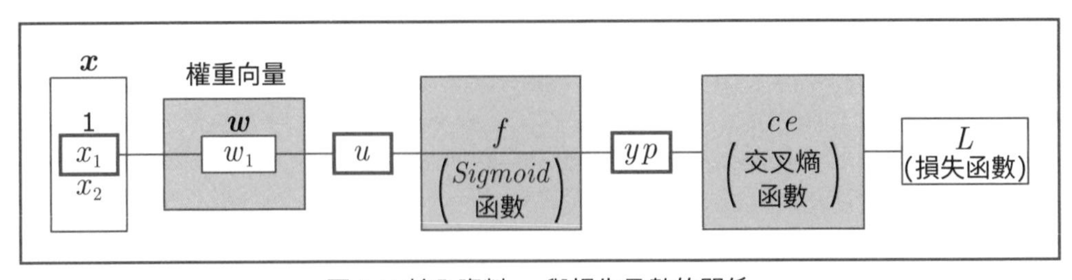

圖 8-7 輸入資料 $\boldsymbol{x}$ 與損失函數的關係

以下會根據此圖，讓損失函數 L 對權重向量 $\boldsymbol{w}$ 的 w_1 參數做偏微分。在此要利用 (4.4.7) 式的鏈鎖法則，可得：

$$\frac{\partial L}{\partial w_1} = \frac{dL}{du} \cdot \frac{\partial u}{\partial w_1} \tag{8.5.1}$$

由於 u 與 w_1 的關係如下：

$$u(w_0, w_1, w_2) = w_0 + w_1 x_1 + w_2 x_2$$

因此 u 對 w_1 偏微分為：

$$\frac{\partial u}{\partial w_1} = x_1 \tag{8.5.2}$$

然後將 (8.5.2) 式代回 (8.5.1) 式：

$$\frac{\partial L}{\partial w_1} = x_1 \cdot \frac{dL}{du} \tag{8.5.3}$$

接著要用 L 對 u 微分，同樣利用合成函數微分的鏈鎖法則，可得：

$$\frac{dL}{du} = \frac{dL}{d(yp)} \cdot \frac{d(yp)}{du} \tag{8.5.4}$$

損失函數對 yp 微分即如同交叉熵函數對 yp 微分，因此可由 (8.4.4) 式的結果得到：

$$\frac{dL}{d(yp)} = \frac{d(ce)}{d(yp)} = \frac{yp - yt}{yp(1 - yp)} \tag{8.5.5}$$

由圖 8-6 可知 (8.5.4) 式等號右邊第二個微分就是對 $Sigmoid$ 函數微分，亦即：

$$\frac{d(yp)}{du} = yp(1 - yp) \tag{8.5.6}$$

於是將 (8.5.5)、(8.5.6) 式代回 (8.5.4) 式，可得：

$$\frac{dL}{du} = \frac{dL}{d(yp)} \cdot \frac{d(yp)}{du} = \frac{yp - yt}{yp(1 - yp)} \cdot yp(1 - yp) = yp - yt \tag{8.5.7}$$

上式計算過程雖然複雜，但分子分母約分後的結果卻相當簡單。

並且由於 yp 是代表機率的預測值，yt 是值為 1 或 0 的實際值，上式的 $yp - yt$ 即代表「誤差」。以下定義「誤差」為 yd。

$$yd = yp - yt \tag{8.5.8}$$

如此一來，損失函數 L 對 w_1 的偏微分結果 (在 Σ 裏面的部份) 如下：

$$\frac{dL}{du} = yd$$

$$\frac{\partial L}{\partial w_1} = x_1 \cdot yd$$

再來，將資料樣本的上標 (m) 與 Σ 放回運算式後，即可得真正的損失函數 L 對 w_1 的偏微分式：

$$\frac{\partial L}{\partial w_1} = \frac{1}{M} \sum_{m=0}^{M-1} x_1^{(m)} \cdot yd^{(m)}$$

同理，我們也可寫出 L 分別對 w_0、w_2 的偏微分式：

$$\frac{\partial L}{\partial w_0} = \frac{1}{M} \sum_{m=0}^{M-1} x_0^{(m)} \cdot yd^{(m)}$$

$$\frac{\partial L}{\partial w_2} = \frac{1}{M} \sum_{m=0}^{M-1} x_2^{(m)} \cdot yd^{(m)}$$

然後將上面 3 個式子整合成：

$$\frac{\partial L}{\partial w_i} = \frac{1}{M} \sum_{m=0}^{M-1} x_i^{(m)} \cdot yd^{(m)}$$

$$i = 0,\ 1,\ 2$$

單看此方程式，其實與 7.7 節推導出的線性迴歸方程式相同(請復習(7.7.3)式)。其實不只是二元分類，將來在多類別分類與深度學習中，只要以此誤差值 yd 為出發點，所有權重的微分都能計算出來。這在第 9、10 章還會詳細說明。

8.6 梯度下降法的運用

我們在 6.3 節學過用最大概似估計法對對數概似函數取微分，其值等於零的點即為發生最大值的位置，也就是最佳參數值的位置。然而，這裏的方程式更加複雜，必須利用梯度下降法迭代運算才能求出最佳權重參數。

接下來將此演算法會用到的符號與算式整理如下：

【上下標】

k：迭代運算次數的 $index$

m：資料樣本的 $index$

i：向量分量的 $index$

【變數】

M：資料樣本的總數

α：學習率

$$u^{(k)(m)} = \boldsymbol{w}^{(k)} \cdot \boldsymbol{x}^{(m)} \tag{8.6.1}$$

$$yp^{(k)(m)} = f(u^{(k)(m)}) \tag{8.6.2}$$

$$f(u) = \frac{1}{1 + \exp(-u)} \tag{8.6.3}$$

$$yd^{(k)(m)} = yp^{(k)(m)} - yt^{(m)} \tag{8.6.4}$$

$$w_i^{(k+1)} = w_i^{(k)} - \frac{\alpha}{M} \sum_{m=0}^{M-1} x_i^{(m)} \cdot yd^{(k)(m)} \tag{8.6.5}$$

$i = 0,\ 1,\ 2$

我們將 (8.6.5) 式每個權重參數的 w_i 改以 $\boldsymbol{w}$ 權重向量來表示：

$$\boldsymbol{w}^{(k+1)} = \boldsymbol{w}^{(k)} - \frac{\alpha}{M} \sum_{m=0}^{M-1} \boldsymbol{x}^{(m)} \cdot yd^{(k)(m)} \tag{8.6.6}$$

您可以與第 7 章的 (7.8.4) 式比較一下，差別就在於 (8.6.2)、(8.6.3) 式是用 *Sigmoid* 函數計算預測值 yp，而 (7.8.4) 式是用線性函數計算預測值 yp。接下來就要用 *Python* 來實作。

8.7 程式實作

現在要開始用 *Python* 程式來實作，本處僅針對程式中核心部分做說明 (完整程式請見範例檔 *ch08-2.py*)。

訓練資料與驗證資料的分割

首先是準備資料的程式碼。我們會將所有的資料分割出訓練資料與驗證資料。一般來說，機器學習模型若一直重複使用相同的資料做測試，準確率當然會很高，但是再拿新的資料測試時就未必準確，所以為了正確評估模型的準確率，以下是常用的方法：

- 將訓練資料以一定比例分割成「訓練用」與「驗證用」(比例並無特別規定，但基本是採 7:3 或 8:2)，此程式僅選用花萼長度與花萼寬度這兩個特徵。
- 訓練時，只使用「訓練用」資料。
- 評估模型時，使用「驗證用」資料。
- 真正測試時，才使用新的測試資料。

下面程式碼中的 $train\_test\_split$ 是將資料分割成訓練用與驗證用的函數。整段程式碼的目的是將原本 100 筆的資料 (前 50 筆為 $class = 0$、後 50 筆為 $class = 1$) 隨機洗牌後，再分割成訓練用 70 筆、驗證用 30 筆。

```
# 原始資料的大小
print(x_data.shape, y_data.shape)
# 訓練資料與驗證資料的分割 (同時進行洗牌)
from sklearn.model_selection import train_test_split
x_train, x_test, y_train, y_test = train_test_split(
    x_data, y_data, train_size=70, test_size=30,
    random_state=123)
print(x_train.shape, x_test.shape, y_train.shape, y_test.shape)
```

```
(100, 3) (100,)    ← x 是 100×3 的陣列，y 是 100 維的向量
(70, 3) (30, 3) (70,) (30,)  ← 將資料分割為 70、30 筆
```

圖 8-8　訓練資料與驗證資料的分割

整理後的訓練資料

下面程式是將經過隨機排序後的訓練資料 (x) 與實際值 (yt) 各輸出前 5 筆資料。x 與前一章一樣補上虛擬變數 $x_0 = 1$，yt 之值為 0 或 1：

```
# 設定訓練用變數
x = x_train
yt = y_train
```

```
# 印出輸入資料 x(含虛擬變數)
print(x[:5])
```

```
[[1.  5.1 3.7]
 [1.  5.5 2.6]
 [1.  5.5 4.2]    [虛擬變數值  花萼長度  花萼寬度]
 [1.  5.6 2.5]
 [1.  5.4 3. ]]
```

```
# 印出實際值 yt
print(yt[:5])
```

```
[0 1 0 1 1]
```

圖 8-9　訓練資料的狀態

預測函數

對線性迴歸來說，$\boldsymbol{x}$ 與 $\boldsymbol{w}$ 的向量內積即為預測值，但對邏輯斯迴歸來說，向量內積結果要再經過 *Sigmoid* 函數轉換後，得到的結果才是 0~1 之間的預測值。以下是定義邏輯斯迴歸的預測函數：

```
# Sigmoid 函數
def sigmoid(x):
    return 1/(1+ np.exp(-x))
```

```
# 計算預測值
def pred(x, w):
    return sigmoid(x @ w)
```

圖 8-10　定義預測函數

初始化處理

以下為梯度下降法初始化處理實作。

除了迭代運算次數與 *history* 的設定之外，皆與線性迴歸相同。*history* 是為了記錄**準確率 (*accuracy*)** 的進步歷程用的。分類模型可由測試資料中預測正確的筆數來計算準確率，這是分類模型特有的評估方式，迴歸模型無法使用。

```
# 初始化處理

# 樣本數
M = x.shape[0]
# 輸入資料的維數 (含虛擬變數)
D = x.shape[1]

# 迭代運算次數
iters = 10000

# 學習率
alpha = 0.01

# 初始值
w = np.ones(D)

# 記錄評估結果用 (損失函數與準確率)
history = np.zeros((0,3))
```

圖 8-11　初始化處理

主程式

下面是梯度下降法的主程式實作。與之前相同，程式碼的核心部分是 *for* 迴圈內的前 3 行程式碼：

```
# 反覆運算循環

for k in range(iters):

    # 計算預測值(8.6.1)(8.6.2)
    yp = pred(x, w)

    # 計算誤差(8.6.4)
    yd = yp - yt

    # 梯度下降法的實作(8.6.6)
    w = w - alpha * (x.T @ yd) / M

    # 記錄日誌(log)用
    if ( k % 10 == 0):
        loss, score = evaluate(x_test, y_test, w)
        history = np.vstack((history,
            np.array([k, loss, score])))
        print( "iter = %d  loss = %f score = %f"
            % (k, loss, score))
```

圖 8-12　主程式

損失函數值與準確率的確認

我們先來看一下使用評估函數得到的結果，稍後再介紹評估函數的實作方式。下面顯示損失函數與準確率在初始與最終時的計算結果。我們可看到在結束時，損失函數值與準確率顯然比初始時要好很多：

```
# 損失函數值與準確率的確認
print(' 初始狀態 : 損失函數 :%f 準確率 :%f'
      % (history[0,1], history[0,2]))
print(' 最終狀態 : 損失函數 :%f 準確率 :%f'
      % (history[-1,1], history[-1,2]))
```

```
初始狀態：損失函數：4.493959  準確率：0.500000
最終狀態：損失函數：0.153236  準確率：0.966667
```

圖 8-13 損失函數值與準確率

接下來，我們看看評估函數 *evaluate* 程式 (請看完整程式)。在評估函數中，先將已知的 x 與 *yt* 利用 *pred* 函數算出預測值 *yp*。然後我們要看的是 *cross_entropy* 函數，即交叉熵函數。將實際值與預測值資料以向量形式代入交叉熵函數計算，再對向量參數取平均值，即為損失函數的值。

再來是 *classify* 函數，將預測值以向量代入，依其值若小於 0.5，則傳回 0；若大於等於 0.5，則傳回 1。最後一個 *accuracy_score* 是用來計算分類的結果 *yp_b* 與實際值 *yt* 的準確率，此為 *sklearn*(*scikit-learn*) 函式庫中的函數。

scikit-learn 是以 *Python* 建構機器學習模型時最常使用的函式庫。除了擁有線性迴歸和邏輯斯迴歸等眾多函數之外，也擁有資料前處理和資料評估等機器學習所需之工具。

```
# 損失函數 (交叉熵函數)
def cross_entropy(yt, yp):
    # 計算交叉熵 (在此階段為向量)
    ce1 = -(yt * np.log(yp) + (1 - yt) * np.log(1 - yp))
    # 計算交叉熵向量之平均值
    return(np.mean(ce1))
```

```
# 預測結果的機率值小於 0.5 判斷為 0, 否則為 1
def classify(y):
    return np.where(y < 0.5, 0, 1)
```

```
# 評估模型的函數
from sklearn.metrics import accuracy_score
def evaluate(xt, yt, w):

    # 計算預測值
    yp = pred(xt, w)

    # 計算損失函數值
    loss = cross_entropy(yt, yp)

    # 將預測值(機率值)轉換為 0 或 1
    yp_b = classify(yp)

    # 計算準確率
    score = accuracy_score(yt, yp_b)
    return loss, score
```

圖 8-14　評估函數的實作

繪製散佈圖與決策邊界

現在要利用訓練結果得到的權重向量與測試資料，繪製散佈圖與決策邊界。下面程式會做兩件事情：

- 先將驗證資料分為 $class = 0$ 及 $class = 1$ 兩群
- 計算決策邊界兩個端點的座標

```
# 準備繪製散佈圖用的驗證資料
x_t0 = x_test[y_test==0]     ← class = 0 的群
x_t1 = x_test[y_test==1]     ← class = 1 的群

# 以用於繪製決策邊界的 x1 值計算出 x2 值
def b(x, w):
   return(-(w[0] + w[1] * x)/ w[2])
# 散佈圖中 x1 的最小值與最大值
x1 = np.asarray([x[:,1].min(), x[:,1].max()])
y1 = b(x1, w)  ← 算出最大最小 x1 各對應的 y1，即兩端點座標
```

圖 8-15　準備繪製散佈圖、決策邊界用的資料

資料準備好，就可以在座標上畫出資料散佈圖與決策邊界。在畫出的圖中雖然發現有 1 個「×」點越過了決策邊界，但就此圖看來可以視為異常值，但對其它點而言，此決策邊界仍然適用。

```
plt.figure(figsize=(6,6))
# 繪製散佈圖
plt.scatter(x_t0[:,1], x_t0[:,2], marker='x',
        c='b', s=50, label='class 0')      ← 畫藍色 ×
plt.scatter(x_t1[:,1], x_t1[:,2], marker='o',
        c='k', s=50, label='class 1')      ← 畫黑色 ●
# 在散佈圖上繪製決策邊界的直線
plt.plot(x1, y1, c='b')
plt.xlabel('sepal_length', fontsize=14)
plt.ylabel('sepal_width', fontsize=14)
plt.xticks(size=16)
plt.yticks(size=16)
plt.legend(fontsize=16)
plt.show()
```

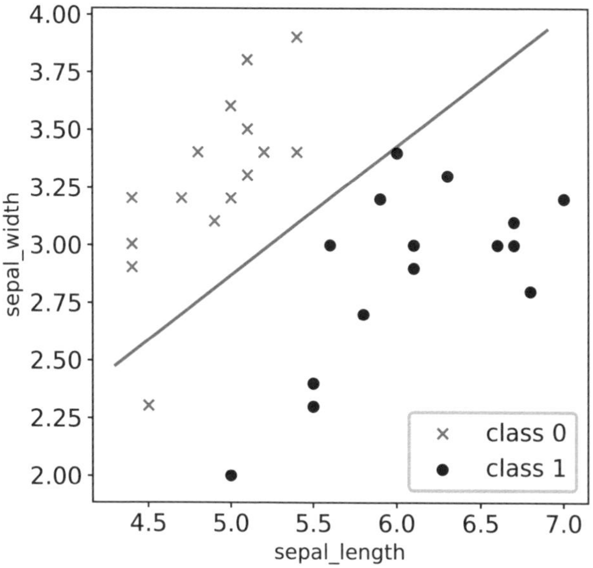

圖 8-16　繪製散佈圖與決策邊界

繪製學習曲線

現在以記錄學習歷程的 *history* 資料來繪製學習曲線，裏面記錄了損失函數值與準確率，因此將兩種圖表都呈現出來。

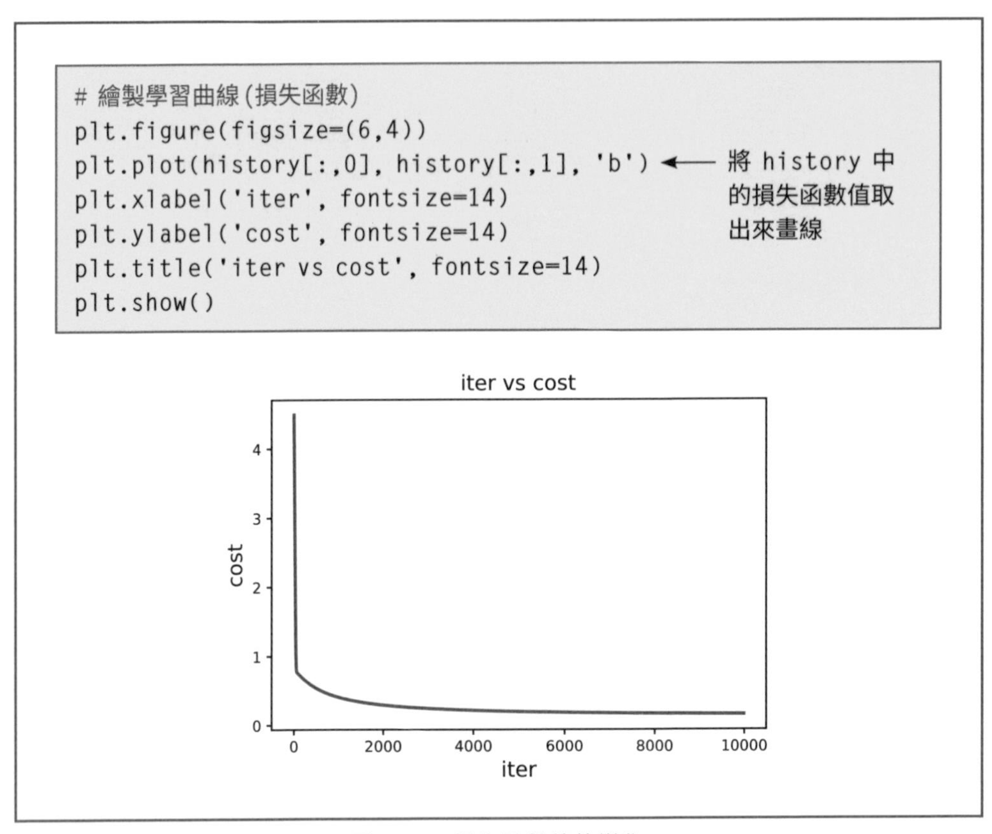

圖 8-17　損失函數值的變化

上圖是以損失函數值做為縱軸，我們可看出損失函數值經過 2000 次迭代，就很順利下降到低點。我們再來看看準確率的變化如何：

```
# 繪製學習曲線(準確率)
plt.figure(figsize=(6,4))
plt.plot(history[:,0], history[:,2], 'b')
plt.xlabel('iter', fontsize=14)
plt.ylabel('accuracy', fontsize=14)
plt.title('iter vs accuracy', fontsize=14)
plt.show()
```

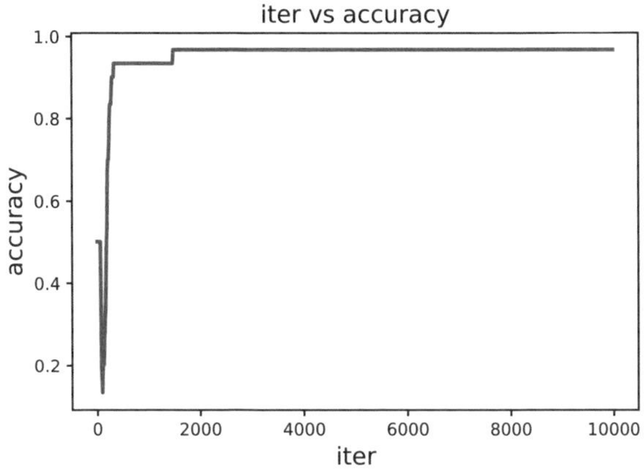

← 將 history 中的準確率值取出畫線

圖 8-18　準確率的變化

上圖的縱軸是準確率。準確率經過迭代運算大約 2000 次，就已接近 0.96。之所以無法達到 1，推測是因為散佈圖上的異常值所致。

預測函數的 3D 圖形

最後將迭代運算結束得到的 (w_0, w_1, w_2) 之值代入 *Sigmoid* 函數，並以三維座標呈現 *Sigmoid* 函數的值 (y 的預測值)。(範例檔 *ch08-3.py*)。

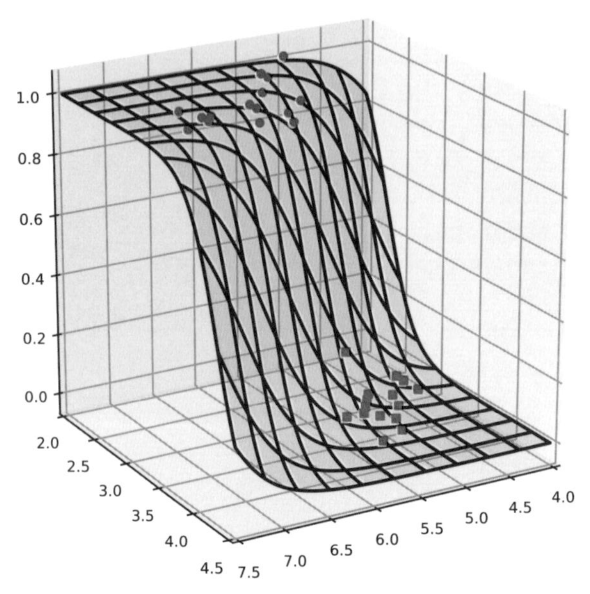

圖 8-19　預測函數的三維圖像

專欄 scikit-learn 三種模型的比較

只要提供輸入資料及實際值，就可以用 *scikit-learn* 函式庫 (*sklearn*) 建構出不同的模型。以下透過 3 種模型實作出來的決策邊界比較，驗證此函式庫實作的模型表現 (範例檔 *ch08-3.py*)。

1. 線性迴歸模型

2. 邏輯斯迴歸模型

3. 支援向量機 (*support vector machine*，*SVM*) 模型

請見下圖 (圖中各模型的參數均採用預設值)。

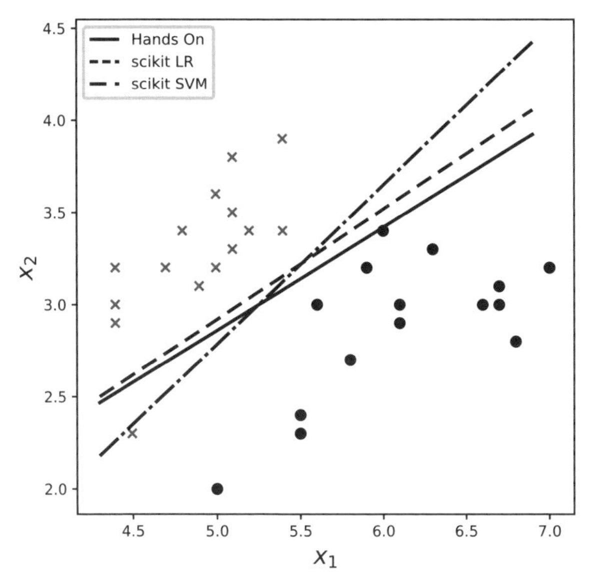

図 8-20　使用 3 個不同函數模型畫出不同的決策邊界

scikit-learn 的線性迴歸模型 (*scikit LR*) 與本章實作的模型 (*Hands on*) 結果十分相近，唯有支援向量機 (*scikit SVM*) 的傾斜度較為不同，看起來是受到左下角那個異常值的影響。這是因為兩種模型的思考方式不同所致。線性迴歸是在兼顧各點的情況下畫出分界線；而 *SVM* 則力求讓類別之間的邊界區間最大化。

專欄 交叉熵以及熱愛足球的國王們的煩惱

很久很久以前，有兩個熱愛足球的國家，*A* 國與 *B* 國。兩國的國王都非常熱愛足球，還因此分別組了 4 支球隊，每天在各自國內舉辦錦標賽，讓各隊角逐當日冠軍。每日賽事結果也作為足球博弈投注標的，發送至全世界。

但兩位國王有個共同的煩惱。由於電信商是以傳輸的資料量收費，發送賽事結果每傳輸 1 位元 (*bit*) 就要索取 1 萬基魯 (*gil*) 的使用費，而目前為了以 0 和 1 的組合傳達冠軍是「4 支隊伍中的哪一隊」，使用 00、01、10、11 四組編碼，因此每天都得傳輸 2 位元、花費 2 萬基魯。這筆高昂的傳輸費讓國王們都非常苦惱。

A 國一位學者在得知國王的煩惱後，著手分析 A 國過去所有賽事結果，發現四支隊伍的勝率為 $A1$：$\frac{1}{2}$、$A2$：$\frac{1}{4}$、$A3$：$\frac{1}{8}$、$A4$：$\frac{1}{8}$。因此出現了一個想法，既然 $A1$ 隊是常勝軍，那麼只要利用這點將代表「$A1$ 奪冠」的編碼縮短，整體傳輸費就能降低了。於是學者設計出以下編碼方式：

$$A1：1、A2：01、A3：000、A4：001$$

新的編碼雖然長度不一，但仍能明確區分出各隊。當 $A3$ 及 $A4$ 奪冠時，雖然傳輸費會較之前要高，但機率為 $\frac{1}{8}+\frac{1}{8}$，僅佔整體的 $\frac{1}{4}$。而當 $A1$ 奪冠時，傳輸費不僅會較之前便宜，機率還高達 $\frac{1}{2}$。因此整體傳輸費的期望值 ($expected\ value$) 如下：

$$\frac{1}{2}*1 \text{萬基魯} + \frac{1}{4}*2 \text{萬基魯} + \frac{1}{8}*3 \text{萬基魯} + \frac{1}{8}*3 \text{萬基魯} = 1.75 \text{萬基魯}$$

如此一來，平均每天可以省 2,500 基魯，一個月就可省下約 7.5 萬基魯，這可是不小的一筆錢。

學者如此進言之後，國王便請業者變更了通訊設備的編碼方式。經過改裝後的設備在啟用後，也順利達到了預期的節費效果。國王為此相當地開心，學者也獲頒了國民榮譽獎。

於此同時，B 國的通訊設備卻出現了故障情況。雖然緊急請來業者查看，卻被告知維修相當困難，需耗時 1 年才能完成。這段期間若無法將賽事結果發送至全世界，就會被足球博弈業者收取違約金。正當眾人一籌莫展之際，B 國國王突然靈機一動：

「對了，去向 A 國借用通訊設備發送賽事結果。我們兩國相鄰，差遣信使騎快馬也只要兩小時就能送達。幸好平時便未雨綢繆，逢年過節不忘送禮，A 國應該願意提供我們成本價吧。」

因此國王派遣使者前往 A 國詢問，對方果然表示只要按照實際發生的傳輸費付款即可，雙方順利達成協議。原以為事情就這樣解決了……。

一個月後，B 國大臣面無血色地跑來晉見國王：

大臣：國王，不好了。賽事結果的傳輸費完全超出預算。

國王：怎麼了，難道 A 國破壞協議跟我們收了手續費嗎？

大臣：我本來也是這麼想，但調查後發現不是。A 國確實按照協議只跟我們收取成本費用。但 A 國為了節省自家傳輸費，採用了獨特的編碼方式。因為使用了他們的編碼方式傳送我國賽事結果，才使得傳輸費變得比以前還高。

根據大臣的說法，由過去的賽事紀錄可看出 B 國 4 支隊伍的實力在伯仲之間，每支隊伍的勝率都是 $\frac{1}{4}$。以這個機率搭配 A 國的通訊設備編碼方式計算，可得傳輸費的期望值如下：

$$\frac{1}{4} * 1 \text{ 萬基魯} + \frac{1}{4} * 2 \text{ 萬基魯} + \frac{1}{4} * 3 \text{ 萬基魯} + \frac{1}{4} * 3 \text{ 萬基魯} = 2.25 \text{ 萬基魯}$$

相當於平均每天超過 $2{,}500$ 基魯，一個月的預算就會超過 7.5 萬基魯。國王不知該如何是好：「傷腦筋。這樣下去會超支太多。」

不好意思，跟各位說了個小故事。不過這其實是資訊理論創始人克勞德・夏農 (*Claude Elwood Shannon*) 提出的資訊熵 (*information entropy*) 的題目。

根據夏農所言：

「觀測一個事件時獲得的資訊量，等於該事件之發生機率以 2 為底取對數，再乘上負號之值」，並將「資訊量的期望值稱為資訊熵」，即 $-\Sigma(p\log(p))$。

以 A 國各隊的獲勝機率為例來看，越難得發生的事件，其資訊量的值越高：

「$A1$ 隊奪冠」事件的資訊量為 $-\log_2\frac{1}{2}=1$

「$A2$ 隊奪冠」事件的資訊量為 $-\log_2\frac{1}{4}=2$

「$A3$ 隊奪冠」事件的資訊量為 $-\log_2\frac{1}{8}=3$

「$A4$ 隊奪冠」事件的資訊量為 $-\log_2 \frac{1}{8} = 3$

此外，A、B 兩國國內單次錦標賽的資訊熵分別如下：

$$A\text{ 國：}-\left(\frac{1}{2}\log_2\frac{1}{2}+\frac{1}{4}\log_2\frac{1}{4}+\frac{1}{8}\log_2\frac{1}{8}+\frac{1}{8}\log_2\frac{1}{8}\right)=\frac{7}{4}$$

$$B\text{ 國：}-4\cdot\frac{1}{4}\cdot\log_2\frac{1}{4}=2$$

由此可看出，這個「資訊熵」就是研究最佳編碼方式時的傳輸費期望值。

以 B 國而言，4 個事件的機率都一樣，最適合的編碼方式是均等地各使用 2 個位元；但對 A 國來說，因為機率不平均，所以依奪冠隊伍改變編碼長度才是最適合的。B 國若是使用專為 A 國設計的編碼方式傳送資料，就會導致費用增加。

這個「資訊熵」與機器學習分類中的「交叉熵」有密切的關係。

如同剛才小故事中「因實際機率值與編碼方式不合適而導致費用增加」的例子，在設計預測機率值的機器學習模型時，也有可能碰到預測值與實際值不合的情形。因此便有將交叉熵公式當做損失函數的作法：

$$-\Sigma(\text{事件 } X \text{ 的「實際值機率」})\cdot\log(\text{事件 } X \text{ 的「預測值機率」})$$
$$=-\Sigma(p_t\log(p_p))$$

原本熵的公式為 $-\Sigma(p\cdot\log(p))$，但交叉熵將 log 中的 p 值改成了「預測值的機率」。如此將實際值與預測值交叉代入計算，就是「交叉」一詞的由來。而經由剛才小故事的例子還可得知，若出現一個完美的預測系統，實際值與預測值幾乎相同，則此時的「交叉熵」之值就幾乎等於「熵」，也就是兩者的差距幾乎為 0。因此，交叉熵就被用來作為分類問題的損失函數了。

Chapter

9

邏輯斯迴歸模型（多類別分類）

重點

實現深度學習所需概念	第 1 章 迴歸 1	第 7 章 迴歸 2	第 8 章 二元分類	第 9 章 多類別分類	第 10 章 深度學習
1 損失函數	○	○	○	○	○
3.7 矩陣運算				○	○
4.5 梯度下降法		○	○	○	○
5.5 Sigmoid 函數			○		○
5.6 Softmax 函數				○	○
6.3 概似函數與最大概似估計法			○	○	○
10 反向傳播					○

Chapter 9

邏輯斯迴歸模型 (多類別分類)

本章使用與前一章相同的資料集「*Iris Data Set*」來實作多類別分類模型。多類別分類的演算法基本流程同樣是「建立預測函數」→「建立損失函數」→「以梯度下降法尋找最佳參數」。

多類別分類的做法，是「**建立多個可輸出 0 到 1 的分類器，並將數值最高的分類器所對應到的類別，視為整個模型的預測值**」。

其與前一章的二元分類之間，有以下兩處不同：

權重向量　→　權重矩陣　←—— 由一維的向量變成矩陣

***Sigmoid* 函數　→　*Softmax* 函數**　←—— 換成可做多類別分類的 *Softmax* 函數

也就是說，只要將二元分類模型中的這兩處做替換，就可變成多類別分類模型了。

下面的流程是本章學習地圖。閱讀本章的同時，可搭配此圖確認當下學習內容所在的位置：

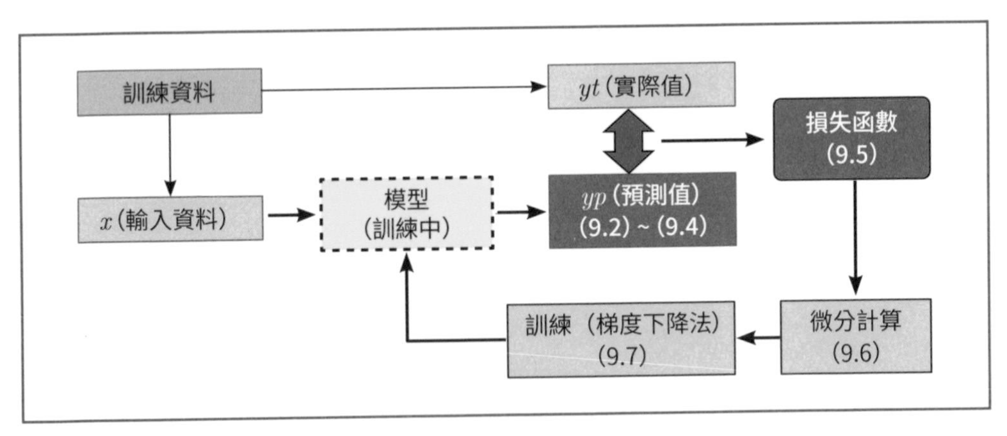

圖 9-1　本章學習地圖

9.1 範例問題設定

前一章為了解說二元分類而將問題簡化，只取用 3 種鳶尾花品種中的 2 種出來做訓練，而本章要示範多類別分類，因此會將 3 個品種 (即類別) 的資料全部納入。

此資料集中共包含「$Setosa$(山鳶尾)」、「 $Versicolour$(變色鳶尾)」、「$Virginica$(維吉尼亞鳶尾)」等 3 個品種，每個品種各有 50 筆資料，總共是 150 筆資料。

我們在 4 種特徵資料中也僅先挑選「$sepal\ length$(萼片長度)」及「$petal\ length$(花瓣長度)」這 2 種。此處單純是為了解說方便，圖表也容易呈現，本章後面會將 4 種特徵全部納入。

我們將此資料集的資料特徵整理如下：

- 分類目標類別 (3 種類別)

  $class$：0 ($Setosa$)

  $class$：1 ($Versicolour$)

  $class$：2 ($Virginica$)

- 輸入項目名 (2 項)

  $sepal\ length\ (cm)$　萼片長度
  $petal\ length\ (cm)$　花瓣長度

- 資料總數 (150 筆)

以下訓練資料僅列出 9 筆 (有 0、1、2 三種類別的資料)：

Chapter 9

yt(實際值)	x_1(萼片長度)	x_2(花瓣長度)
1	6.3	4.7
1	7	4.7
0	5	1.6
2	6.4	5.6
2	6.3	5
0	5	1.6
0	4.9	1.4
1	6.1	4
1	6.5	4.6

表 9-1　訓練資料內容

下面是輸入資料的散佈圖。我們可以看出類別 0 很容易區分，不過類別 1 與 2 雖然有部份重疊，但仍然可以大致上區分出來。

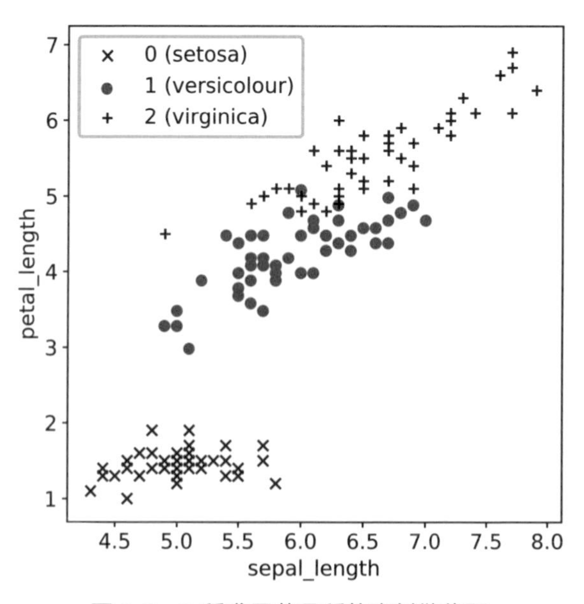

圖 9-2　3 種鳶尾花品種的資料散佈圖

9.2 建立模型的基本概念

將實際值轉換成 One-hot 編碼

為了建立能夠同時輸出 3 種類別的分類器，我們將實際值 yt 由 0、1、2 轉換成由 0 與 1 組合成的三維向量 (1, 0, 0)、(0, 1, 0)、(0, 0, 1) 表示法。這種表示法稱為「***one-hot* 向量**(*one-hot vector*)」。

在 n 維向量中只有 1 個分量是 1，其餘 $n-1$ 個分量都是 0，這種向量稱為 n 維的 *one-hot* 向量。而將類別資料轉換成 *one-hot* 向量的編碼方式，就叫做 *one-hot* 編碼(*encoding*)。我們在此是將 *one-hot* 編碼當做分類器來用。請看下面的概念圖：

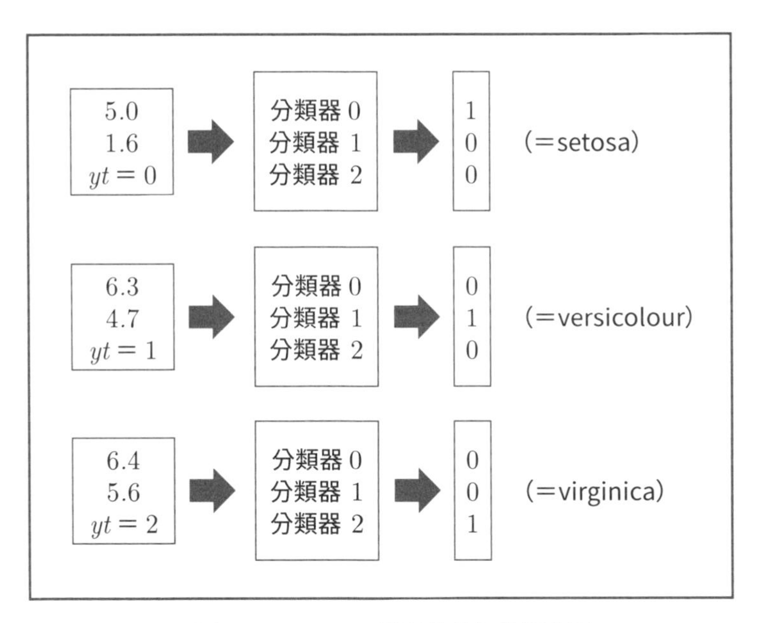

圖 9-3 *one-hot* 編碼做分類的概念圖

上圖負責編碼的內部包括 3 個分類器(因為有 3 種類別)，會將實際值 yt 改用 *one-hot* 編碼。例如第 1 筆資料的實際值 $yt = 0$，因此分類器 0 輸出 1，其餘分類器輸出 0，依此類推。這種分類方式稱為「1 對其餘分類器 (*One vs Rest classifier*)」。當然，如果有 100 種類別，就需要 100 個分類器。

9.3 權重矩陣

多類別分類模型的內部有 N 個 (視需要數量而定) 分類器同時運作，就會有 N 組權重向量，組合成「權重矩陣」來做運算。下面兩個圖是**二元分類與權重向量**的關係，以及**多類別分類與權重矩陣**的關係，稍微比較一下就很容易瞭解。

圖 9-4 是二元分類。左上方框的「1」，是為了常數項 w_0 而加入的虛擬變數 x_0 的值。然後將輸入資料向量 $\boldsymbol{x} = ((x_0 = 1), x_1, x_2)$，與權重向量 $\boldsymbol{w} = (w_0, w_1, w_2)$ 做向量內積，即可得到 $u = \boldsymbol{w} \cdot \boldsymbol{x}$ 的形式：

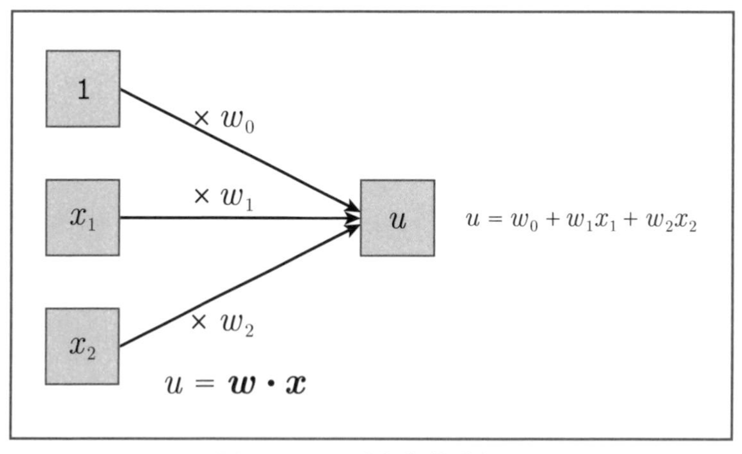

圖 9-4　二元分類與權重向量

圖 9-5 呈現多類別分類器，以矩陣進行多組內積運算，其結果是一個向量：

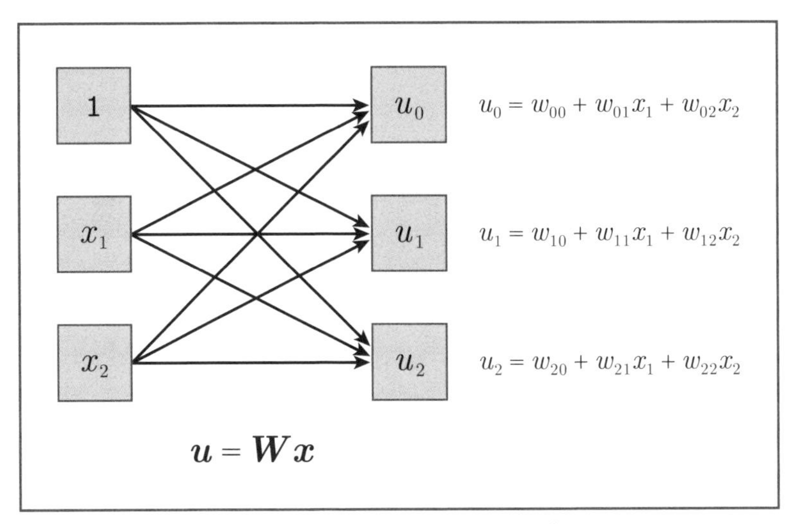

圖 9-5　多類別分類與權重矩陣

上圖中 3 個內積運算式如下：

$$\begin{cases} u_0 = w_{00} + w_{01}x_1 + w_{02}x_2 \\ u_1 = w_{10} + w_{11}x_1 + w_{12}x_2 \\ u_2 = w_{20} + w_{21}x_1 + w_{22}x_2 \end{cases} \tag{9.3.1}$$

我們可以將 3 個權重向量組合起來，並定義出 1 個權重矩陣 $\boldsymbol{W}$：

$$\boldsymbol{W} = \begin{pmatrix} w_{00} & w_{01} & w_{02} \\ w_{10} & w_{11} & w_{12} \\ w_{20} & w_{21} & w_{22} \end{pmatrix}$$

同樣為輸入資料 x 增加 1 個虛擬變數 $x_0 = 1$，如此一來，(9.3.1) 式可以簡化如下式：

$$\boldsymbol{u} = \boldsymbol{W}\boldsymbol{x}$$

9.4 *Softmax* 函數

回想前一章在二元分類時，是將 $\boldsymbol{w} \cdot \boldsymbol{x}$ 的結果代入 *Sigmoid* 函數，以得出一個 0~1 的機率值做為預測之用。而在多類別分類中，相當於 *Sigmoid* 函數角色的就是 5.6 節介紹的 *Softmax* 函數。

由於 *Softmax* 函數擁有下列幾點特性，非常適合做為「同時輸出多個機率值」的函數：

- 輸入：N 維向量，輸出：N 維的向量值函數 (*vector-valued function*)。
- 各個輸出分量的值介於 0~1。
- 所有輸出分量的值加總為 1。

以下是 *Softmax* 函數的算式 (為了配合 *Python* 程式，y 的下標皆由 0 開始)：

$$\begin{cases} y_0 = \dfrac{\exp(u_0)}{g(u_0, u_1, u_2)} \\ y_1 = \dfrac{\exp(u_1)}{g(u_0, u_1, u_2)} \\ y_2 = \dfrac{\exp(u_2)}{g(u_0, u_1, u_2)} \end{cases} \tag{9.4.1}$$

$$g(u_0, u_1, u_2) = \exp(u_0) + \exp(u_1) + \exp(u_2)$$

編註： *Softmax* 函數之所以會長成這個樣子，一則要確保經過 *Softmax* 函數處理之後皆為正值，因此用指數函數。二則為了讓輸出的機率值加總要等於 1，因此要用各指數值分別除以指數值加總。由於此例是要分成 3 個類別，因此輸出就是 y_0、y_1、y_2 三個式子，若需要分出更多類別，只要增加指數函數的數量即可，請參考後文的 (9.7.3) 式。

(9.3.1) 式結合 (9.4.1) 式即為多類別分類中的預測函數。

綜合 9.2 節至 9.4 節的內容，我們可以用下圖來呈現多類別分類模型的架構：

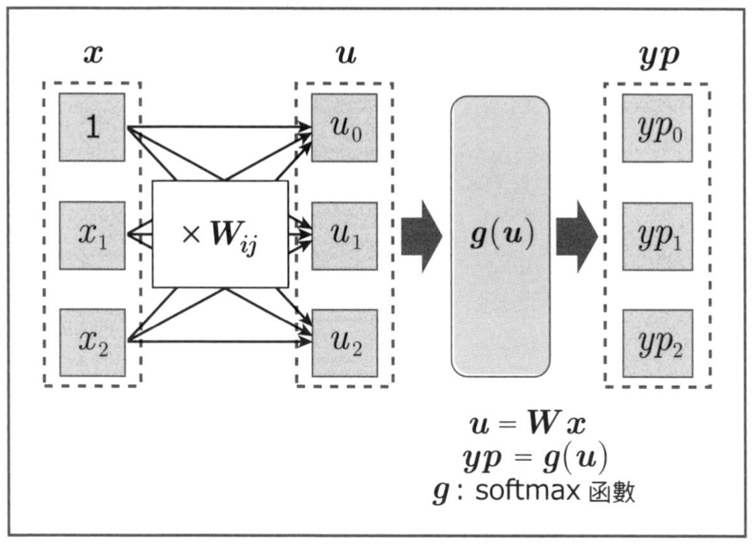

圖 9-6　多類別分類的模型架構圖

9.5 損失函數

預測函數決定好之後，接下來要定義損失函數。首先將經過 *one-hot* 編碼的實際值向量 $\boldsymbol{yt}$ 與預測值向量 $\boldsymbol{yp}$ 寫出來：

$$\boldsymbol{yt} = (yt_0,\ yt_1,\ yt_2)$$
$$\boldsymbol{yp} = (yp_0,\ yp_1,\ yp_2)$$

此處我們參考二元分類 (8.4.1)、(8.4.2) 式的概念，推廣到多類別分類，可得到實際值與對應預測值的對數概似函數如下 (**編註：** 這條式子怎麼來的呢？稍後會補充推導方法)：

$$\sum_{i=0}^{2}(yt_i \log{(yp_i)}) \tag{9.5.1}$$

以下用實例來驗證上式。

當實際值 ＝ 2 時：

⇒ 實際值的 *one-hot* 向量為 $\boldsymbol{yt} = (0, 0, 1)$

⇒ 對應實際值之分類器預測值為 yp_2

⇒ 機率值的對數為 $\log(yp_2)$

⇒ 將 $\boldsymbol{yt} = (0, 0, 1)$ 代入 (9.5.1) 式，得到的結果與 $\log(yp_2)$ 一致

損失函數即為對數概似函數乘以 −1。因為有 M 筆輸入資料，取平均值，最後得到損失函數如下：

$$L(\boldsymbol{W}) = -\frac{1}{M}\sum_{m=0}^{M-1}\sum_{i=0}^{2}(yt_i^{(m)} \log(yp_i^{(m)})) \qquad (9.5.2)$$

上式等號右側雖未直接寫出權重矩陣 $\boldsymbol{W}$，但 $\boldsymbol{yp}$ 向量就是由 $\boldsymbol{W}$ 權重矩陣與輸入資料 $\boldsymbol{x}^{(i)}$ 向量的內積 (9.3.1) 式以及 *Softmax* 函數 (9.4.1) 式而得。

上式包括兩層 Σ，其意義為：

- 第一個 Σ 是將輸入資料 M 筆全部納入計算後加總，以得出平均值
- 第二個 Σ 是對應 *one-hot* 向量，得到的交叉熵。

編註：推導多類別分類的對數概似函數

要得到損失函數，一般會先找出概似函數，再取對數概似函數，接著取平均值，再乘上 −1 之後得出損失函數，這就是我們在前一章的做法。在多類別分類也依循同樣的做法。不過作者在前面跳過一些步驟，直接給出 (9.5.1) 式的對數概似函數，這是怎麼來的呢？首先我們還是得從找出概似函數著手。

找出概似函數

由第 8 章的表 8-3 我們觀察 $P^{(m)}$ 這一欄的值都是 yp 或 $1-yp$，這是因為二元分類的關係。然後在多類別分類時，$P^{(m)}$ 這一欄的值會是 $yp^{(0)}$、$yp^{(1)}$、$yp^{(2)}$，我們從前面的表 9-1 取前 5 筆來看看：

m	yt (yt_0, yt_1, yt_2)	$P^{(m)}$
0	1 (0, 1, 0)	yp_1
1	1 (0, 1, 0)	yp_1
2	0 (1, 0, 0)	yp_0
3	2 (0, 0, 1)	yp_2
4	2 (0, 0, 1)	yp_2

表 9-2　多類別分類的 $\boldsymbol{yt}$ 與 P 的關係

請注意！此處的 m 索引由 0 開始，是為了搭配 *Python* 程式。此處的 $\boldsymbol{yt}$ 是經過 *one-hot* 編碼後的向量，而不是表 9-1 中的純量。我們可將 P 寫為：

$$P(\boldsymbol{yt}, \boldsymbol{yp}) = \begin{cases} yp_0\,, \text{當 } yt = (1, 0, 0) \text{時} \\ yp_1\,, \text{當 } yt = (0, 1, 0) \text{時} \\ yp_2\,, \text{當 } yt = (0, 0, 1) \text{時} \end{cases}$$

然後再技巧性的將上式簡化為一條式子，以方便後續推導：

$$P = {yp_0}^{yt_0} \cdot {yp_1}^{yt_1} \cdot {yp_2}^{yt_2} \qquad (9.5.3)$$

我們將表 9-2 的數字代入上式看看：

當 $m = 0$ 時，將 $yt = (0, 1, 0)$ 代入上式，可得：

$$P^{(0)} = {yp_0}^0 \cdot {yp_1}^1 \cdot {yp_2}^0 = yp_1$$

當 $m=2$ 時，將 $yt=(1, 0, 0)$ 代入上式，可得：

$$P^{(2)} = {yp_0}^1 \cdot {yp_1}^0 \cdot {yp_2}^0 = yp_0$$

當 $m=3$ 時，將 $yt=(0, 0, 1)$ 代入上式，可得：

$$P^{(3)} = {yp_0}^0 \cdot {yp_1}^0 \cdot {yp_2}^1 = yp_2$$

於是將 M 個 P 相乘，就得到概似函數：

$$Lk = P^{(0)} \cdot P^{(1)} \cdot \cdots \cdot P^{(M-1)}$$

算出對數概似函數

從 6.3 節介紹的概似函數，我們學到一個技巧，看到連乘積就取對數，把連乘變成連加以方便運算。在此我們先對 (9.5.3) 式的 P 取對數，可得：

$$\log(P) = \sum_{i=0}^{2} \log({yp_i}^{yt_i}) = \sum_{i=0}^{2} yt_i \log(yp_i)$$

← 這就是 (9.5.1) 式

再將表示第幾筆資料的上標 (m) 加回來：

$$\log(P^{(m)}) = \sum_{i=0}^{2} {yt_i}^{(m)} \log({yp_i}^{(m)}) \qquad (9.5.4)$$

然後對概似函數 Lk 取對數，將 $Lk = P^{(0)} \cdot P^{(1)} \cdot \cdots \cdot P^{(M-1)}$ 連乘變成連加：

$$\log(Lk) = \sum_{m=0}^{M-1} \log(P^{(m)})$$

將 (9.5.4) 代入

$$= \sum_{m=0}^{M-1} \sum_{i=0}^{2} {yt_i}^{(m)} \log({yp_i}^{(m)})$$

再將對數概似函數除以總筆數 M，並乘以 -1，就得到 (9.5.2) 式的損失函數了。

9.6 損失函數的微分

損失函數決定之後，接下來要對損失函數 (9.5.2) 式偏微分以計算梯度。按照慣例，為使運算過程容易閱讀，先將 Σ 內代表訓練資料上標的 (m) 取下 (也就是先拿掉第一層 Σ)，先只考慮單 1 筆資料的 $\boldsymbol{yt}$ 與 $\boldsymbol{yp}$：

$$\boldsymbol{yt}^{(m)} \longrightarrow \boldsymbol{yt} = (yt_0,\ yt_1,\ yt_2)$$
$$\boldsymbol{yp}^{(m)} \longrightarrow \boldsymbol{yp} = (yp_0,\ yp_1,\ yp_2)$$

在此用 ce 代表上述 1 筆訓練資料的交叉熵，其式子可如下表示：

$$\begin{aligned} ce(yp_0, yp_1, yp_2) &= -\sum_{i=0}^{2}(yt_i \log(yp_i)) \\ &= -(yt_0 \log(yp_0) + yt_1 \log(yp_1) + yt_2 \log(yp_2)) \end{aligned} \tag{9.6.1}$$

請注意！上式的 ce 是 $L(W)$ (9.5.2) 式的簡化版，實際的差別是在 1 筆訓練資料與 M 筆訓練資料，等微分推導完之後再加回來即可，因此在做偏微分時，仍然會用 L 函數做代表。

損失函數 $\boldsymbol{L}$ 對權重矩陣的各參數 $\boldsymbol{w_{ij}}$ 偏微分

接著，來討論 L 函數對權重矩陣 $\boldsymbol{W}$ 中的 w_{ij} 偏微分。

首先，我們來看看 L 對其中 1 個參數 w_{12} 做偏微分 (通式待之後再處理)。先來看看訓練資料輸入值 $(1,\ x_1,\ x_2)$ 開始，到計算出損失函數值的整個過程：

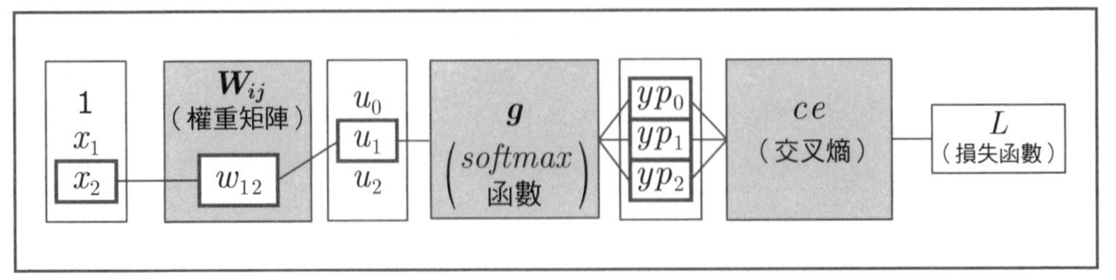

圖 9-7　權重矩陣、$Softmax$ 函數與損失函數的關係

由上圖可知：

- w_{12} 的變化會對 u_1 產生影響 (但與 u_0 及 u_2 無關) ⟵ 請復習 (9.3.1) 式
- u_1 的變化會對 yp_0, yp_1, yp_2 分別產生影響 ⟵ 請復習圖 9-6
- yp_0, yp_1, yp_2 的變化都會對 L 的值產生影響 ⟵ 請復習 (9.6.1) 式

請記住以上內容，以便進行接下來的偏微分計算。

計算 $\dfrac{\partial u_1}{\partial w_{12}}$

損失函數 L 對 w_{12} 做偏微分 (記得我們前面說要先對 w_{12} 偏微分)，中間會用到 w_{12} 與 u_1 的關係，使用合成函數微分的鏈鎖法則可得：

$$\frac{\partial L}{\partial w_{12}} = \frac{\partial L}{\partial u_1}\frac{\partial u_1}{\partial w_{12}} \tag{9.6.2}$$

L 對 w_{12} 偏微分（指向 $\frac{\partial L}{\partial w_{12}}$）

由鏈鎖法則分解成這 2 部分（指向 $\frac{\partial L}{\partial u_1}$ 與 $\frac{\partial u_1}{\partial w_{12}}$）

我們先從後半部 $\dfrac{\partial u_1}{\partial w_{12}}$ 的偏微分開始計算。由 (9.3.1) 式的 3 個方程式中，唯一與 w_{12} 有關的式子是：

$$u_1 = w_{10} + w_{11}x_1 + w_{12}x_2$$

u_1 對 w_{12} 偏微分，可得：

$$\frac{\partial u_1}{\partial w_{12}} = x_2 \tag{9.6.3}$$

將 (9.6.3) 式代入 (9.6.2) 式可得：

$$\frac{\partial L}{\partial w_{12}} = x_2 \frac{\partial L}{\partial u_1} \tag{9.6.4}$$

計算 $\frac{\partial L}{\partial u_1}$

接下來挑戰 (9.6.2) 式前半部較複雜的 $\frac{\partial L}{\partial u_1}$。

再看一次圖 9-7。這次以 u_1 為出發點，觀察 u_1 的變化如何對損失函數 L 造成影響，再據以建立偏微分方程式。以下為之前的觀察結論：

- u_1 的變化會對 yp_0, yp_1, yp_2 分別產生影響。
- yp_0, yp_1, yp_2 的變化都會對 L 的值產生影響。

以 u_1 的角度來看，損失函數 L 可視為 g(*Softmax* 函數) 與 ce(交叉熵函數) 之合成函數，因此藉由 4.4 節的 (4.4.5) 式，損失函數 L 對 u_1 偏微分的結果可展開如下：

$$\frac{\partial L}{\partial u_1} = \frac{\partial L}{\partial yp_0}\frac{\partial yp_0}{\partial u_1} + \frac{\partial L}{\partial yp_1}\frac{\partial yp_1}{\partial u_1} + \frac{\partial L}{\partial yp_2}\frac{\partial yp_2}{\partial u_1} \tag{9.6.5}$$

方程式變成偏微分兩兩相乘再加總的形式。其中各項乘積的前半部 $\frac{\partial L}{\partial yp_i}$ 為**交叉熵函數偏微分**、後半部 $\frac{\partial yp_i}{\partial u_1}$ 為 ***Softmax* 函數的偏微分**。

Chapter 9

計算 $\dfrac{\partial L}{\partial yp_i}$

先從 (9.6.5) 式乘積的前半部開始。損失函數 L 由 (9.6.1) 式改寫為交叉熵函數後，如下所示：

$$\begin{aligned} L(yp_0, yp_1, yp_2) &= ce(yp_0, yp_1, yp_2) \\ &= -(yt_0 \log(yp_0) + yt_1 \log(yp_1) + yt_2 \log(yp_2)) \end{aligned}$$

提醒！目前是訓練階段，上式中的預測值向量 $(yp_0,\ yp_1,\ yp_2)$ 是想求出的變數，而實際值向量 $(yt_0,\ yt_1,\ yt_2)$ 則為已知常數。如此一來，上式偏微分結果為：

$$\begin{aligned} \frac{\partial L}{\partial yp_0} &= \frac{\partial ce}{\partial yp_0} = -\frac{yt_0}{yp_0} \\ \frac{\partial L}{\partial yp_1} &= \frac{\partial ce}{\partial yp_1} = -\frac{yt_1}{yp_1} \\ \frac{\partial L}{\partial yp_2} &= \frac{\partial ce}{\partial yp_2} = -\frac{yt_2}{yp_2} \end{aligned} \tag{9.6.6}$$

計算 $\dfrac{\partial yp_i}{\partial u_1}$

接著是 (9.6.5) 式乘積後半部的 $\dfrac{\partial yp_i}{\partial u_1}$。觀察圖 9-7 中 u_1 與 $(yp_0,\ yp_1,\ yp_2)$ 之間的關係，可知其為 $Softmax$ 函數的偏微分。由於 (5.6.1) 式已經得到 $Softmax$ 函數的偏微分結果，因此可得：

$$\begin{aligned} \frac{\partial yp_0}{\partial u_1} &= -yp_1 \cdot yp_0 && \longleftarrow i \neq j \text{ 的情況} \\ \frac{\partial yp_1}{\partial u_1} &= yp_1(1 - yp_1) && \longleftarrow i = j \text{ 的情況} \\ \frac{\partial yp_2}{\partial u_1} &= -yp_1 \cdot yp_2 && \longleftarrow i \neq j \text{ 的情況} \end{aligned} \tag{9.6.7}$$

最後將 (9.6.6)、(9.6.7) 式的結果代回 (9.6.5) 式，可得結果如下：

$$\frac{\partial L}{\partial u_1} = \frac{\partial L}{\partial yp_0}\frac{\partial yp_0}{\partial u_1} + \frac{\partial L}{\partial yp_1}\frac{\partial yp_1}{\partial u_1} + \frac{\partial L}{\partial yp_2}\frac{\partial yp_2}{\partial u_1}$$

$$= -\frac{yt_0}{yp_0}\cdot(-yp_1\cdot yp_0) - \frac{yt_1}{yp_1}\cdot yp_1(1-yp_1) - \frac{yt_2}{yp_2}\cdot(-yp_1\cdot yp_2)$$

$$= yt_0\cdot yp_1 - yt_1(1-yp_1) + yt_2\cdot yp_2 = -yt_1 + yp_1\underbrace{(yt_0+yt_1+yt_2)}_{\text{one-hot 向量各分量相加等於 1}}$$

$$= \underbrace{yp_1 - yt_1}_{\text{結果很簡潔！}} \tag{9.6.8}$$

由於 (yt_0, yt_1, yt_2) 為經過 *one-hot* 編碼的實際值，其中只會有 1 個分量為 1，其餘皆為 0，也就是 $yt_0 + yt_1 + yt_2 = 1$。

雖然這一路的計算過程較繁雜，但最後得到了非常簡潔的結果。

由於損失函數 L 對 u_0 或 u_2 做偏微分，結果也會如同 (9.6.8) 式，因此將 3 個式子整合為：

$$\frac{\partial L}{\partial u_i} = yp_i - yt_i \quad (i = 0,\ 1,\ 2) \tag{9.6.9}$$

將權重向量偏微分改寫為一般式

與前一章相同的方法，接下來用預測值向量 $\boldsymbol{yp}$ 與實際值向量 $\boldsymbol{yt}$ 之間的差值來定義誤差向量 $\boldsymbol{yd}$：

$$\boldsymbol{yd} = \boldsymbol{yp} - \boldsymbol{yt} \tag{9.6.10}$$

利用誤差向量 $\boldsymbol{yd}$ 可將 (9.6.9) 式改寫如下：

$$\frac{\partial L}{\partial u_i} = yd_i \quad (i = 0,\ 1,\ 2) \tag{9.6.11}$$

而利用上式，則可將 (9.6.4) 式改寫為：

$$\frac{\partial L}{\partial w_{12}} = x_2 \frac{\partial L}{\partial u_1} = \underbrace{x_2 \cdot yd_1} \tag{9.6.12}$$

再將 (9.6.12) 式一般化之後，可得下式：

就是將下標 1 換成 i、2 換成 j

$$\frac{\partial L}{\partial w_{ij}} = \overbrace{x_j \cdot yd_i} \tag{9.6.13}$$

(9.6.10)、(9.6.11)、(9.6.13) 即為多類別分類中，損失函數對權重矩陣參數 w_{ij} 的偏微分結果。雖然計算過程複雜，但得到的結果形式都非常簡單。順帶一提，若單純為了計算偏微分，其實 (9.6.11) 式只是中間一個過程，之所以會特別寫出這一步，是因為此式在第 10 章會扮演重要的角色。

截至目前為止，損失函數的微分都只考慮 1 個訓練樣本的情況，但真正的損失函數 (9.5.2) 式需要納入所有 M 筆訓練資料，因此最後再將 (9.6.13) 式的上標 (m) 加回來，並除以 M 取平均值，即可得到完整的算式：

$$\frac{\partial L}{\partial w_{ij}} = \frac{1}{M} \sum_{m=0}^{M-1} x_j^{(m)} \cdot yd_i^{(m)} \tag{9.6.14}$$

9.7 梯度下降法的運用

前一節已導出損失函數的偏微分結果，接下來就要開始建立梯度下降法的算式。由至今為止的結果可推測，只需將「權重向量」改為「權重矩陣」，即可利用與二元分類幾乎相同的方式實作梯度下降法。因此先將要用到的符號與算式列出：

【上下標】

k：迭代運算次數 $index$

m：資料樣本 $index$

i、j：向量與矩陣的下標

【常數】

M：資料樣本總數 (150 筆)

N：分類的類別數 (3 類)

$$\boldsymbol{u}^{(k)(m)} = \boldsymbol{W}^{(k)} \cdot \boldsymbol{x}^{(m)} \tag{9.7.1}$$

編註： 此處的 h 函數是用向量形式表示，其實包含 h_0、h_1、⋯、h_{N-1} 總共 N 個算式 (請再看一遍 (9.4.1) 式，每一個 h_i 用 (9.7.3) 式取代)，也就是 N 個分類器的意思。

$$\boldsymbol{yp}^{(k)(m)} = \boldsymbol{h}(\boldsymbol{u}^{(k)(m)}) \tag{9.7.2}$$

$$h_i = \frac{\exp(u_i)}{\displaystyle\sum_{j=0}^{N-1} \exp(u_j)} \tag{9.7.3}$$

$$\boldsymbol{yd}^{(k)(m)} = \boldsymbol{yp}^{(k)(m)} - \boldsymbol{yt}^{(m)} \tag{9.7.4}$$

$$w_{ij}^{(k+1)} = w_{ij}^{(k)} - \frac{\alpha}{M} \sum_{m=0}^{M-1} yd_i^{(k)(m)} \cdot x_j^{(m)} \tag{9.7.5}$$

各運算式代表之意義如下。

(9.7.1) 式：權重矩陣與輸入資料做內積得到 $u^{(k)(m)}$

(9.7.2) 式：將 $u^{(k)(m)}$ 送入 $Softmax$ 函數 h 算出預測值向量 $yp^{(k)(m)}$

(9.7.3) 式：$Softmax$ 函數定義 ⟵ 參考 (9.4.1) 式，由 3 類改為 N 類

(9.7.4) 式：由預測值向量與實際值向量計算誤差向量

(9.7.5) 式：利用誤差算出下降的梯度，更新權重矩陣的值

9.8 程式實作

現在要利用前一節得到的結果，實作程式 (範例檔 *ch09-1.py*)。以下對程式碼中的重點做解說。

One-hot 編碼

此為實際值 *one-hot* 編碼實作範例，使用的是 *scikit-learn* 函式庫中的 *OneHotEncoder* 函數。過程中先利用 *Numpy* 的 *np.c_* 功能，將原始 150 維的向量變數 *y_org* 轉換為 (150×1) 的矩陣形式。再將矩陣形式之變數送入函式庫中的 *fit_transform* 函數，進行 *one-hot* 編碼。

```
# 將 y(就是前面講的 yt)轉換成 one-hot 向量
from sklearn.preprocessing import OneHotEncoder
ohe = OneHotEncoder(sparse=False,categories='auto')
y_work = np.c_[y_org]
y_all_one = ohe.fit_transform(y_work)
print(' 原始資料的 shape ', y_org.shape)
print(' 二維化 ', y_work.shape)
print(' One-hot 向量化後的 shape ', y_all_one.shape)
```

```
原始資料的 shape  (150, )
二維化  (150, 1)
One-hot 向量化後的 shape  (150, 3)
```

圖 9-8　實際值的 *one-hot* 編碼

訓練資料

以下分別輸出 x 與 y 的實際值，以及經過 *one-hot* 編碼後的向量：

```
print(' 輸入資料 (x)')
print(x_train[:5,:])
```

```
輸入資料 (x)
[[1.  6.3 4.7]
 [1.  7.  4.7]
 [1.  5.  1.6]
 [1.  6.4 5.6]
 [1.  6.3 5. ]]
```

圖 9-9　輸入資料

```
print(' 實際值 (y)')
print(y_train[:5])          ← 僅輸出前 5 筆
```

```
實際值 (y)
[1 1 0 2 2]
```

```
print(' 實際值 (One-hot 編碼後 )')
print(y_train_one[:5,:])    ← 僅輸出前 5 筆
```

```
實際值 (One-hot 編碼後 )
[[0. 1. 0.]
 [0. 1. 0.]
 [1. 0. 0.]
 [0. 0. 1.]
 [0. 0. 1.]]
```

圖 9-10　實際值

先將原本實際值的 0、1、2 純量，轉換成 *one-hot* 編碼的 3 維 y_train 向量。之後再搭配 $\boldsymbol{x}$ 向量(第 1 個分量是虛擬變數 $w_0 = 1$，後兩個是鳶尾花的萼片長度與花瓣長度)，即可做為訓練資料。

Softmax 函數

以下是 *Softmax* 函數的實作，對應 (9.7.3) 式：

```
# softmax 函數(9.7.3)
def softmax(x):
    x = x.T
    x_max = x.max(axis=0)
    x = x - x_max
    w = np.exp(x)
    return (w / w.sum(axis=0)).T
```

圖 9-11　*Softmax* 函數

Softmax 函數中有 2 點要特別說明：

● 避免溢位

為了避免傳入 *Softmax* 函數的某個 x_i 值過大，可能造成 $\exp(x_i)$ 發生溢位錯誤。此處的對應方式是先找出 $\boldsymbol{x}$ 中的最大值 (x_max)，然後將 $\boldsymbol{x}$ 所有的分量都減去此最大值，也就是所有分量的值都會小於等於 0，經過這樣的調整之後，取指數的值會介於 0~1 之間，就不會發生溢位的情況了。

● 針對矩陣計算

輸入變數除了向量形式外，在許多情況下，也會使用到矩陣形式。因此實作最好兩者皆可對應。為因應此需求，此處會做兩項處理：

一、開頭先將輸入資料轉置，最後再轉置回來。

二、在執行聚合函數 sum 與 max 時加上參數 $(axis = 0)$，表示沿著 $\boldsymbol{x}$ 的第 0 軸做加總。聚合函數的行為會在接下來的專欄中介紹，有興趣的讀者可藉此深入了解圖 9-11 程式碼含意。

聚合函數 axis 參數的作用

前面程式在聚合函數中加了一個具有重要意義的 $axis$(軸) 參數，以下來說明。

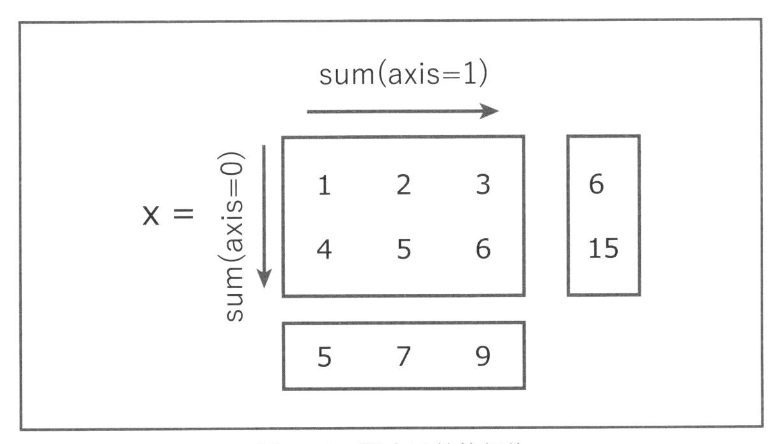

圖 9-12　聚合函數的行為

上圖的聚合函數 sum 要加總的 X 是個 2×3 階矩陣。sum 有 3 種加總方法：

1. 對第 0 軸方向 (縱向) 加總，設定 $axis = 0$。算出的結果是 (5, 7, 9)。

2. 對第 1 軸方向 (橫向) 加總，設定 $axis = 1$。算出的結果是 (6, 15)。

3. 不設定 $axis$，全部元素加總。算出的結果是 21。

範例程式 ($ch09\text{-}2.py$) 及執行結果，如下所示：

```
import numpy as np
```

```
x = np.array([[1,2,3],[4,5,6]])
print(x)
```

```
[[1 2 3]
 [4 5 6]]
```

```
y = x.sum(axis=0)
print(y)
```

```
[5 7 9]
```

```
z = x.sum(axis=1)
print(z)
```

```
[ 6 15]
```

圖 9-13　聚合函數的範例程式及結果

預測函數

計算預測值的函數 *pred* 實作。看起來與二元分類時幾乎相同，下表將不同之處列出。這些差異皆因輸出資料由二元分類的向量轉變成矩陣的關係。

	二元分類	多類別分類
權重	向量（w）	矩陣（$\mathbf{W}$）
函數	Sigmoid 函數	Softmax 函數
傳回值	向量（資料樣本）	矩陣（資料樣本×分類的類別數）

表 9-3　二元分類與多類別分類的預測函數差異

```
# 計算預測值(9.7.1, 9.7.2)
def pred(x, W):
    return softmax(x @ W)
```

圖 9-14　預測函數

初始化處理

接著是梯度下降法做初始化。與二元分類的不同之處是新增了一個 N(分類的類別數)。

原本是「權重向量」$\boldsymbol{w}$ 的變數，變成含有(輸入資料維數 × 分類的類別數)的「權重矩陣」$\boldsymbol{W}$。除此以外的實作皆與之前相同。

```
# 初始化處理

# 樣本數
M = x.shape[0]
# 輸入維數(含虛擬變數)
D = x.shape[1]
# 分類的類別數
N = yt.shape[1]

# 迭代運算次數
iters = 10000

# 學習率
alpha = 0.01

# 權重矩陣之初始設定(皆為 1)
W = np.ones((D, N))

# 記錄評估結果用
history = np.zeros((0, 3))
```

圖 9-15　初始化處理

主程式

以下為梯度下降法主程式的程式碼，迭代運算的核心部分為 for 迴圈內的前 3 行式子：

```
# 主程式
for k in range(iters):

    # 計算預測值(9.7.1)(9.7.2)
    yp = pred(x, W)

    # 計算誤差(9.7.4)
    yd = yp - yt

    # 權重更新(9.7.5)
    W = W - alpha * (x.T @ yd) / M

    # 記錄日誌(log)用
    if (k % 10 == 0):
        loss, score = evaluate(x_test, y_test, y_test_one, W)
        history = np.vstack((history,
            np.array([k, loss, score])))
        print("epoch = %d loss = %f score = %f"
            % (k, loss, score))
```

圖 9-16　主程式

若只看這部分的程式碼，其實與二元分類的程式碼幾乎相同。實際上，只是資料的結構改變：$\boldsymbol{yt}$、$\boldsymbol{yp}$、$\boldsymbol{yd}$、$\boldsymbol{w}$ 都從向量變成矩陣。

因此原本 $x.T$ @ yd 的向量內積就變成兩個矩陣相乘，結果會是一個 3×3 的矩陣：

$x.T$：3×75 (輸入維數 × 訓練資料樣本數)

yd：75×3 (訓練資料樣本數 × 分類的類別數)

編註： 在完整程式中將總資料 150 筆，切出 75 筆做為訓練用，另 75 筆是驗證用 (書中未列程式碼，請直接看範例檔)，因此這邊的 x 是 75×3 的矩陣，$x.T$ 即為 3×75 的矩陣。

損失函數值與準確率的確認

下面是輸出損失函數值與準確率的初始狀態與最終狀態。可看出兩者在最終狀態都得到比初始狀態更理想的值：

```
# 損失函數值與準確率的確認
print(' 初始狀態 : 損失函數 :%f 準確率 :%f'
    % (history[0,1], history[0,2]))
print(' 最終狀態 : 損失函數 :%f 準確率 :%f'
    % (history[-1,1], history[-1,2]))
```

```
初始狀態：損失函數：1.092628  準確率：0.266667
最終狀態：損失函數：0.197948  準確率：0.960000
```

圖 9-17　損失函數值與準確率

交叉熵函數

接著將 (9.5.1) 式的交叉熵函數實作出來：

```
# 交叉熵函數(9.5.1)
def cross_entropy(yt, yp):
    return - np.mean(np.sum(yt * np.log(yp), axis=1))
```

圖 9-18　交叉熵函數實作

引數 ***yt***(實際值向量) 與 ***yp***(預測值向量) 是以矩陣形式代入，程式的意義為：

- $yt * np.log(yp)$ 是兩個 75×3 矩陣中相同位置的元素相乘，結果仍是一個 75×3 的矩陣(**編註：** 此處的 ***yt*** 已經是 *one-hot* 編碼，因此兩者相乘只會留下 ***yt***(yt_0、yt_1、yt_2) 中等於 1 的那一個 $log(yp)$ 的值)。
- 用 *np.sum* 以第 1 軸的方向加總起來，會變成一個 75×1 的矩陣。
- 再用 *np.mean* 將矩陣中的元素取平均值，加上負號後即為交叉熵，然後傳回。

> **編註：** $log(yp)$ 中的 *yp* 是代表預測機率，但一定不會等於 0，因為 log 0 不存在。因此在計算 *yp* 時，就算機率等於 0 也不會給 0，否則算不下去了，因而會給出一個接近 0 的值。所以不用考慮某個 *yp* 分量的值會等於 0 的情況。

評估函數

評估函數 (*evaluate*) 是在執行以下動作：

(1) 使用驗證資料 (*x_ test*：未在訓練階段使用的資料) 計算出預測值。

(2) 由於 (1) 的預測值為向量形式的機率值，因此將此值代入 *np.argmax* 函數，以找出機率最高的是哪個類別。

(3) 以 *cross_ entropy* 函數 (已在圖 9-18 實作完成) 計算損失函數值。

(4) 以 (2) 的結果及 *scikit-learn* 函式庫的 *accuracy_ score* 函數，計算驗證資料的準確率。

(5) 將 (3) 的損失函數值及 (4) 的準確率傳回。

```
# 評估模型之函數
from sklearn.metrics import accuracy_score

def evaluate(x_test, y_test, y_test_one, W):

    # 計算預測值(機率)
    yp_test_one = pred(x_test, W)

    # 由機率值導出預測的類別是(0, 1, 2)
    yp_test = np.argmax(yp_test_one, axis=1)

    # 計算損失函數值
    loss = cross_entropy(y_test_one, yp_test_one)

    # 計算準確率
    score = accuracy_score(y_test, yp_test)
    return loss, score
```

圖 9-19　評估函數

繪製學習曲線

下面兩個圖，分別表示輸入驗證資料(未在訓練階段使用的資料)得到的損失函數值與準確率的學習曲線。可看出損失函數值直到最後仍在持續下降。而準確率直到 2000 次左右都還持續進步，到了約 4000 次時才差不多達到上限：

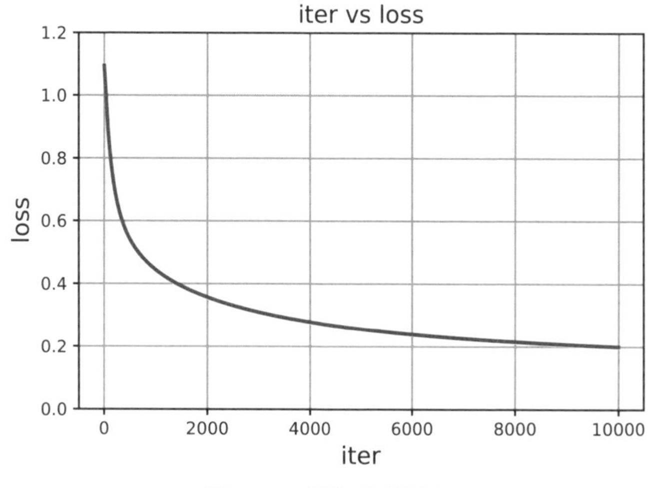

圖 9-20　損失函數圖表

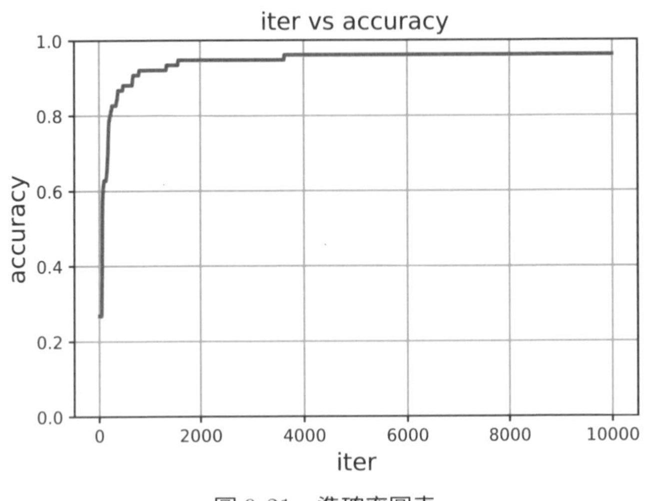

圖 9-21　準確率圖表

圖 9-22 則是用 $3D$ 座標呈現，表現出此模型做出的 3 個鳶尾花分類器，各自以 x, y 值求出的機率值。由圖中可看出各自得到高機率值的範圍。

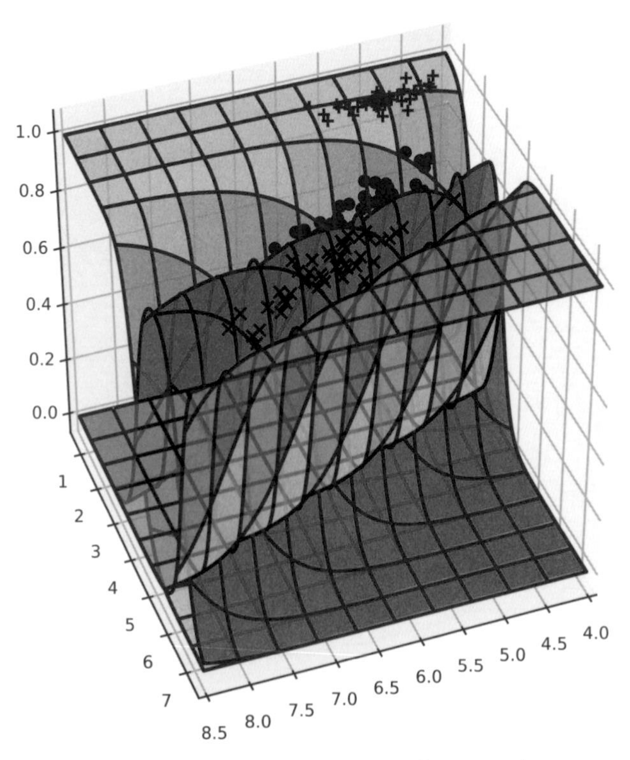

圖 9-22　3 個分類器之預測值的 $3D$ 圖表

將輸入資料擴展為 4 維 (增加特徵維度)

最後來看看若輸入資料的特徵向量 (*feature vector*) 從 2 維 (萼片長度、花瓣長度) 變成 4 維 (萼片長度、萼片寬度、花瓣長度、花瓣寬度)，會出現什麼變化。

本章使用的程式碼可以對應各種維數，因此只要直接改變輸入資料的維數，就可立即進行測試。以下僅列出程式碼變更的部分以及結果 (完整程式碼在 *ch09-3.py*)。

```
# 增加虛擬變數
x_all2 = np.insert(x_org, 0, 1.0, axis=1)
```

```
# 分割出訓練資料與驗證資料
from sklearn.model_selection import train_test_split

x_train2, x_test2, y_train, y_test,\
y_train_one, y_test_one = train_test_split(
    x_all2, y_org, y_all_one, train_size=75,
    test_size=75, random_state=123)
print(x_train2.shape, x_test2.shape,
    y_train.shape, y_test.shape,
    y_train_one.shape, y_test_one.shape)
```

```
(75, 5) (75, 5) (75,) (75,) (75, 3) (75, 3)
```

取出 4 維資料再加 1 個虛擬變數變成 5 維向量，並切分成 75：75 筆資料

```
print(' 輸入資料 (x)')
print(x_train2[:5,:])
```

```
輸入資料 (x)
[[1.  6.3 3.3 4.7 1.6]
 [1.  7.  3.2 4.7 1.4]
 [1.  5.  3.  1.6 0.2]
 [1.  6.4 2.8 5.6 2.1]
 [1.  6.3 2.5 5.  1.9]]
```

```
# 選擇訓練對象
x, yt, x_test = x_train2, y_train_one, x_test2
```

圖 9-23　輸入資料的準備

圖 9-23 當中的程式碼準備了 4 維的輸入資料。x_train2 因增加了虛擬變數而成為 5 維的資料。由於實作程式碼具備通用性，因此接下來的部分皆不需做任何修改，以下只列出執行結果：

```
# 損失函數值與準確率的確認
print(' 初始狀態 : 損失函數 :%f 準確率 :%f'
    % (history[0,1], history[0,2]))
print(' 最終狀態 : 損失函數 :%f 準確率 :%f'
    % (history[-1,1], history[-1,2]))
```

```
初始狀態：損失函數：1.091583　準確率：0.266667
最終狀態：損失函數：0.137235　準確率：0.960000
```

圖 9-24　損失函數值與準確率

圖 9-24 為執行結果。很遺憾地，以這次的資料而言，4 個變數 (因為取 4 個特徵值) 的準確率與 2 個變數的差異不大。原因在之前也曾解釋過，是由於存在一筆接近異常值的資料使然。但損失函數在 2 個變數時約為 0.198 (圖 9-17)，在 4 個變數時降為 0.137，仍可算是比原來品質好的模型。

以下兩圖呈現以損失函數值與準確率為縱軸的學習曲線圖表。在 2 個變數時，最高的準確率 0.96 在迭代運算約 4000 次時達到，但這次在 1000 次左右即達到該值。加上損失函數值也較小，顯示此資料集在增加特徵維度後，確實能獲得品質較佳的模型。

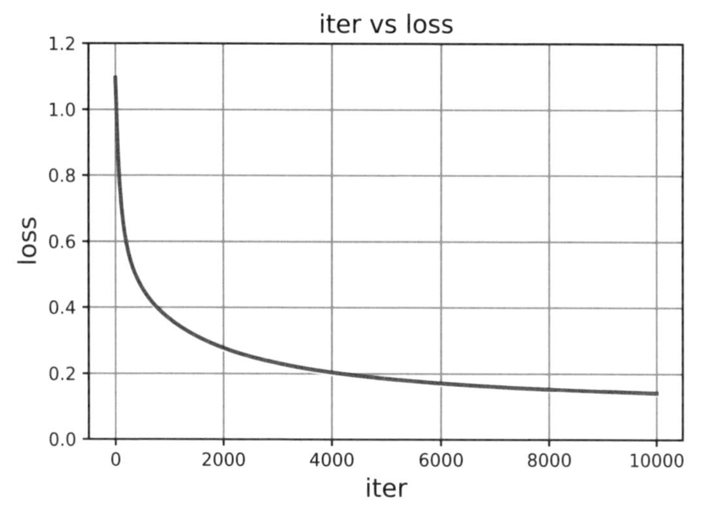

圖 9-25　損失函數圖表

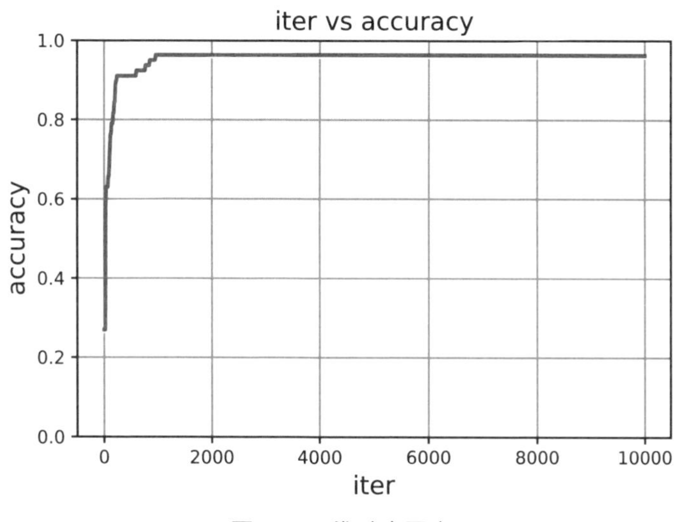

圖 9-26　準確率圖表

最後的範例中還有一點也很重要。本章原本是以輸入資料只有 2 維的前提來考量模型運作及建構演算法。但以此方式做出來的模型，在輸入資料擴展成 4 維的情況下也能正常運作而不會產生問題。事實上，此模型可擴展至任何維度。在接下來的第 10 章中，為了處理影像資料，就會用到 784 維的輸入資料。

MEMO

Chapter

10

深度學習

重點

實現深度學習所需概念	第 1 章 迴歸 1	第 7 章 迴歸 2	第 8 章 二元分類	第 9 章 多類別分類	第 10 章 深度學習
1 損失函數	○	○	○	○	○
3.7 矩陣運算				○	○
4.5 梯度下降法		○	○	○	○
5.5 Sigmoid 函數			○		○
5.6 Softmax 函數				○	○
6.3 概似函數與最大概似估計法			○	○	○
10 反向傳播					○

Chapter

10 深度學習

本章要開始實作深度學習模型了。

前面幾章使用的分類模型只考慮到「輸入層」與「輸出層」的節點，而本章則會在兩者之間再加上「隱藏層 (*hidden layer*，或稱中間層)」節點。雖然計算會變得複雜一些，但只要看懂前一章的內容，本章就只是增加深度而已。

神經網路的隱藏層可以包括很多層，層數越多表示要處理的問題複雜度越高，但也不是越多層越好，應視實際需要而定。本章會先由只有 1 層隱藏層的 3 層神經網路 (包括輸入層與輸出層) 開始學習。到後面會介紹有 2 層隱藏層的模型。

下面是本章的學習地圖。可搭配此圖確認當下學習內容所在的位置：

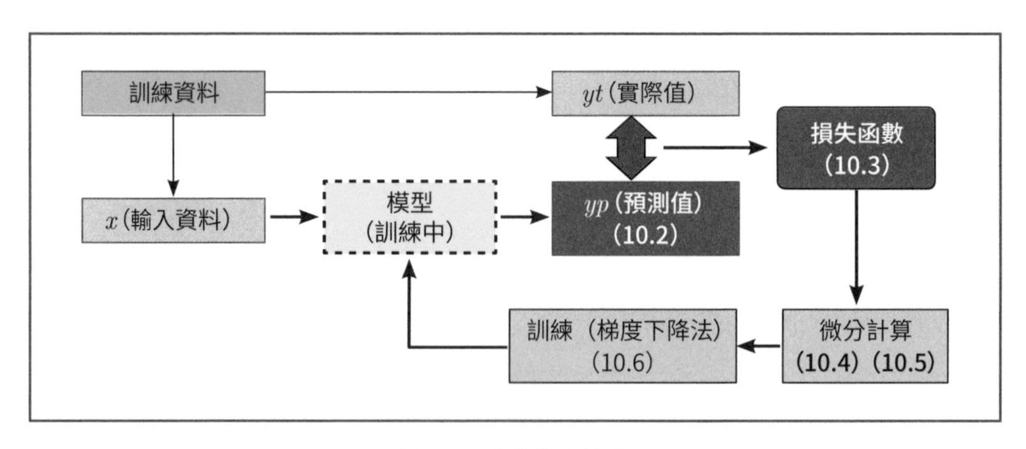

圖 10-1 本章學習地圖

編註： 其實學習地圖的流程跟前幾章都一樣，只是因為神經網路的結構不同，而有些許改變，大原則都一樣。

10.1 範例問題設定

本章使用「*mnist* 手寫數字資料集 (*The MNIST database of handwritten digits*)」做為訓練資料。這是一個公開的資料集，內有 7 萬張解析度為 28×28 的手寫數字影像資料，我們用其中 6 萬張作訓練及用 1 萬張作驗證。由於深度學習往往需要大量的資料，這份資料集看似很多，但比起實際應用上的資料集，其實只是還好而已，不過也足夠我們在此練習用了。

下圖是此手寫數字資料集的一部分：

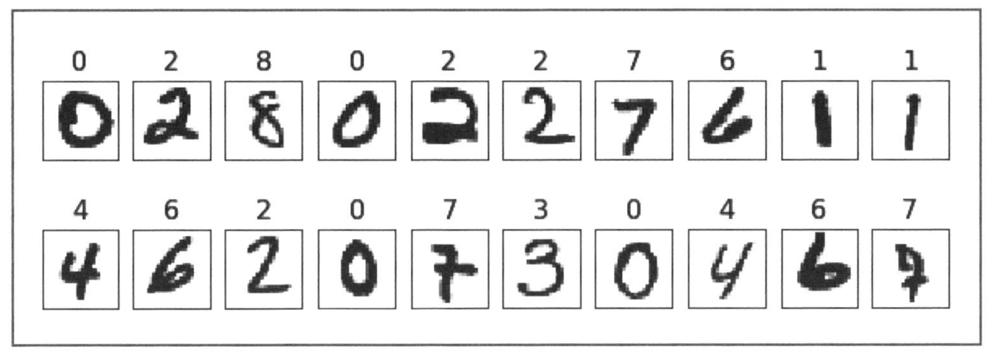

圖 10-2　*mnist* 資料

我們會將解析度 28×28 的影像資料轉成有 784 (28×28) 個分量的向量資料 (**編註：** 也可稱為 784 維的 1*D* 張量)，並建構以此為輸入資料的模型。此向量各分量皆為 0 (黑) ~255 (白) 的灰階值。

深度學習中也有將影像以矩陣 (即 2*D* 張量) 處理的方法，稱為卷積神經網路 (*Convolutional Neural Networks*，*CNN*)，在第 11 章會介紹到。

10.2 模型的架構與預測函數

接下來要開始實作 3 層神經網路。下圖架構看起來相當複雜，但其實每個部分拆開來看，在前面都曾介紹過，之後也會依序說明。

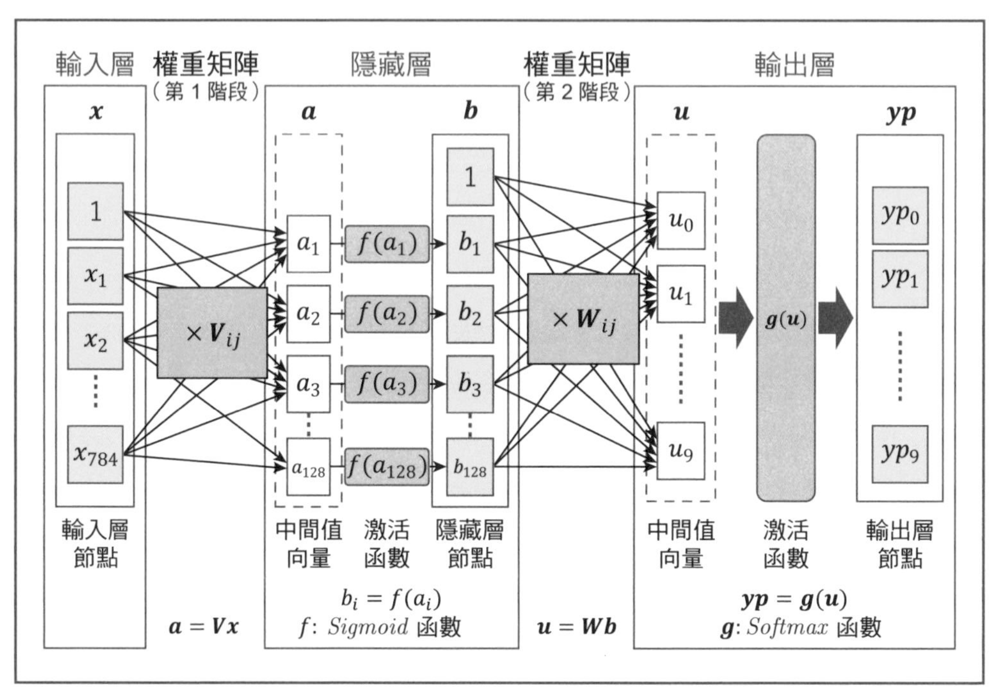

圖 10-3　3 層神經網路的架構圖

之前談到的神經網路節點只有輸入層與輸出層，但這次兩者之間增加了「隱藏層」。權重矩陣也因此增加為 2 個：第 1 階段的矩陣 $\boldsymbol{V}$ 及第 2 階段的矩陣 $\boldsymbol{W}$。**請先確認它們在整個架構中的位置與前後關係**。

由上圖可看出，隱藏層及輸出層各是由「中間值向量」、「激活函數」、「結果節點 (隱藏層節點／輸出層節點)」，這三者構成。其實在前面兩章都已介紹過，只是名稱改變了，因此說明之：

中間值向量：用來稱呼前一層的節點與權重矩陣相乘之後得到的向量。相當於 9.4 節圖 9-6 中的向量 $\boldsymbol{u}$。

激活函數：將中間值向量代入此函數，用以求出各層最終值(結果節點)。相當於圖 9-6 中的 $Softmax$ 函數 $g(u)$ 的角色，亦相當於第 8 章的 $Sigmoid$ 函數角色。

結果節點：由激活函數計算結果得到最終值的節點。相當於圖 9-6 中的向量 $\boldsymbol{yp}$。

將之整理成下表：

	隱藏層	輸出層
中間值向量	$\boldsymbol{a}$	$\boldsymbol{u}$
激活函數	$Sigmoid$ 函數 $f(a_i)$	$Softmax$ 函數 $g(u)$
結果節點	$\boldsymbol{b}$（隱藏層節點）	$\boldsymbol{yp}$（輸出層節點）

表 10-1　各層與構成元素之間的關係

以下依照深度學習經過的階段來說明。

第 1 階段：輸入層 x 到隱藏層 b 的關係

首先來看輸入層的 x 節點，與隱藏層 b 節點的關係。按照往例，輸入層節點 x 會增加 1 個的虛擬變數(也就是 x_0)，因此 x 的維數會由原本的 784 維變成 785 維。雖然與前面幾章的範例相比，維度增加了非常多，不過不用擔心，目前的演算法足以應對各種維度的輸入資料。

輸入層各節點與第 1 階段的權重矩陣 $\boldsymbol{V}_{ij}$ 相乘後，做為隱藏層的輸入資料。若設定隱藏層節點 $\boldsymbol{b}$ 的維數為 128(**編註：**此為經驗值)，則 $\boldsymbol{V}$ 會是一個 785×128 的矩陣。

由輸入層 x 求出中間值向量 $\boldsymbol{a}$ 的方程式為(請復習 9.3 節)：

$$\boldsymbol{a} = \boldsymbol{V}\boldsymbol{x}$$

再將 $\boldsymbol{a}$ 的每個分量 a_i 用激活函數 $f(x)$ 計算出隱藏層 $\boldsymbol{b}$ 對應的 b_i。此處令 $f(x)$ 為 *Sigmoid* 函數，則連結輸入層節點 $\boldsymbol{x}$ 與隱藏層節點 $\boldsymbol{b}$ 的算式如下：

$$b_i = f(a_i)$$

$$f(a_i) = \frac{1}{1 + \exp(-a_i)}$$

第 2 階段：隱藏層 b 到輸出層 yp 的關係

再來要看隱藏層節點 $\boldsymbol{b}$ 與輸出層節點 $\boldsymbol{yp}$ 的關係。$\boldsymbol{b}$ 與權重矩陣 $\boldsymbol{W}$ 相乘，可得到中間值向量 $\boldsymbol{u}$：

$$\boldsymbol{u} = \boldsymbol{W}\boldsymbol{b}$$

將向量 $\boldsymbol{u}$ 代入 *Softmax* 函數 $g(u)$，得到輸出的預測值 $\boldsymbol{yp}$。以方程式可表示如下：

$$\boldsymbol{yp} = \boldsymbol{g}(\boldsymbol{u})$$

$$g_i(\boldsymbol{u}) = \frac{\exp(u_i)}{\displaystyle\sum_{k=0}^{N-1} \exp(u_k)}$$

上式中的 N 是指分類的類別數，此例是要區分出 0~9 共 10 種類別。這也就是為何採用 *Softmax* 函數做多類別分類的原因。

我們將前面的式子全部整理如下：

$$\boldsymbol{a} = \boldsymbol{V}\boldsymbol{x} \tag{10.2.1}$$

$$b_i = f(a_i) \tag{10.2.2}$$

$$f(a_i) = \frac{1}{1 + \exp(-a_i)} \tag{10.2.3}$$

$$\boldsymbol{u} = \boldsymbol{W}\boldsymbol{b} \tag{10.2.4}$$

$$\boldsymbol{yp} = \boldsymbol{g}(\boldsymbol{u}) \tag{10.2.5}$$

$$g_i(\boldsymbol{u}) = \frac{\exp(u_i)}{\displaystyle\sum_{k=0}^{N-1} \exp(u_k)} \tag{10.2.6}$$

雖然式子比前兩章變多了，不過只要多多對照圖 10-3，跟著輸入資料的流向就很容易理解了。整個運作流程就是從最左邊的輸入層 $\boldsymbol{x}$ 開始，一路到最右邊的輸出層 $\boldsymbol{yp}$。這樣的流程稱為「**前向傳播 (*feedforward*，或稱前饋式)**」。

10.3 損失函數

前一章的多類別分類模型是分辨鳶尾花的 3 種類別，而本章則是分辨 0~9 的手寫數字，概念上一樣，只是由 3 種類別換成 10 種類別罷了，因此本處沿用相同的損失函數 (可比對一下 (9.5.1) 式)：

$$L(\boldsymbol{W}) = -\frac{1}{M}\sum_{m=0}^{M-1}\sum_{i=0}^{N-1}(yt_i^{(m)} \log{(yp_i^{(m)})})$$

Chapter 10

上式中各變數的含意如下：

M：資料樣本的筆數

N：分類的類別數(此範例中為 10)

${yt_i}^{(m)}$：實際值(第 i 個分類器對第 m 筆資料樣本的正確解答)

${yp_i}^{(m)}$：預測值(第 i 個分類器對第 m 筆資料樣本的輸出)

為了便於下一節對損失函數做偏微分。按照前幾章的慣例，先將代表資料樣本的上標取下，以簡化算式：

$$L(\boldsymbol{W}) = -\sum_{i=0}^{N-1} yt_i \log(yp_i)$$

10.4 損失函數的微分

接下來要對損失函數做微分，這是為了之後的梯度下降法做準備。此處將圖 10-3 簡化成下圖，更能清楚看出由輸入資料開始，一路到算出損失函數值的整個過程：

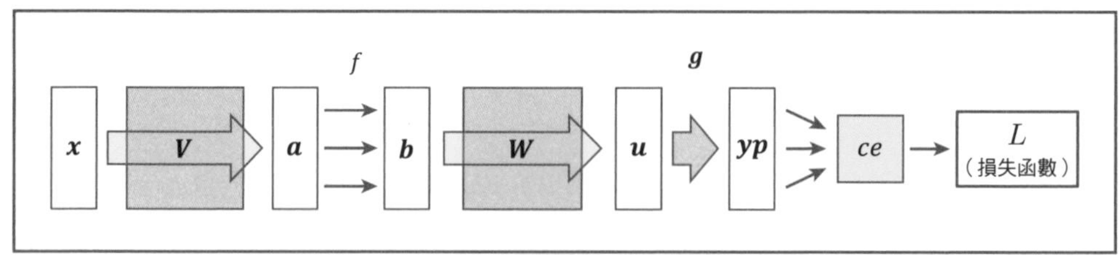

圖 10-4　由輸入資料到損失函數的關係

我們將上圖中各變數的關係，以及簡化過的損失函數整理如下：

$$b_i = f(a_i)$$

$f(x)$：$Sigmoid$ 函數

$$\boldsymbol{u} = \boldsymbol{W}\boldsymbol{b}$$

$$\boldsymbol{yp} = \boldsymbol{g}(\boldsymbol{u})$$

$g(\boldsymbol{u})$：$Softmax$ 函數

$$L = \mathrm{ce} = -\sum_{i=0}^{N-1} yt_i \log(yp_i)$$

從損失函數到隱藏層：對第 2 階段 $\boldsymbol{W}$ 權重矩陣各參數偏微分

我們由圖 10-4 可看出，由損失函數 L 回推到 $\boldsymbol{b}$(隱藏層節點) 這一段的結構，與圖 9-7 的結構完全相同，只差在將圖 9-7 的 $\boldsymbol{x}$ 換成 $\boldsymbol{b}$ 而已。看出端倪了嗎？這代表圖 10-4 第 2 階段時，損失函數 L 對權重矩陣 $\boldsymbol{W}$ 的偏微分，與 9-6 節的推導結果完全相同，因此可直接套用過來：

$$\boldsymbol{yd} = \boldsymbol{yp} - \boldsymbol{yt} \qquad (10.4.1) \leftarrow (9.6.10)$$

$$\frac{\partial L}{\partial u_i} = yd_i \qquad (10.4.2) \leftarrow (9.6.11)$$

$$\frac{\partial L}{\partial w_{ij}} = b_j \cdot yd_i \qquad (10.4.3) \leftarrow (9.6.13)$$

此處將 x_j 換成 b_j 了

從隱藏層到輸入層：對第 1 階段 V 權重矩陣各參數偏微分

現在要看第 1 階段的權重矩陣 $\boldsymbol{V}$。要計算損失函數 L 對 $\boldsymbol{V}$ 的每個參數做偏微分，在此先用 v_{12} 為例說明，之後再改寫為 v_{ij} 的一般式。下圖表示 v_{12} 的變化 (就是偏微分)，會有哪些其他的參數受到影響：

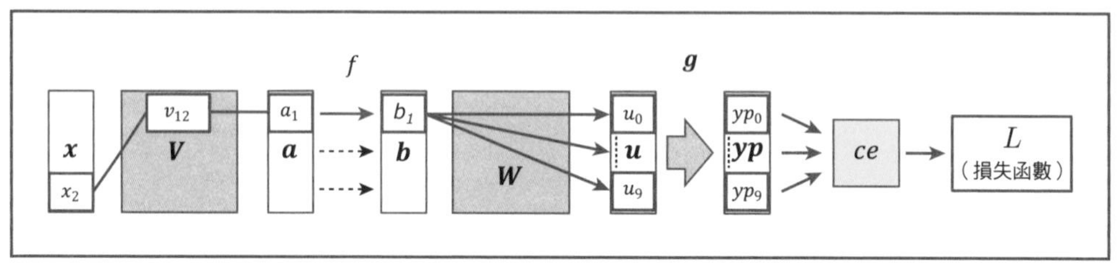

圖 10-5　會因 v_{12} 變化而受到影響的關係圖

由此圖可知，在隱藏層中間值向量 $\boldsymbol{a}$ 中，只有 a_1 會受影響，其他 $a_2 \sim a_{128}$ 皆無關。因此 L 對 v_{12} 偏微分，可用鏈鎖法則寫成下式：

$$\frac{\partial L}{\partial v_{12}} = \frac{\partial L}{\partial a_1} \cdot \frac{\partial a_1}{\partial v_{12}} \tag{10.4.4}$$

計算 $\dfrac{\partial a_1}{\partial v_{12}}$

我們先來計算 (10.4.4) 式等號右邊的第 2 項：$\dfrac{\partial a_1}{\partial v_{12}}$。將 (10.2.1) 式 a_1 這一項乘開：

$$a_1 = \underbrace{v_{10}x_0}_{\text{微分}\to 0} + \underbrace{v_{11}x_1}_{\text{微分}\to 0} + v_{12}x_2 + \underbrace{v_{13}x_3 + \cdots}_{\text{微分}\to 0}$$

接著，a_1 對 v_{12} 偏微分，可得：

$$\frac{\partial a_1}{\partial v_{12}} = x_2 \tag{10.4.5}$$

將(10.4.5)式代回(10.4.4)式：

$$\frac{\partial L}{\partial v_{12}} = x_2 \cdot \frac{\partial L}{\partial a_1} \quad (10.4.6)$$

計算 $\frac{\partial L}{\partial a_1}$

接下來要算的是上式中的 $\frac{\partial L}{\partial a_1}$。由圖 10-5 可知 a_1 的變化，只會影響到 b_1(與 b_2~b_{128} 皆無關)。如此一來，L 對 a_1 偏微分可由鏈鎖法則得到下式：

$$\frac{\partial L}{\partial a_1} = \frac{\partial L}{\partial b_1} \cdot \frac{db_1}{da_1} \quad (10.4.7)$$

b_1 只與 a_1 有關，因此使用常微分符號

其中因為 $b_1 = f(a_1)$，因此 b_1 對 a_1 微分即為函數 $f(a_1)$ 對 a_1 的微分，因此可得：

$$\frac{db_1}{da_1} = f'(a_1) \quad (10.4.8)$$

計算 $\frac{\partial L}{\partial b_1}$

由圖 10-5 可看出 b_1 的變化對 $\boldsymbol{u}$ 中所有的 u_i 都有影響，因此要用全微分鏈鎖法則(4.4.5)式，來算出(10.4.7)式等號右邊第一項 L 對 b_1 的偏微分，如下所示：

$$\frac{\partial L}{\partial b_1} = \sum_{l=0}^{N-1} \frac{\partial L}{\partial u_l}\frac{\partial u_l}{\partial b_1} \quad (10.4.9)$$

其中的 $\frac{\partial L}{\partial u_l}$ 的結果就是(10.4.2)式，將 u 的下標由 i 換成 l(小寫的 L)：

$$\frac{\partial L}{\partial u_l} = yd_l \quad (10.4.10)$$

計算 $\dfrac{\partial u_l}{\partial b_1}$

接著要計算 (10.4.9) 式最右邊的 $\dfrac{\partial u_l}{\partial b_1}$，在此以 u_2 為例。因為 $\boldsymbol{u} = \boldsymbol{W}\boldsymbol{b}$，乘開取出 u_2 的值：

$$u_2 = w_{20}b_0 + w_{21}b_1 + w_{22}b_2 + w_{23}b_3 + \cdots$$

將 u_2 對 b_1 偏微分，只會留下 b_1 項的 w_{21}：

$$\frac{\partial u_2}{\partial b_1} = w_{21}$$

然後將 u_2 一般化為 u_l，即可得：

$$\frac{\partial u_l}{\partial b_1} = w_{l1} \tag{10.4.11}$$

將 (10.4.10)、(10.4.11) 式代入 (10.4.9) 式：

$$\frac{\partial L}{\partial b_1} = \sum_{l=0}^{N-1} yd_l \cdot w_{l1} \tag{10.4.12}$$

再將 (10.4.8)、(10.4.12) 式代回 (10.4.7) 式，可得下式：

$$\frac{\partial L}{\partial a_1} = f'(a_1) \sum_{l=0}^{N-1} yd_l \cdot w_{l1} \tag{10.4.13}$$

最後將 (10.4.6)、(10.4.13) 式都改寫為一般式，使其對應到權重矩陣中的參數 v_{ij}：

$$\frac{\partial L}{\partial v_{ij}} = x_j \cdot \frac{\partial L}{\partial a_i} \tag{10.4.14}$$

$$\frac{\partial L}{\partial a_i} = f'(a_i) \sum_{l=0}^{N-1} yd_l \cdot w_{li} \tag{10.4.15}$$

此結果就是損失函數 L 對**第 1 階段權重矩陣 $\boldsymbol{V}$ 偏微分的結果**。所以 L 對第 1 階段權重矩陣 $\boldsymbol{V}$ 和第 2 階段權重矩陣 $\boldsymbol{W}$ 的偏微分都算好了。

10.5 反向傳播

由前一節的推導方法可知，兩個權重矩陣 $\boldsymbol{W}$、$\boldsymbol{V}$ 的偏微分，都是從輸出層節點反向計算回去，並使誤差值下降到設定的程度，即可得到最佳化的權重矩陣。這種運算方法稱為「**反向傳播 (*backpropagation*，或稱倒傳遞)**」。

> **編註：** 反向傳播的核心就是梯度下降法與鏈鎖法則，一定要牢記在心。

首先，將損失函數 L 對權重矩陣 $\boldsymbol{W}$、$\boldsymbol{V}$ 偏微分所需要的算式一一列出：

權重矩陣 $\boldsymbol{W}$ 的偏微分算式：

$$\frac{\partial L}{\partial w_{ij}} = b_j \cdot \frac{\partial L}{\partial u_i} \tag{10.5.1}$$

$$\frac{\partial L}{\partial u_i} = yd_i \tag{10.5.2}$$

權重矩陣 $\boldsymbol{V}$ 的偏微分算式：

$$\frac{\partial L}{\partial v_{ij}} = x_j \cdot \frac{\partial L}{\partial a_i} \tag{10.5.3}$$

$$\frac{\partial L}{\partial a_i} = f'(a_i) \sum_{l=0}^{N-1} yd_l \cdot w_{li} \tag{10.5.4}$$

我們將隱藏層 $\boldsymbol{b}$ 的誤差定義為 $\boldsymbol{bd}$(**編註：** 其實就與輸出層的預測值誤差 $\boldsymbol{yd}$ 是一樣的意思，只是在此處為隱藏層的輸出端)：

$$bd_i = \frac{\partial L}{\partial a_i} = f'(a_i) \sum_{l=0}^{N-1} yd_l \cdot w_{li} \tag{10.5.5}$$

如此將 (10.5.3)、(10.5.4) 式簡化為：

$$\frac{\partial L}{\partial v_{ij}} = x_j \cdot bd_i \tag{10.5.6}$$

$$\frac{\partial L}{\partial a_i} = bd_i \tag{10.5.7}$$

將上面兩式與 (10.5.1)、(10.5.2) 式做個比對，即可發現第 1 階段計算權重矩陣 $\boldsymbol{V}$ 偏微分 (梯度)，與第 2 階段計算權重矩陣 $\boldsymbol{W}$ 偏微分 (梯度)，所使用的算式都變成相同的形式，如此在寫程式時會很方便。

下圖即為 (10.5.5) 式代表的意義。隱藏層 b_i 節點的誤差 bd_i 即由預測值誤差 yd_l 與權重矩陣參數 w_{li} 乘積加總，再乘上 $\boldsymbol{a}$ 到 $\boldsymbol{b}$ 的激活函數微分而來：

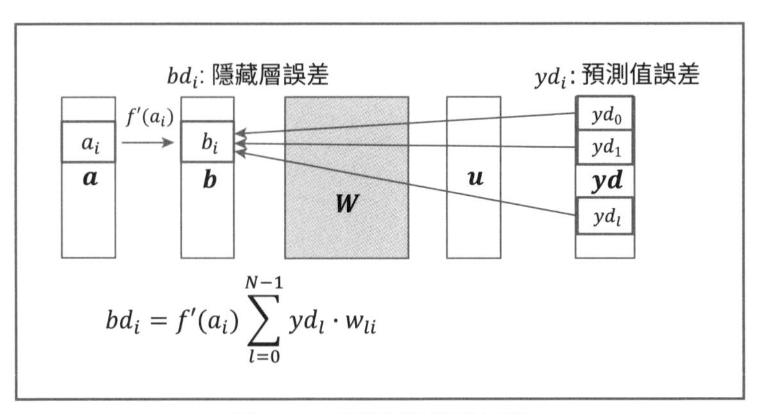

圖 10-6　隱藏層的誤差計算

2 層隱藏層的訓練

接下來看看隱藏層有 2 層的情況吧。

下圖即為包含 2 層隱藏層的神經網路。與剛才討論的 1 層隱藏層相比，多了 1 層靠近輸入層節點的隱藏層，其輸入的權重矩陣為 $\boldsymbol{U}$(**編註：** 原本 1 層的隱藏層現在挪為第 2 隱藏層 (隱藏層 2)，並將節點改為 $\boldsymbol{c}$、$\boldsymbol{d}$；新增加的第 1 隱藏層 (隱藏層 1)，其節點則沿用 $\boldsymbol{a}$、$\boldsymbol{b}$)：

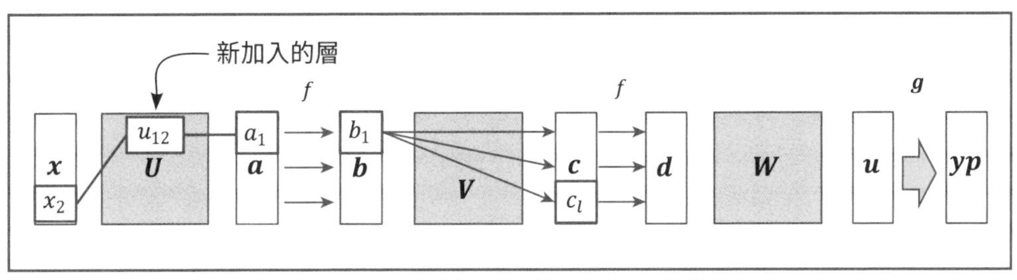

圖 10-7　包括 2 層隱藏層的神經網路

接下來要針對新增部分做偏微分。我們先用損失函數 L 對矩陣 $\boldsymbol{U}$ 的 u_{12} 計算。利用兩次鏈鎖法則做偏微分 (**編註：** 可參考 10.4 節 L 對 v_{12} 的鏈鎖法則依序推導)：

$$\frac{\partial L}{\partial u_{12}} = \frac{\partial L}{\partial b_1} \cdot \frac{db_1}{da_1} \cdot \frac{\partial a_1}{\partial u_{12}}$$

由於上式等號右邊的 3 個微分結果都與前面的推導過程相同，此處不再贅述，直接列出：

H 是這一層隱藏層節點的維數

$$\frac{\partial L}{\partial b_1} = \sum_{l=1}^{H} \frac{\partial L}{\partial c_l}\frac{\partial c_l}{\partial b_1} = \sum_{l=1}^{H} dd_l \cdot v_{l1}$$

dd_l 的角色如同 (10.4.12) 式中的 yd_l

$$\frac{db_1}{da_1} = f'(a_1)$$

$$\frac{\partial a_1}{\partial u_{12}} = x_2$$

將上面 3 式相乘，可得結果如下：

$$\frac{\partial L}{\partial u_{12}} = x_2 \cdot \frac{\partial L}{\partial a_1}$$

$$\frac{\partial L}{\partial a_1} = f'(a_1) \sum_{l=1}^{H} dd_l \cdot v_{l1}$$

接著將其一般化，以對應權重矩陣 $\boldsymbol{U}$ 中的 u_{ij}：

$$\frac{\partial L}{\partial u_{ij}} = x_j \cdot \frac{\partial L}{\partial a_i} \tag{10.5.8}$$

$$\frac{\partial L}{\partial a_i} = f'(a_i) \sum_{l=1}^{H} dd_l \cdot v_{li} \tag{10.5.9}$$

由上面 2 個式子得知以下兩點：

- 計算第 1 階段權重矩陣 u_{ij} 的偏微分 (梯度)，只要知道隱藏層 1 的誤差 $bd_i = \frac{\partial L}{\partial a_i}$。即(10.5.8)式。
- 隱藏層 1 的誤差 $bd_i = \frac{\partial L}{\partial a_i}$ 可由隱藏層 2 的誤差 dd_l 與第 2 階段的權重矩陣 v_{li} 之值計算出來。即(10.5.9)式。

因為結構都類似，同理可將計算誤差、權重矩陣偏微分，整理如下：

(1) 計算誤差：

1-a 輸出值的誤差向量 $\boldsymbol{yd}$(由預測值向量 $\boldsymbol{yp}$ 與實際值向量 $\boldsymbol{yt}$ 而來)

1-b 隱藏層 2 的誤差向量 $\boldsymbol{dd}$(由 $\boldsymbol{yd}$ 及權重矩陣 $\boldsymbol{W}$ 而來)

1-c 隱藏層 1 的誤差向量 $\boldsymbol{bd}$(由 $\boldsymbol{dd}$ 及權重矩陣 $\boldsymbol{V}$ 而來)

(2) 計算權重矩陣偏微分 (梯度)：

2-a $\boldsymbol{W}$ 的梯度計算 (由 $\boldsymbol{yd}$ 及 $\boldsymbol{d}$ 而來)

2-b $\boldsymbol{V}$ 的梯度計算 (由 $\boldsymbol{dd}$ 及 $\boldsymbol{b}$ 而來)

2-c $\boldsymbol{U}$ 的梯度計算 (由 $\boldsymbol{bd}$ 及 $\boldsymbol{x}$ 而來)

如此一來，3 個權重矩陣的梯度都得以計算出來。

2 層隱藏層計算權重矩陣梯度流程

利用反向傳播，我們可以由輸出層，一步步依序反向算出 $\boldsymbol{W}$、$\boldsymbol{V}$、$\boldsymbol{U}$ 中各權重參數的梯度，其流程如下圖所示：

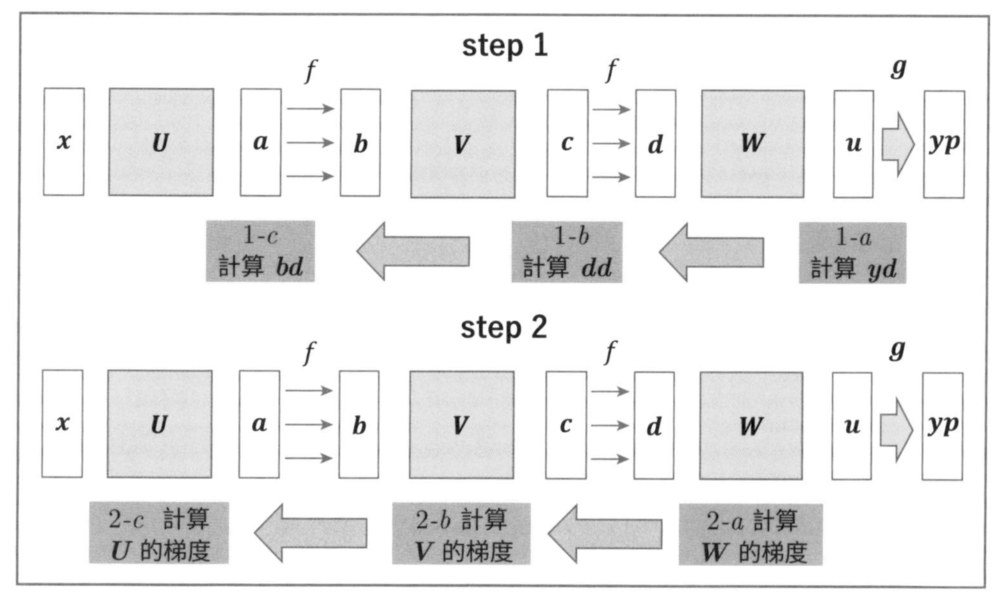

圖 10-8　反向傳播的運算流程

只要掌握這個計算方式，理論上不管隱藏層增加到幾層，各層的權重矩陣偏微分皆可計算出來。這就是深度學習訓練的基本原理。

其實，這一連串計算的重點就是：

1. 前向階段：由輸入層往輸出層方向順向計算 (前向傳播)，最後取得 L 值。

2. 反向階段：由輸出層往輸入層方向反向計算 (反向傳播)，取得 L 對各參數的變化值。

10.6 梯度下降法的運用

由於損失函數的權重矩陣偏微分已推導出來，本節要來實作梯度下降法。以下將會用到的變數與算式整理如下：

【上下標】

k：迭代運算次數 index

m：資料樣本 index

i、j、l：向量及矩陣的下標

【變數】

M：資料樣本的總數

N：分類的類別數

H：隱藏層節點的維數

由於演算法變得比較複雜，因此以下將隱藏層為 1 層與 2 層的情況，分別整理出「函數定義」、「預測值計算」、「誤差計算」、「梯度計算」等四個部分。

隱藏層為 1 層時需要的式子

函數定義

Sigmoid 函數

$$f(x) = \frac{1}{1 + \exp(-x)} \tag{10.6.1}$$

Softmax 函數

$$g_i(\boldsymbol{u}) = \frac{\exp(u_i)}{\displaystyle\sum_{j=0}^{N-1} \exp(u_j)} \tag{10.6.2}$$

預測值計算

輸入層節點與第 1 階段權重矩陣之內積：

$$\boldsymbol{a}^{(k)(m)} = \boldsymbol{V}^{(k)} \boldsymbol{x}^{(m)} \tag{10.6.3}$$

將內積結果代入 *Sigmoid* 函數，並令其為隱藏層節點之值：

$$b_i^{(k)(m)} = f(a_i^{(k)(m)}) \tag{10.6.4}$$

隱藏層節點與第 2 階段權重矩陣之內積：

$$\boldsymbol{u}^{(k)(m)} = \boldsymbol{W}^{(k)} \boldsymbol{b}^{(k)(m)} \tag{10.6.5}$$

將內積結果代入 *Softmax* 函數，並令其為預測值：

$$\boldsymbol{yp}^{(k)(m)} = \boldsymbol{g}(\boldsymbol{u}^{(k)(m)}) \tag{10.6.6}$$

誤差計算

預測值誤差：

$$\boldsymbol{yd}^{(k)(m)} = \boldsymbol{yp}^{(k)(m)} - \boldsymbol{yt}^{(m)} \tag{10.6.7}$$

由預測值誤差計算隱藏層之誤差：

$$bd_i^{(k)(m)} = f'(a_i^{(k)(m)}) \sum_{l=0}^{N-1} yd_l^{(k)(m)} w_{li}^{(k)} \tag{10.6.8}$$

梯度計算並修正權重參數

由預測值誤差計算第 2 階段權重矩陣之梯度並修正權重參數：

$$w_{ij}^{(k+1)} = w_{ij}^{(k)} - \frac{\alpha}{M} \sum_{m=0}^{M-1} b_j^{(k)(m)} yd_i^{(k)(m)} \tag{10.6.9}$$

由隱藏層誤差計算第 1 階段權重矩陣之梯度並修正權重參數：

$$v_{ij}^{(k+1)} = v_{ij}^{(k)} - \frac{\alpha}{M} \sum_{m=0}^{M-1} x_j^{(m)} bd_i^{(k)(m)} \tag{10.6.10}$$

隱藏層為 2 層時需要的式子

當隱藏層為 2 層時，梯度計算需要的式子如下所示(*Sigmoid*、*Softmax* 函數就不再重複)：

預測值計算

原本 1 層的隱藏層只有 $\boldsymbol{a}$、$\boldsymbol{b}$ 節點，在 2 層隱藏層增加為 $\boldsymbol{a}$、$\boldsymbol{b}$、$\boldsymbol{c}$、$\boldsymbol{d}$ 節點：

$$\boldsymbol{a}^{(k)(m)} = \boldsymbol{U}^{(k)} \boldsymbol{x}^{(m)} \tag{10.6.11}$$

$$b_i^{(k)(m)} = f(a_i^{(k)(m)}) \tag{10.6.12}$$

$$\boldsymbol{c}^{(k)(m)} = \boldsymbol{V}^{(k)}\boldsymbol{b}^{(k)(m)} \tag{10.6.13}$$

$$d_i^{(k)(m)} = f(c_i^{(k)(m)}) \tag{10.6.14}$$

$$\boldsymbol{u}^{(k)(m)} = \boldsymbol{W}^{(k)}\boldsymbol{d}^{(k)(m)} \tag{10.6.15}$$

$$\boldsymbol{yp}^{(k)(m)} = \boldsymbol{g}(\boldsymbol{u}^{(k)(m)}) \tag{10.6.16}$$

誤差計算

比只有 1 層隱藏層時的 $\boldsymbol{yd}$、$\boldsymbol{bd}$ 誤差，增加了 $\boldsymbol{dd}$ 誤差計算：

$$\boldsymbol{yd}^{(k)(m)} = \boldsymbol{yp}^{(k)(m)} - \boldsymbol{yt}^{(m)} \tag{10.6.17}$$

$$dd_i^{(k)(m)} = f'(c_i^{(k)(m)}) \sum_{l=0}^{N-1} yd_l^{(k)(m)} w_{li}^{(k)} \tag{10.6.18}$$

$$bd_i^{(k)(m)} = f'(a_i^{(k)(m)}) \sum_{l=1}^{H} dd_l^{(k)(m)} v_{li}^{(k)} \tag{10.6.19}$$

梯度計算並修正權重參數

比只有 1 層隱藏層時的權重矩陣 $\boldsymbol{V}$、$\boldsymbol{W}$，增加了權重矩陣 $\boldsymbol{U}$：

$$w_{ij}^{(k+1)} = w_{ij}^{(k)} - \frac{\alpha}{M} \sum_{m=0}^{M-1} d_j^{(k)(m)} yd_i^{(k)(m)} \tag{10.6.20}$$

$$v_{ij}^{(k+1)} = v_{ij}^{(k)} - \frac{\alpha}{M} \sum_{m=0}^{M-1} b_j^{(k)(m)} dd_i^{(k)(m)} \tag{10.6.21}$$

$$u_{ij}^{(k+1)} = u_{ij}^{(k)} - \frac{\alpha}{M} \sum_{m=0}^{M-1} x_j^{(m)} bd_i^{(k)(m)} \tag{10.6.22}$$

編註： 相信您可以看出來，即使再將隱藏層的層數增加，運算原則都是不變的。

10.7 程式實作一：原始版本

終於要開始挑戰程式了，以下只挑選重點部分解說。本書假設您已具備 *Python* 基礎，應該可以看懂程式碼的意思。

資料內容確認

此段程式會由測試樣本中，挑出 20 筆不同的手寫影像資料，以及個別對應的正確數字。由輸出影像可看出，有些手寫數字雖然歪七扭八，但畢竟做為測試資料，都是確定可以經由深度學習正確辨識出來的資料 (範例檔 *ch*10-1.*py*)。

編註： 此資料集中的手寫數字都經過前置影像處理過 (數字置中、尺寸標準化)，因此辨識率很高。如果換成您自己收集來的手寫數字，必須先做好預處理。

```
# 資料內容的確認

N = 20
np.random.seed(12)
indexes = np.random.choice(y_test.shape[0], N, replace=False)
```

隨機選出 20 筆不重複的影像資料，不過因為已設定隨機種子為 12，所以每次執行都會選出這 20 筆

```
x_selected = x_test[indexes,1:]
y_selected = y_test[indexes]
plt.figure(figsize=(10, 3))

for i in range(N):
    ax = plt.subplot(2, N/2, i + 1)
    plt.imshow(x_selected[i].reshape(28, 28),cmap='gray_r')
    ax.set_title('%d' %y_selected[i], fontsize=16)
    ax.get_xaxis().set_visible(False)
    ax.get_yaxis().set_visible(False)

plt.show()
```


圖 10-9　資料內容確認

輸入資料正規化，增加虛擬變數

灰階影像中每一點的值都是 0 到 255 的整數，在送去學習之前，我們要先做正規化處理，也就是讓所有點的值都轉換成 0~1 之間，因此將所有的灰階值都除以 255。再於每個影像資料前面增加 1 個虛擬變數值 $x_0 = 1$。(範例檔 *ch*10-2.*py*)

```
# 輸入資料處理

# step1 資料正規化，令值的範圍為 [0, 1]
x_norm = x_org / 255.0        ← 灰階 0~255，做正規化

# 在最前面加上虛擬變數 (1)
x_all = np.insert(x_norm, 0, 1, axis=1)

print('虛擬變數加入後的 shape ', x_all.shape)
```

```
虛擬變數加入後的 shape (70000, 785)
```

資料總筆數（指向 70000）；輸入資料的向量維數 784 + 1（指向 785）

```
# step 2 轉換成 One-hot-Vector

from sklearn.preprocessing import OneHotEncoder
ohe = OneHotEncoder(sparse=False)
y_all_one = ohe.fit_transform(np.c_[y_org])
print('One Hot Vector 後的 shape', y_all_one.shape)
```

```
One Hot Vector 化後的 shape  (70000, 10)
```

每筆都是 10 維的 *one hot* 向量（指向 10）

```
# step 3 訓練資料、驗證資料分割 60000 : 10000

from sklearn.model_selection import train_test_split
x_train, x_test, y_train, y_test, y_train_one, y_test_one =
train_test_split(x_all, y_org, y_all_one, train_size=60000,
test_size=10000, shuffle=False)
print(x_train.shape, x_test.shape, y_train.shape, y_test.
shape, y_train_one.shape, y_test_one.shape)
```

```
(60000, 785) (10000, 785) (60000,) (10000,) (60000, 10) (10000, 10)
```

圖 10-10　輸入資料處理

小批量 (mini-batch) 訓練

前面幾章的資料樣本頂多幾百筆而已，因此可將訓練資料一次全部送進模型做梯度下降運算 (稱為 *GD* 或 *BGD*)。然而，像本章的資料多達 7 萬筆 (訓練用 6 萬筆，驗證用 1 萬筆)，情況就不同了，我們要考慮到電腦同時運算龐大資料時的效率問題，甚至也有可能硬體配置不足而不能計算 (**編註：** 真實世界要處理的資料量很可能遠超過 7 萬筆，且每筆訓練資料的維度更高)。

因此我們要改變送進模型運算的訓練資料筆數，也就將訓練資料切成小批量的多個批次，依序做運算，這個演算法稱為「*Mini Batch* 梯度下降法 (*MBGD*)」，我們在 4.5 節的最後面曾經介紹過。

由總筆數中，每次取出小批量筆數的實作

由於 *scikit-learn* 等函式庫中沒有適合的函數，因此為了每次取得小批量所需，就需要自己實作 *Indexes* 類別 (*class*)。但由於本書的目的並非介紹 *Python* 語法，因此實作的解說就不放進書中，在此僅列出測試程式碼與使用說明 (**編註：** 有興趣者可由範例檔 *ch10-2.py* 中查看 *Indexes* 類別程式碼的說明以幫助瞭解)。

下面這段程式是做 *Indexes* 類別的測試之用。其用處是隨機產生 20 個 0~19 之間的不重複 *index*，然後每次取出前面 5 個 *index*，直到不夠取時，再重新隨機產生 20 個 0~19 之間的不重複 *index*，然後再取出前面 5 個 *index*，依此類推。

```
# 類別初始化
# 20: 總共建 20 筆資料
# 5: 每次取出 5 筆
indexes = Indexes(20, 5)    ←── 產生 Indexes 類別的物件
```

```
for i in range(6):

    # 呼叫 next_index 函數
    # 傳回值 1：arr (index 的 numpy array)
    # 傳回值 2：flag ( 是否將總筆數全部更新 )
    arr, flag = indexes.next_index()
    print(arr, flag)
    print(arr, flag)
```

```
[17  3  5 15  4] True         ←── 第 1 次隨機產生 20 筆，取出前 5 筆
[ 2 14 11  8 12] False        ←── 再取 5 筆
[ 0  9 19 10  1] False        ←── 再取 5 筆
[16 18  7 13  6] False        ←── 再取 5 筆(20 筆全取光了)
[16  2 19  8 14] True         ←── 第 2 次隨機產生 20 筆，取出前 5 筆
[ 1  4  7 18 10] False        ←── 再取 5 筆
```

圖 10-11 *Indexes* 類別的測試程式

如此您就知道從總筆數中，每次取出小批量來運算的邏輯了。上面程式碼的重點有以下兩點：

1. *Indexes* 類別初始化會做的事

要將這個 *Indexes* 類別套用到本篇的例子，就是在產生 *Indexes* 物件時，將訓練資料筆數 60000，以及每次取出的小批量數字 (此處設為 512)，當做引數傳入 *Indexes* 類別。如此即可為這 60000 筆訓練資料隨機排序，產生 0~59999 的 *index*。然後再從前面每次取出 512 筆，直到不夠取時，再隨機重新排序這 60000 筆資料，供下一輪 (*epoch*) 取用。

2. 取得小批量資料時的傳回值

傳回的兩個值：*arr* 及 *flag*。

arr 是 *NumPy* 陣列，裏面存放的是取出的 512 個索引值。藉由索引值，就可知道這次要用哪 512 筆訓練資料出來做運算。

flag(旗標)則用來標示所有訓練資料是否已使用過一輪(1 *epoch*)後，再次被使用。如此可以記錄所有訓練資料共被用過多少輪。若 *flag* 為 *False*，表示還在同一輪；若 *flag* 為 *True*，表示新的一輪開始了。利用 *flag*，可將欲處理的動作控制在以 1 *epoch* 為單位執行，例如記錄測試資料的準確率等。小批量訓練使用 *epoch* 做為迭代運算的單位，表示整體資料被使用過幾輪。這是深度學習經常用到的概念。

初始化處理

```
# 變數初始宣告　初始版本

# 隱藏層節點維數
H = 128                          ←── 中間值節點的個數
H1 = H + 1                       ←── 加入虛擬變數就多 1 維

# M：訓練用資料樣本的總數
M  = x_train.shape[0]            ←── 第 0 軸，共有幾筆

# D：輸入資料維數
D = x_train.shape[1]             ←── 第 1 軸，每筆有幾維

# N：分類的類別數
N = y_train_one.shape[1]         ←── 分辨 0~9 共 10 類

# 迭代運算次數 (epoch, 輪數 )
nb_epoch = 100

# 小批量的大小
batch_size = 512
B = batch_size

# 學習率
alpha = 0.01
```

Chapter 10

```
# 權重矩陣的初始設定（全部為 1)
V = np.ones((D, H))
W = np.ones((H1, N))

# 記錄結果評估用(損失函數與準確率)
history1 = np.zeros((0, 3))

# 將訓練資料隨機排序，與小批量取出索引的函數
indexes = Indexes(M, batch_size)

# 初始化迭代運算次數（輪）的計數器
epoch = 0
```

圖 10-12　初始化處理

以下針對程式中幾個變數補充說明：

H, H1

H 是隱藏層中間值節點的數量 (請復習圖 10-3)。此數量多半依經驗而來，有些書中可能會設為 100，本書是用 128。隱藏層節點需要加上一個虛擬變數，因此將 H1 定義為 H ＋ 1。

V, W

本處要實作的是有一層隱藏層的神經網路，因此需要用到 2 個權重矩陣：$\boldsymbol{V}$ 與 $\boldsymbol{W}$。第 1 階段 $\boldsymbol{V}$ 的大小為「(輸入資料維數) × (隱藏層的中間值向量維數)」，第 2 階段 $\boldsymbol{W}$ 的大小為「(隱藏層節點維數 ＋ 1) × (分類的類別數)」。並將這 2 個權重矩陣的所有元素值都預設為 1。

主程式

此為包括小批量梯度下降法最重要運算過程 (前面都講過) 的主程式，用 *Python* 實作出來。主程式開頭先由 *Indexes* 類別產生的 *indexes* 物件中，取得

小批量所需的 512 個新 *index* 值，再根據此值設定訓練用的變數 x 及 yt(**編註：** 就是將 60000 筆訓練資料的索引隨機排序，然後每次依序取出 512 個來用)。

```
# 主程式
while epoch < nb_epoch:

    # 選擇訓練對象(小批量訓練)
    index, next_flag = indexes.next_index()
    x, yt = x_train[index], y_train_one[index]

    # 計算預測值(前向傳播)
    a = x @ V                                    # (10.6.3)
    b = sigmoid(a)                               # (10.6.4)
    b1 = np.insert(b, 0, 1, axis=1)              # 增加虛擬變數
    u = b1 @ W                                   # (10.6.5)
    yp = softmax(u)                              # (10.6.6)

    # 計算誤差
    yd = yp - yt                                 # (10.6.7)
    bd = b * (1-b) * (yd @ W[1:].T)              # (10.6.8)

    # 計算梯度
    W = W - alpha * (b1.T @ yd) / B              # (10.6.9)
    V = V - alpha * (x.T @ bd) / B               # (10.6.10)

    # 記錄損失函數值與準確率
    if next_flag:    # 結束 1 epoch 後的程序
        score, loss = evaluate(
            x_test, y_test, y_test_one, V, W)
        history1 = np.vstack((history1,
            np.array([epoch, loss, score])))
        print("epoch = %d loss = %f score = %f"
            % (epoch, loss, score))
        epoch = epoch + 1
```

圖 10-13　深度學習的主程式

Chapter 10

程式前半段是從輸入變數開始，經過權重矩陣與隱藏層激活函數的運算，然後得到預測值的過程。此為前向傳播運算。

程式後半段是**計算誤差**與**計算梯度**。其中計算誤差的 (10.6.8) 式，在程式中運用了 $NumPy$ 矩陣的特色，一次可以計算多個向量，使得算式變得相當簡潔。這一行程式中有兩點要說明：

1. 原本 (10.6.8) 式中的 $f'(a)$，此處的 f 是 $Sigmoid$ 函數，也就是程式中的 b，因為 $Sigmoid$ 函數微分是 $y' = y(1-y)$，因此這行程式直接寫為 b*(1 − b)。

2. 其次是 yd @ W[1:].T 的說明。此程式碼是對應到 (10.6.8) 式的最右邊：

$$\sum_{l=0}^{N-1} yd_l^{(k)(m)} \cdot w_{li}^{(k)}$$

計算細節請看下圖說明：

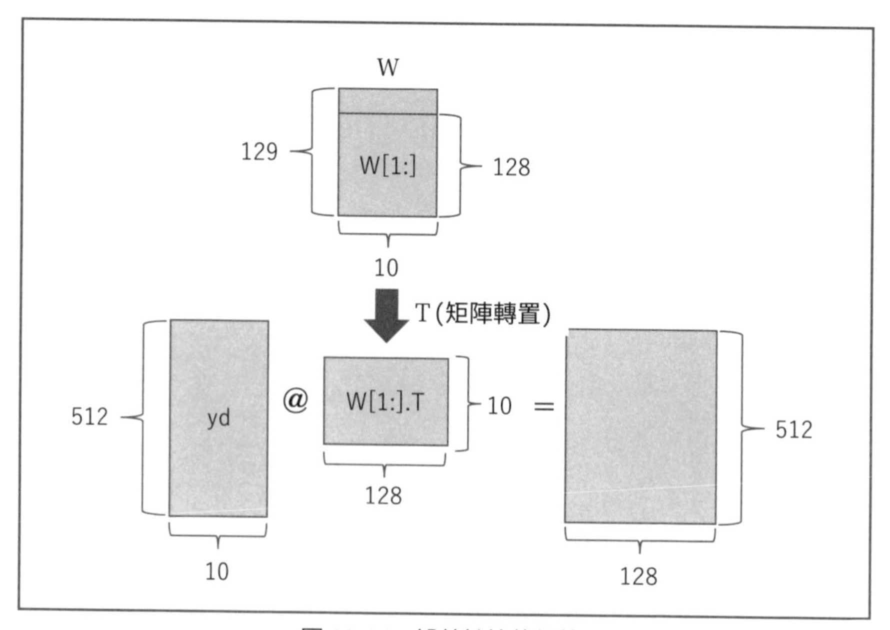

圖 10-14　誤差計算的細節

W[1:] 的目的是將權重矩陣 $\boldsymbol{W}$ 中只為虛擬變數所用，而對誤差計算無影響的 W[0] 相關元素排除。矩陣 $\boldsymbol{yd}$ 與 $\boldsymbol{yp}$ 的大小皆為(512×10，其中 512 為小批量大小，10 為類別數)。W[1:] 的大小為(128×10)，轉置後為(10×128)，因此 yd@W[1:].T 相乘會得到(512×128)的矩陣。這就是目前隱藏層的誤差矩陣。

至於(10.6.9)、(10.6.10)式的梯度計算則與前一章相同，是利用內積一次計算權重矩陣中的每個參數。

現在已準備妥當，接下來依序執行(60000 筆資料運算大概需要幾分鐘)，就可以得到結果了。然而，執行 100 *epoch* 之後，我們發現左圖的損失函數值並無顯著下降，右圖的準確率也完全沒有提高，表示此訓練沒有任何進展：

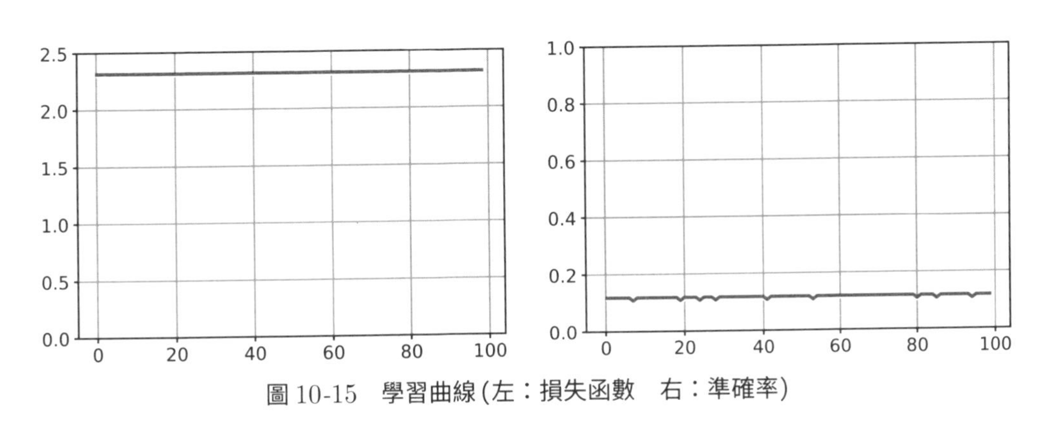

圖 10-15　學習曲線(左：損失函數　右：準確率)

難道是演算法出了問題嗎？我們繼續看下去。

10.8 程式實作二：調整權重矩陣初始值的版本

權重矩陣初始化的改善

現在來公布前一節程式執行結果不理想的原因，其實問題出在權重矩陣的初始值上。

直到前一章為止，範例中的輸入變數維度都還算小，因此權重向量、權重矩陣的初始值設為 1 不會出現問題。但當輸入資料的維度大到如本章實作中的 785 時，就必須慎重決定權重矩陣的初始值，否則有可能無法順利收斂。

決定權重矩陣初始值的方法有很多種，其中一種稱為「*He normal*」初始化：

- 以平均值為 0、變異數為 1 的常態分佈亂數除以某固定值，設為權重矩陣各參數的值。
- 當輸入資料的維數為 n，令此固定值為 $\sqrt{\frac{n}{2}}$。

以下會以 *He normal* 的方法改寫剛才程式碼中初始化的部分，並看一下權重矩陣一小部分的數值(範例檔 *ch10-3.py*)：

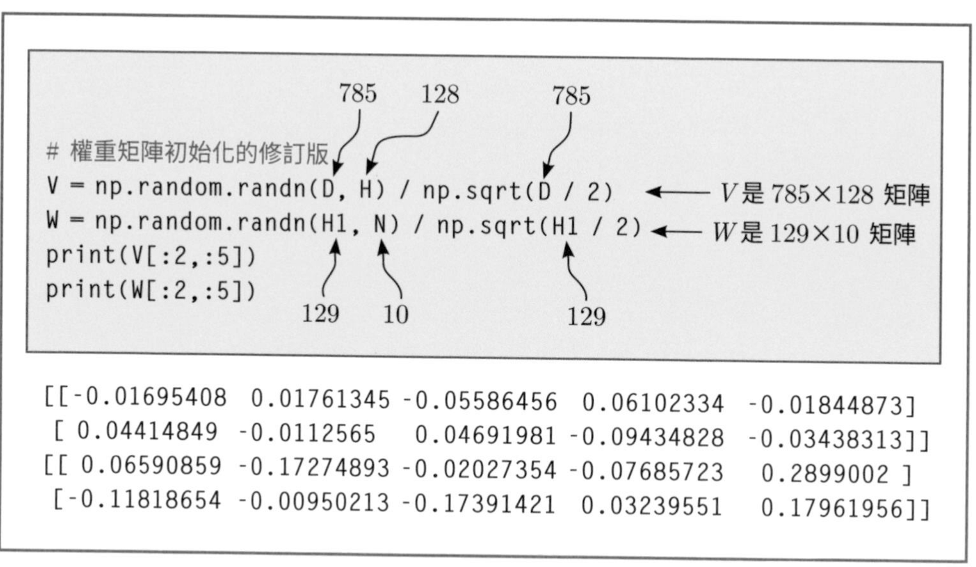

```
# 權重矩陣初始化的修訂版
V = np.random.randn(D, H) / np.sqrt(D / 2)
W = np.random.randn(H1, N) / np.sqrt(H1 / 2)
print(V[:2,:5])
print(W[:2,:5])
```



```
[[-0.01695408  0.01761345 -0.05586456  0.06102334 -0.01844873]
 [ 0.04414849 -0.0112565   0.04691981 -0.09434828 -0.03438313]]
[[ 0.06590859 -0.17274893 -0.02027354 -0.07685723  0.2899002 ]
 [-0.11818654 -0.00950213 -0.17391421  0.03239551  0.17961956]]
```

圖 10-16　權重矩陣初始化修訂

調整過權重矩陣初始值之後，再執行的損失函數與準確率學習曲線如下：

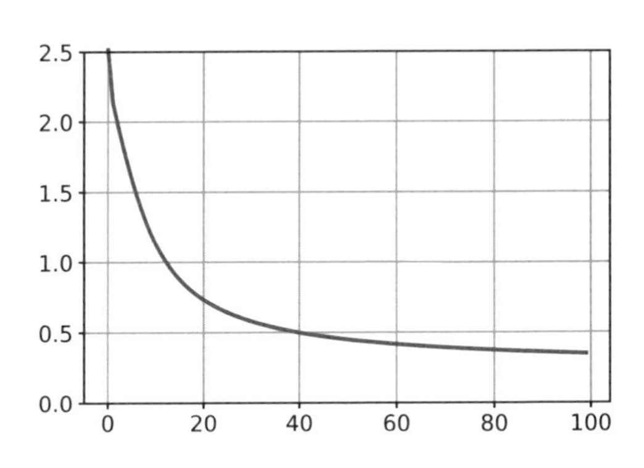

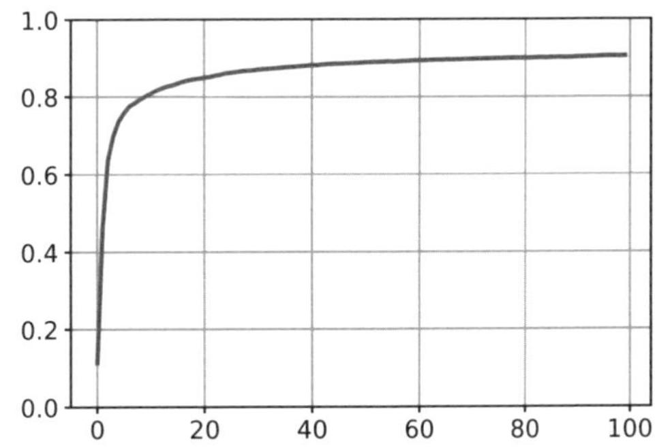


```
# 損失函數值與準確率
print(' 初始狀態 : 損失函數 :%f 準確率 :%f'
        % (history2[0,1], history2[0,2]))
print(' 最終狀態 : 損失函數 :%f 準確率 :%f'
        % (history2[-1,1], history2[-1,2]))
```

```
初始狀態：損失函數：2.581515  準確率：0.113500
最終狀態：損失函數：0.347848  準確率：0.904100
```

圖 10-17　權重矩陣修訂版的學習曲線 (左：損失函數　右：準確率)

這次的學習曲線與之前的截然不同，變得相當符合我們的期望，也就是損失函數值下降且收斂，準確率也提高到 90% 以上。其實就如同 7.10 節講過調整學習率的問題一樣，權重矩陣的初始值也有需要視資料情況而調整，這在機器學習、深度學習中都是常用的技巧。

不過看到這次的準確率，即使執行了 100 *epoch* 仍只達到 90% 左右，似乎還稱不上是個好的模型。其實還有改善的方法，我們要試試更換激活函數。

10.9 程式實作三：更換激活函數的版本

導入 *ReLU* 函數

要改善前一節準確率不夠好的問題有許多方法，在此介紹更換激活函數的方法。目前在計算完輸入資料與權重矩陣相乘之後，都會利用激活函數求得隱藏層節點的值，此節要將前面經常使用的 *Sigmoid* 函數，更換成 *ReLU* 函數(因其函數圖形也稱為斜坡函數，*ramp function*)。(範例檔 *ch10-4.py*)

以下是 *ReLU* 函數的定義：

$$f(x) = \begin{cases} 0 & (x < 0 \text{ 的時候}) \\ x & (x \geqq 0 \text{ 的時候}) \end{cases}$$

在使用梯度下降法時，為了計算梯度，必須計算激活函數的微分。*ReLU* 函數微分後，會成為階梯狀的函數(稱為階躍函數，*step function*)，如下所示：

$$f'(x) = \begin{cases} 0 & (x < 0 \text{ 的時候}) \\ 1 & (x \geqq 0 \text{ 的時候}) \end{cases}$$

下面是用 *Python* 寫出 *ReLU* 函數以及 *ReLU* 函數微分後的 *step* 函數定義：

```
# ReLU 函數
def ReLU(x):
    return np.maximum(0, x)
```

```
# 階躍函數
def step(x):
    return 1.0 * ( x > 0)
```

圖 10-18　這 2 個函數在 *Python* 中的定義

下圖則是畫出 $ReLU$ 函數與 $step$ 函數的圖形：

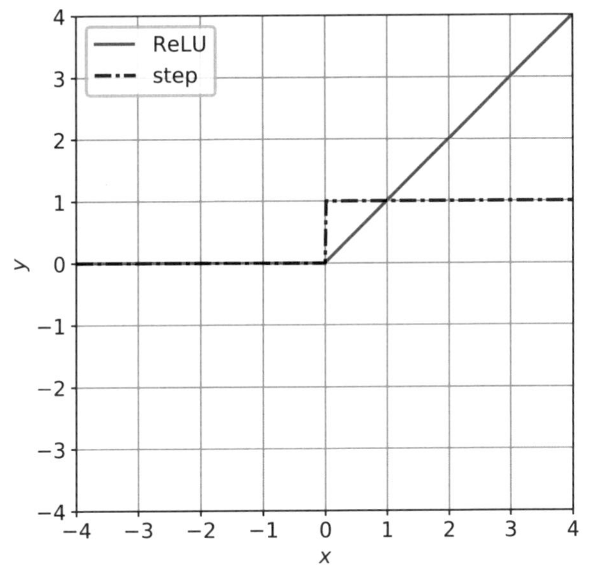

圖 10-19 $ReLU$ 函數與階躍函數的圖形

然後我們將原本程式中的 $Sigmoid$ 函數更換為 $ReLU$ 函數，以及將 $Sigmoid$ 微分的函數更換為 $step$ 函數：

```
# 計算預測值(前饋式)
a = x @ V                              # (10.6.3)
b = ReLU(a)                            # (10.6.4)換成 ReLU
b1 = np.insert(b, 0, 1, axis=1)        # 增加虛擬變數
u = b1 @ W                             # (10.6.5)
yp = softmax(u)                        # (10.6.6)

# 計算誤差
yd = yp - yt                           # (10.6.7)
bd = step(a) * (yd @ W[1:].T)          # (10.6.8)換成 ReLu 的微分

# 計算梯度
W = W - alpha * (b1.T @ yd) / B        # (10.6.9)
V = V - alpha * (x.T @ bd) / B         # (10.6.10)
```

圖 10-20 程式碼為配合使用 $ReLU$ 修改的部分

然後執行程式，結果如下所示：

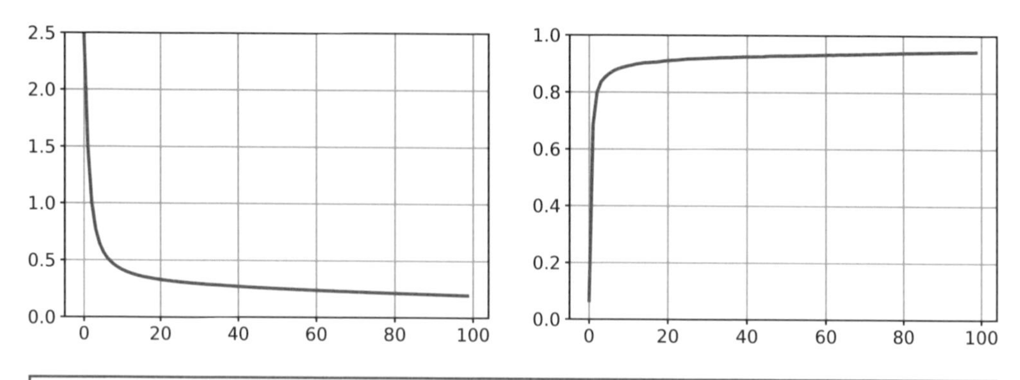


```
# 損失函數值與準確率確認
print(' 初始狀態 : 損失函數 :%f 準確率 :%f'
      % (history3[0,1], history3[0,2]))
print(' 最終狀態 : 損失函數 :%f 準確率 :%f'
      % (history3[-1,1], history3[-1,2]))
```

```
初始狀態：損失函數：2.404721  準確率：0.143000
最終狀態：損失函數：0.194338  準確率：0.944700
```

圖 10-21　更換成 *ReLU* 後的學習曲線 (左：損失函數　右：準確率)

這次經過 100 *epoch* 後，損失函數值降得更低了，而且準確率也上升到 94.47%。表示將激活函數 *Sigmoid* 更換為 *ReLU*，可以得到更好的效果。

本節最後，將用此方法建構的模型，對本章開頭 20 個樣本影像做分類，並在每個影像上方標示出 2 個數值：左邊的是正確答案，右邊的是此模型的預測值。發現 20 個中答對了 19 個，1 個預測錯誤：

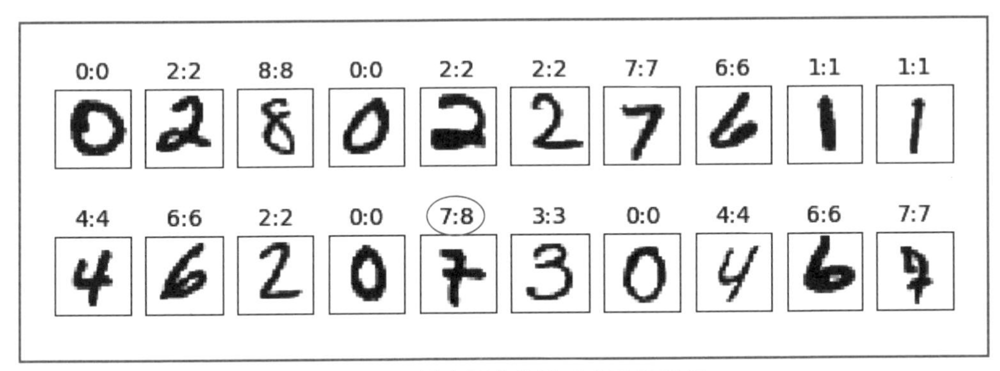

圖 10-22　樣本影像的準確率驗證結果

10.10 程式實作四：隱藏層增加為 2 層的版本

最後要嘗試將現有模型的隱藏層增加為 2 層。由於一般將隱藏層有 2 層以上的神經網路模型稱為「深度學習模型」，因此本節實作的模型，可以算是有點「深度」了。

不過，這也只比 1 層隱藏層稍微難一點點，實際上若與 10.9 節的程式碼相比，核心部分的變更主要也只有幾個部分：權重矩陣多了 1 個，主程式中的運算稍微增加了幾行。(評估函數 *evaluate* 實作中還有一點點修改，請自行看程式碼)。這些其實都已經推導過了，請復習 10.6 節 (範例檔 *ch10-5.py*)。

```
# 權重矩陣的初始設定
U = np.random.rand(D, H) / np.sqrt(D / 2)
V = np.random.rand(H1, H) / np.sqrt(H1 / 2)
W = np.random.rand(H1, N) / np.sqrt(H1 / 2)
```

圖 10-23　初始化宣告的部分

```
    # 計算預測值(前向傳播)
    a = x @ U                            # (10.6.11)
    b = ReLU(a)                          # (10.6.12)
    b1 = np.insert(b, 0, 1, axis=1)  # 增加虛擬變數
    c = b1 @ V                           # (10.6.13)
    d = ReLU(c)                          # (10.6.14)
    d1 = np.insert(d, 0, 1, axis=1)  # 增加虛擬變數
    u = d1 @ W                           # (10.6.15)
    yp = softmax(u)                      # (10.6.16)

    # 計算誤差
    yd = yp - yt                         # (10.6.17)
    dd = step(c) * (yd @ W[1:].T)       # (10.6.18)
    bd = step(a) * (dd @ V[1:].T)       # (10.6.19)

    # 計算梯度
    W = W - alpha * (d1.T @ yd) /       # (10.6.20)
    V = V - alpha * (b1.T @ dd) /       # (10.6.21)
    U = U - alpha * (x.T @ bd) / B      # (10.6.22)
```

圖 10-24　主程式的內部處理

由於隱藏層從 1 層增加為 2 層，複雜度稍微增加，因此我們也增加迭代運算的次數，將 *epoch* 從 100 增加為 200。下面是執行的結果 (**編註：** 因為層數增加，運算時間就更久一些，這個例子可以感受到電腦運算速度的重要性。運算速度對機器學習相當重要，也因此科學家對量子電腦的渴望越來越強烈)：

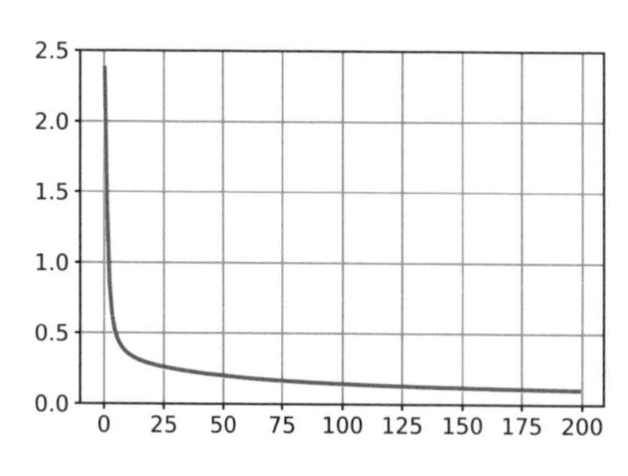

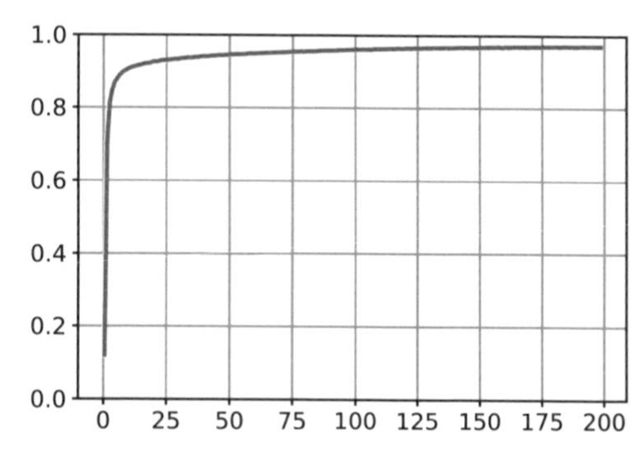

```
# 損失函數值與準確率的確認
print(' 初始狀態 : 損失函數 :%f 準確率 :%f'
        % (history4[1,1], history4[1,2]))
print(' 最終狀態 : 損失函數 :%f 準確率 :%f'
        % (history4[-1,1], history4[-1,2]))
```

```
初始狀態：損失函數：1.395027  準確率：0.690200
最終狀態：損失函數：0.098788  準確率：0.969900
```

圖 10-25　隱藏層增加為 2 層後的測試結果

與前一節的執行結果相比 (圖 10-21)，最終狀態的損失函數值從 0.1943 又下降到 0.0988，準確率從 94.47% 提高為 96.99%，顯然又獲得改善。由此結果可以推測：增加隱藏層的層數，可以提高辨識的準確率。

下圖是本章開頭 20 個樣本影像，用本節的 2 層隱藏層模型的分類結果。這次連前一節圖 10-22 中辨識錯誤的 1 個樣本也都能正確辨識出來。可見準確率確實有提升：

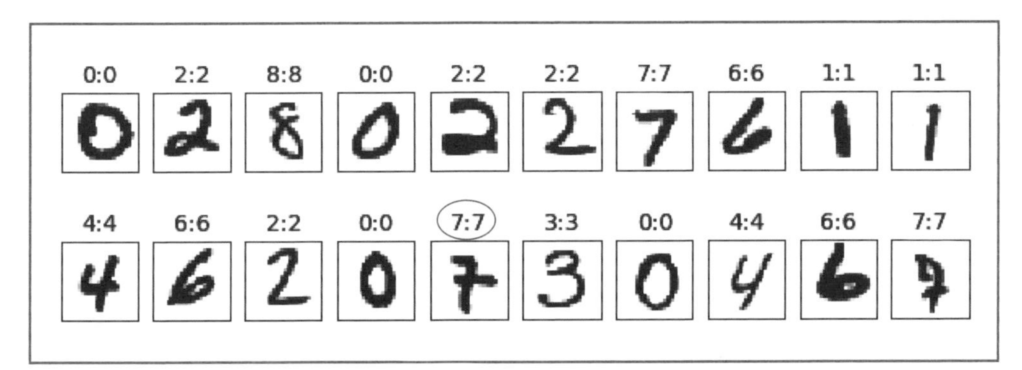

圖 10-26　樣本影像的準確率驗證結果

到此為止，這條邁向深度學習的漫長學習之路，終於爬上了山頂。各位辛苦了，覺得山頂的風景如何呢？實際站到這個位置，就會發現眼前還有更高的一座山。第 11 章就是為攀登更高的山做準備。

編註：超參數（hyperparameters）

像本章這樣，藉由改變不同的學習率、損失函數、激活函數、層數、…等各種方法，來增加神經網路的預測能力或適用性，這些與權重參數不同的參數，我們另給一個名稱叫「超參數」。您只要記得，超參數是人為指定給神經網路的，而權重參數則是訓練過程中由神經網路自我學習出來的。

發展篇

第 11 章 以實用的深度學習為目標

Chapter

11

以實用的深度學習為目標

Chapter

11 以實用的深度學習為目標

本書到目前為止，都將重點放在從數學的角度看深度學習，為了容易解說，舉的例子也都比較簡單。本章進一步針對實務的宏觀角度來加以說明。由於內容定位在知識與概念的介紹，因此與之前各章相比，不會做深入的說明，讀者若想瞭解更多，請再參考相關主題的專門書籍。

11.1 善用開發框架

本書的範例實作是用基本的 *Python* 語法，搭配常用的數學運算函式庫寫出來的，優點是可以從數學底層的角度來解瞭深度學習演算法。不過這種開發方式比較耗時，現在已經有非常方便的框架 (*framework*)，開發者只要輸入必要的資訊，就可以快速建立想要的神經網路架構，善用這些框架建構模型也是現在流行的作法。下面整理出幾種較常用的框架與各自的特色：

框架名稱	優點	缺點
TensorFlow ＋Keras	TensorFlow 支援機器學習需要的各種演算法。目前使用者最多。	開發者需定義出神經網路架構，產生靜態計算圖再開始訓練。開發者進入門檻高。
	Keras 是基於 TensorFlow 的高階框架，降低了學習門檻。且已做好訓練模型的架構，開發者只需提供參數，就能自動實作神經網路。	由於是屬於高階框架，看不到其內部如何運算。
PyTorch	PyTorch 是後起之秀。神經網路架構於訓練時動態產生計算圖，並隨著運算而自行做修正，較具彈性。進入門檻低。	由於每次訓練都要動態產生計算圖，效率比靜態計算圖低。

圖 11-1　具代表性的深度學習用框架

編註： *TensorFlow* 自 2.0 版與 *Keras* 整合，由 *Google* 主導。*PyTorch* 是由 *Facebook* 主導。現今以這兩大陣營為主。

TensorFlow + *Keras* 被認為是目前最廣泛使用的框架。圖 11-2 到圖 11-4 就是運用 *Keras* 將 10.10 節實作的 2 層隱藏層全連接(*fully-connected*)神經網路，以同樣邏輯實作出來。請特別留意圖 11-3，可看出模型的定義很簡潔(範例檔 *ch11-1.py*)。

> 本章僅列出 *Keras* 程式讓您看看與之前純 *Python* 程式的差異。您若需要執行 *Keras* 程式之前，請自行安裝 *Tensorflow* 與 *Keras*，並具備基本的知識。**編註：** 在 *Anaconda prompt* 輸入「*conda install keras*」指令，即可將兩者都自動安裝。想進一步學習 *Keras* 以及本章介紹的各種技術，如 *CNN*、*RNN*、多種經典模型…，可參考《最新 *tf.Keras* 技術者們必讀！深度學習攻略手冊》或《*Deep learning* 深度學習必讀 - *Keras* 大神帶你用 *Python* 實作》旗標科技公司出版。

```
# 資料準備

# 定義變數

# D：輸入層節點的維數
D = 784

# H：隱藏層節點的維數
H = 128

# 分類之類別數
num_classes = 10

# 以 Keras 的函數讀取資料
from keras.datasets import mnist
(x_train_org, y_train), (x_test_org, y_test) = mnist.load_
data()

# 輸入資料處理成一維並正規化
x_train = x_train_org.reshape(-1, D) / 255.0
x_test = x_test_org.reshape(-1, D) / 255.0

# 實際值用 One-hot 編碼處理
from keras.utils import np_utils
y_train_ohe = np_utils.to_categorical(y_train, num_classes)
y_test_ohe = np_utils.to_categorical(y_test, num_classes)
```

圖 11-2　使用 *Keras* 實作深度學習程式 (資料準備)

```
# 模型定義

# 載入必要的函式庫
from keras.models import Sequential
from keras.layers import Dense

# 定義 Sequential 模型，依層的順序排列
model = Sequential()

# 定義隱藏層 1
model.add(Dense(H, activation ='relu', input_shape=(D, )))

# 定義隱藏層 2
model.add(Dense(H, activation ='relu'))

# 輸出層
model.add(Dense(num_classes, activation ='softmax'))

# 編譯模型
model.compile(loss = 'categorical_crossentropy',
              optimizer = 'sgd',
              metrics = ['accuracy'])
```

圖 11-3　使用 *Keras* 實作深度學習程式 (模型定義)

下面則是訓練階段的程式，以及訓練期間顯示的內容。每完成 1 輪 (*epoch*) 運算，就會顯示處理時間、損失函數值、準確率等資訊，可即時了解訓練狀況。這也是框架的隨附功能：

```
# 訓練

# 訓練的批次單位
batch_size = 512

# 迭代運算次數
nb_epoch = 100

# 模型的訓練
history = model.fit(
    x_train,
    y_train_ohe,
    batch_size = batch_size,
    epochs = nb_epoch,
    verbose = 1,
    validation_data = (x_test, y_test_ohe))
```

```
Train on 60000 samples, validate on 10000 samples
Epoch 1/100
60000/60000 [==============================] - 1s 23us/step -
loss: 2.0034 - accuracy: 0.4361 - val_loss: 1.6528 - val_
accuracy: 0.6819
Epoch 2/100
60000/60000 [==============================] - 1s 20us/step -
loss: 1.3612 - accuracy: 0.7367 - val_loss: 1.0662 - val_
accuracy: 0.7857
...
...
Epoch 99/100
60000/60000 [==============================] - 2s 25us/step -
loss: 0.1508 - accuracy: 0.9570 - val_loss: 0.1589 - val_
accuracy: 0.9549
Epoch 100/100
60000/60000 [==============================] - 1s 22us/step -
loss: 0.1498 - accuracy: 0.9571 - val_loss: 0.1583 - val_
accuracy: 0.9552
```

圖 11-4 使用 *Keras* 實作深度學習程式 (訓練階段)

11.2 卷積神經網路（*CNN*）

深度學習之所以會蓬勃發展到今日的規模，是因為 2012 年的 ***ILSVRC*** (*ImageNet Large Scale Visual Recognition Challenge*) 影像辨識、影像分類技術競賽上，深度學習的模型以壓倒性的準確率獲得冠軍。當時使用的神經網路架構即為**卷積神經網路** (*Convolutional Neural Network*，*CNN*)。圖 11-5 為當時發表的論文當中的 ***AlexNet*** 神經網路圖：

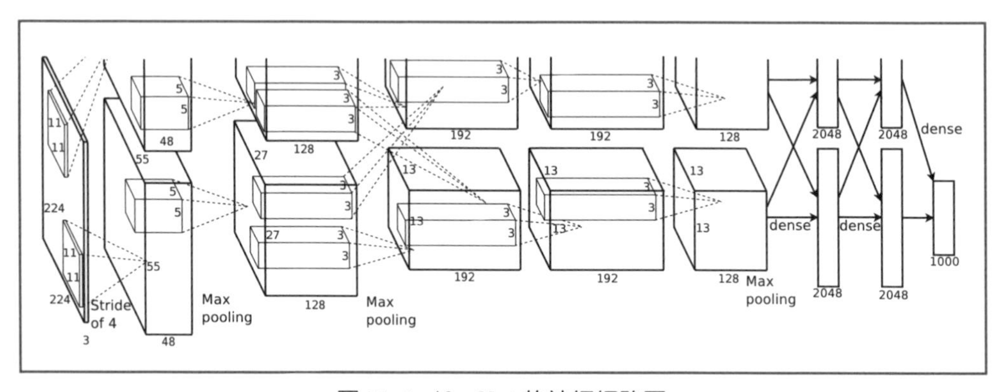

圖 11-5 *AlexNet* 的神經網路圖

引用自 https://www.cs.toronto.edu/~kriz/imagenet_classification_with_deep_convolutional.pdf

下圖是典型的卷積神經網路構造：

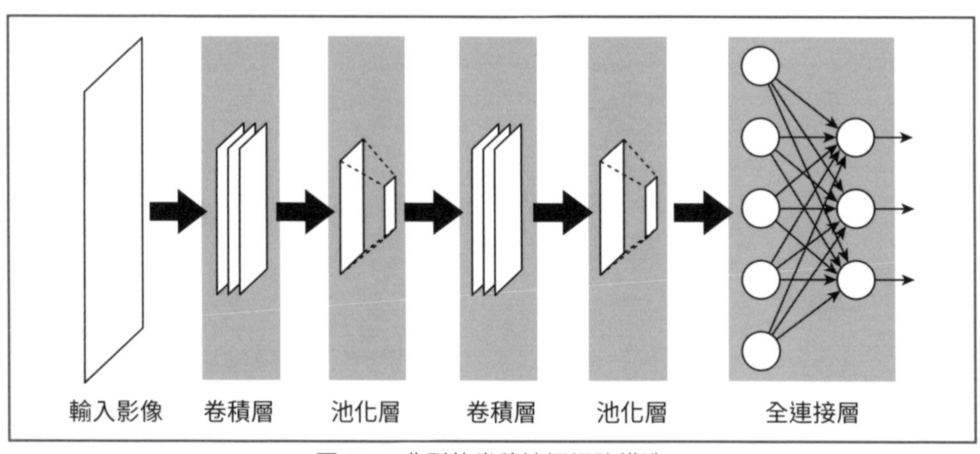

圖 11-6 典型的卷積神經網路構造

卷積神經網路的特色在於**卷積層**(*Convolution layer*)與**池化層**(*Pooling layer*)。介紹如下：

卷積層

我們以圖 11-7 呈現卷積層的運作方式。首先準備一個 3×3 或 5×5 左右的小方陣(也可視為濾鏡)。例如下圖就是用一個 3×3 的方陣，然後從影像的左上角開始與對應的像素做內積運算，並令運算結果為輸出區塊的一格輸出值。藉由逐次移動方陣，每移動一步就算出一格輸出值，直到掃描完整個影像，這樣就能得到輸出樣式(下圖右側)：

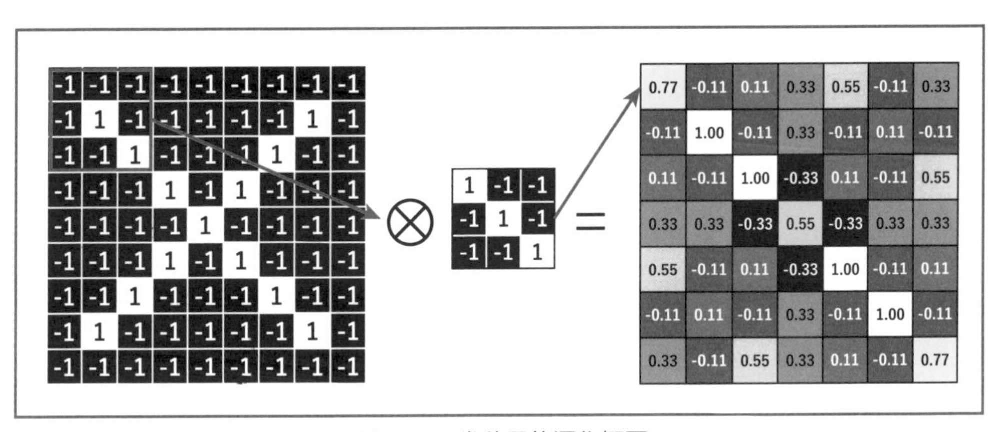

圖 11-7　卷積層的運作概要

引用自 https://brohrer.github.io/how_convolutional_neural_networks_work.html

此小方陣相當於神經網路的權重矩陣，而此矩陣之值就如同參數值，也就是訓練對象。實際執行時，會準備多張小方陣，如 32 或 64 張，卷積運算的結果影像也會獲得與其同樣的張數，這也就是圖 11-6 的卷積層中顯示多張影像的原因。

池化層

下圖是池化運作時，最常被利用的「最大池化(*Max Pooling*)」運作概要：

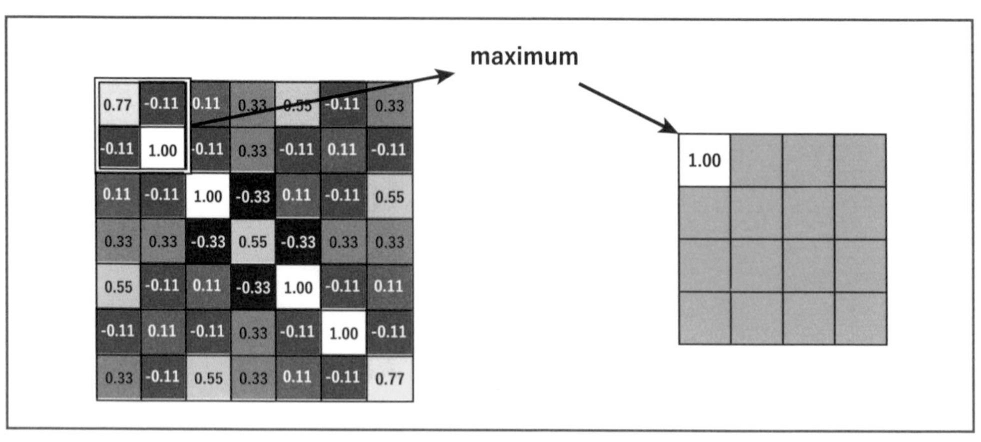

圖 11-8　最大池化之運作概要

引用自 https://brohrer.github.io/how_convolutional_neural_networks_work.html

將目標影像劃分為大小約 2×2 的小區塊後，取該範圍內的最大值 (即提取具有代表性的特徵) 為輸出值。之後只要逐步移動此區塊，掃描整個影像後，即可獲得新的影像陣列。**編註：** 經過池化的影像陣列，雖然縮小之後損失了一部份的資訊，但因為已提取出能代表此圖的特徵值，故更能代表這張影像的特徵，而且尺寸縮小後也便於運算。

可對影像進行高準確率分類的卷積神經網路，就是透過重複「**卷積層**」與「**池化層**」的組合而構成。

11.3 循環神經網路 (*RNN*) 與長短期記憶 (*LSTM*)

循環神經網路

卷積神經網路 (*CNN*) 在影像分類上帶來了劃時代的成果，但仍有 1 個弱點：擅長影像等靜態資料的分類，但是無法處理具有時間序列 (*time series*) 的資料 (編註：即資料具有發生的時間排列順序，如地震預測、天氣預測、文章閱讀等資料)。為了解決這個問題而發展出來的就是**循環神經網路** (*Recurrent Neural Network*，*RNN*)：

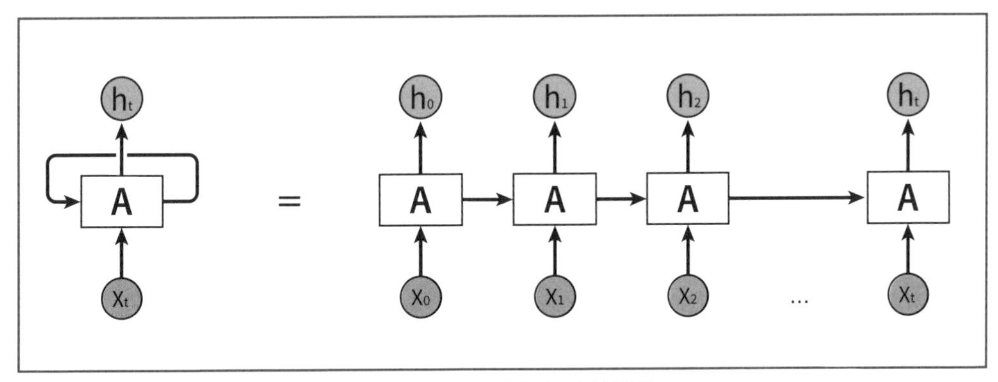

圖 11-9　循環神經網路的構造

引用自 http://colah.github.io/posts/2015-08-Understanding-LSTMs/

如上圖左側所示，循環神經網路在輸入層到隱藏層當中，包含連接至自身的循環。圖右則是以**時間軸**展開的神經網路圖，呈現輸入資料 x 隨著時間變化的情形。這樣的結構，組合出得以處理時間序列資料的神經網路。

循環神經網路也被運用在機器翻譯、語音辨識、語音合成等領域中。

長短期記憶

雖然深度學習藉由 RNN 得以處理時間序列資料，但還留有 1 個問題。那就是 RNN 無法保留長期記憶。由於為了確保模型可以收斂，每個循環的權重值都必須設定為絕對值小於 1。但在經過多次循環後，信號必然會衰減，便會發生此問題。

為了解決這個問題，因而發展出下圖的長短期記憶 (*Long Short-Term Memory*，*LSTM*) 神經網路圖：

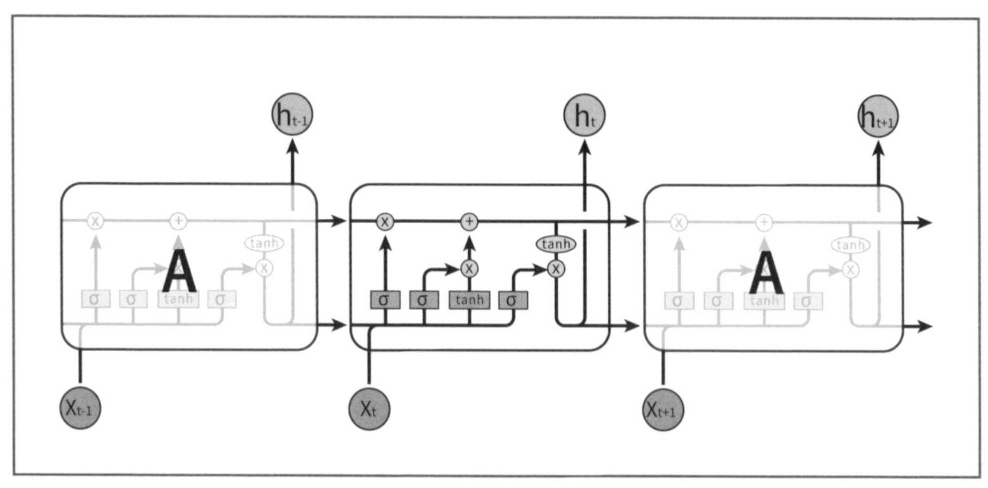

圖 11-10　長短期記憶的神經網路圖
引用自：http://colah.github.io/posts/2015-08-Understanding-LSTMs/

以宏觀角度來看，$LSTM$ 的構造與 RNN 相同，但如上圖所示，其內部構造其實相當複雜，如此才能夠保留長期記憶以及短期記憶。

$LSTM$ 的用途與 RNN 類似，亦可用於機器翻譯、語音辨識、語音合成等。順帶一提，11.1 節介紹的 $Keras$ 框架，將 $LSTM$ 做成了元件，讓使用者不需了解內部的複雜構造，也能以黑箱方式使用 $LSTM$。

11.4 數值微分

深度學習的訓練原理為梯度下降法，而梯度下降法的根本在微分運算。因此本書利用了許多在理論篇介紹過的微分公式，進行 $Sigmoid$、$Softmax$ 函數與交叉熵函數等的微分運算。而在 $Keras$ 等框架中是採用**數值微分** ($numerical$ $differentiation$) 的方法來進行微分運算。

下圖就是數值微分的原理：

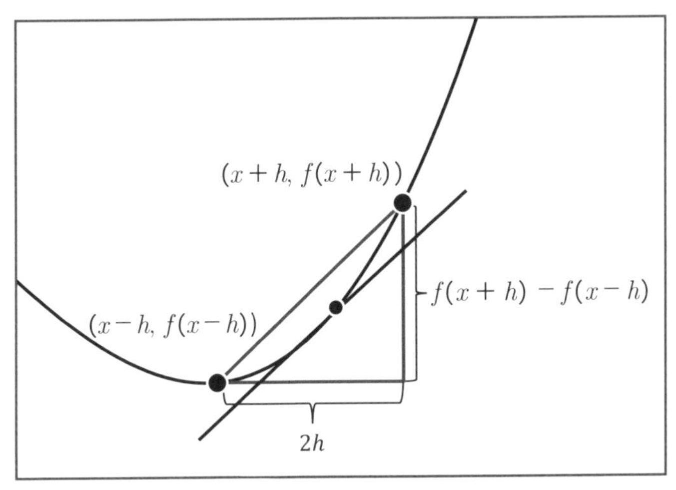

圖 11-11 數值微分的原理

這個計算方法是將第 2 章的微分定義，做了一點修改而來。原本的微分定義是計算 $x+h$ 與 x 兩點的斜率，而此處修改為計算 $x+h$ 與 $x-h$ 兩點的斜率，會比較接近在 x 點的切線斜率，如此可得到更好的近似值：

$$\lim_{h\to 0}\frac{f(x+h)-f(x-h)}{2h} \tag{11.4.1}$$

當上式的 h 值趨近於 0，便是 $f(x)$ 的微分。在用程式計算時，可讓 h 取非常小的值，便可獲得微分的近似值。接下來以 $Python$ 實際測試 $f(x)=e^x$ 在 $x=0$ 的微分值要趨近於 1 (範例檔 *ch11-2.py*)：

```
import numpy as np

# 以 e 為底的指數函數定義
def f(x):
  return np.exp(x)

# 定義 h 的值
h = 0.001
```

```
# 計算 f(0) 微分的近似值
# f'(0)=f(0) 應趨近於 1
diff = (f(0 + h) - f(0 - h))/(2 * h)

# 結果確認
print(diff)
```

```
1.0000001666666813
```

圖 11-12　數值微分的計算

如果將 h 值更靠近 0，則數值微分的值會更趨近於 1。

像這種計算方法即稱為「數值微分」。現在回頭檢視圖 11-3 的 *Keras* 程式便可發現在建構模型時，將損失函數 *loss* 當作引數傳入 *compile* 函數，*Keras* 就是將此損失函數，利用數值微分的方法去算出誤差反向傳播所需的微分近似值。

11.5 優化的學習法

深度學習的訓練原理是第 4 章介紹的梯度下降法。但實務上進行訓練時，若使用原始的梯度下降法，可能會出現無法收斂，或雖然可以收斂但運算時間過長等狀況。為了解決此問題，於是有許多訓練法被研究、實作出來。以下介紹幾個經常使用且具有代表性的演算法。

此處我們需要追加幾個新的運算式標示法。首先，設 L 為損失函數，並令 L 為權重矩陣 $\boldsymbol{W}$ 的函數 (**編註：** 此處的 L 代表損失函數，請勿與 6.3 節的概似函數混淆)：

$$L = L(w_{ij})$$

接下來，以 u_{ij} 表示 L 對 w_{ij} 偏微分的結果：

$$u_{ij} = \frac{\partial L}{\partial w_{ij}}$$

將上述計算得到的 $\boldsymbol{U}$ 矩陣以下式表達：

$$\boldsymbol{U} = \nabla L$$

其中 ∇ 符號稱為「向量偏微分算符 (*nabla*)」。利用此符號，可將梯度下降法運算式如下表示：

$$\boldsymbol{W}^{(k+1)} = \boldsymbol{W}^{(k)} - \alpha \nabla L$$

如第 4 章所述，梯度下降法的下一個點要如何移動的重點：「移動的方向」以及「移動的大小」。前面講過的 *GD*、*SGD*、*Mini-batch GD* 等演算法雖然都可以做到。不過，我們還可以再利用優化演算法做改進，讓參數收斂的過程更有效率 (範例檔 *ch11-3.py*)。

優化移動方向和大小的演算法：*Momentum*

原本的梯度下降法是利用損失函數偏微分做為移動方向，而 *Momentum*(動量) 的概念則是**優化移動方向和大小的計算方式，「將過去迭代運算中獲得的梯度向量也納入計算**」。具體來說，是使用下式做權重矩陣的計算。其中學習率以 α、衰減率 (*learning rate decay*) 以 γ 表示：

$$\boldsymbol{V}^{(k+1)} = \gamma \boldsymbol{V}^{(k)} - \alpha \nabla L$$
$$\boldsymbol{W}^{(k+1)} = \boldsymbol{W}^{(k)} + \boldsymbol{V}^{(k+1)}$$

衰減率的值通常會用 0.9。權重矩陣在計算時，則會加上一個**動量矩陣** $\boldsymbol{V}$ (動量也包括下降的速度，如果前面幾次的累積梯度較大，表示下降速度也會較快，也會影響到下一次移動的大小)。由上述運算式可知，衰減率會影響 $\boldsymbol{V}$ 的貢獻率。舉例來說，若這個 $\boldsymbol{V}$ 是前一次運算獲得的偏微分結果，則為 0.9；

若是往前兩次的偏微分結果，則為 $0.9 * 0.9 = 0.81$。越舊的 $\boldsymbol{V}$ 貢獻率越低，但仍保有影響力。如此將過去所有的結果加總，便能計算出新的權重矩陣。

> **編註：** 講白了，就是為了避免在某一點的梯度向量方向與之前偏離太多，因而將過去幾個梯度向量都納入考量，讓梯度下降的過程比較穩定。

優化移動大小的演算法：$RMSProp$

$RMSProp$($Root\ Mean\ Square\ Prop$) 是針對移動向量「大小」做優化的演算法。具體的算式如下所示。雖然過程有點複雜，但從最後一條算式即可看出與**移動的「大小」有關** (**編註：** 此與梯度下降法計算下降多少量的公式類似，差別是經過 $RMSProp$ 演算法的優化)：

$$h_{ij}^{(k+1)} = \alpha \cdot h_{ij}^{(k)} + (1-\alpha)\left(\frac{\partial L}{\partial w_{ij}}\right)^2$$

$$\eta_{ij}^{(k+1)} = \frac{\eta_0}{\sqrt{h_{ij}^{(k+1)}} + \epsilon}$$

$$w_{ij}^{(k+1)} = w_{ij}^{(k)} - \eta_{ij}^{(k+1)} \frac{\partial L}{\partial w_{ij}}$$

綜合優化的演算法：$Adam$

$Adam$($Adaptive\ Moment\ Estimation$) 是將 $Momentum$ 與 $RMSProp$ 綜合起來使用的演算法，此處就不多做介紹。

在使用 $Keras$ 時，若要選擇最佳化函數，只需利用 $compile$ 函數的引數 $optimizer$(指定優化器)，就能輕鬆在函數間切換。而利用這一點，就能將 11.1 節的範例程式用各種優化演算法所獲得的結果，都呈現於圖表中。由下圖可看出，不論是 $Momentum$ 還是 $RMSProp$，其訓練效率都遠比原本最陽春的隨機梯度下降法 (SGD) 要來得好：

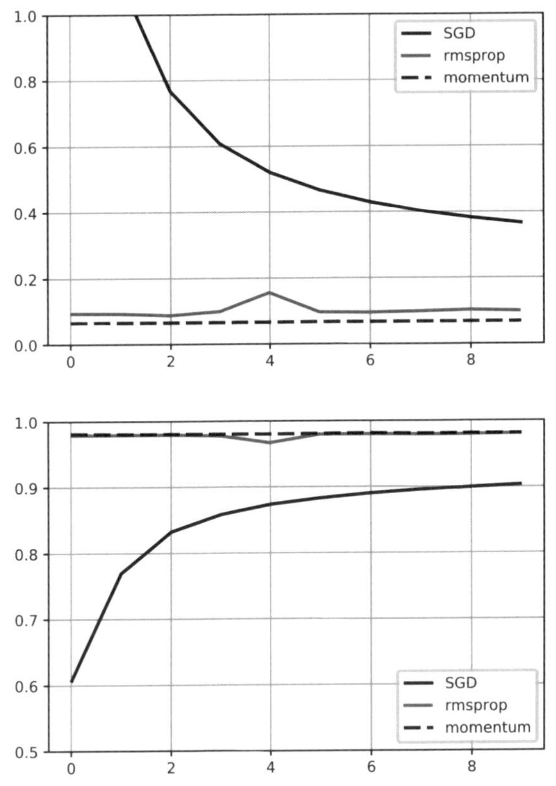

圖 11-13　不同優化方法的訓練效率比較 (上：損失函數值　下：準確率)

11.6 過度配適解決方法

深度學習擁有的訓練資料越充足，訓練出來的模型也會越準確。但萬一訓練資料不足，就有可能造成模型過度擬合這少少的訓練資料 (沒達到學習的效果)，而使得訓練完成的模型失去通用性，此即稱為**過度配適** (*overfitting*)。

下圖以訓練的迭代次數為橫軸、模型的損失函數值為縱軸，將訓練資料 (*training data*) 與驗證資料 (*validation data*，未用於訓練) 的損失函數值變化，做為學習曲線繪製而成。從下圖可看出，訓練資料的損失函數值穩定下降，但驗證資料的損失函數值卻只下降了一點就開始上升：

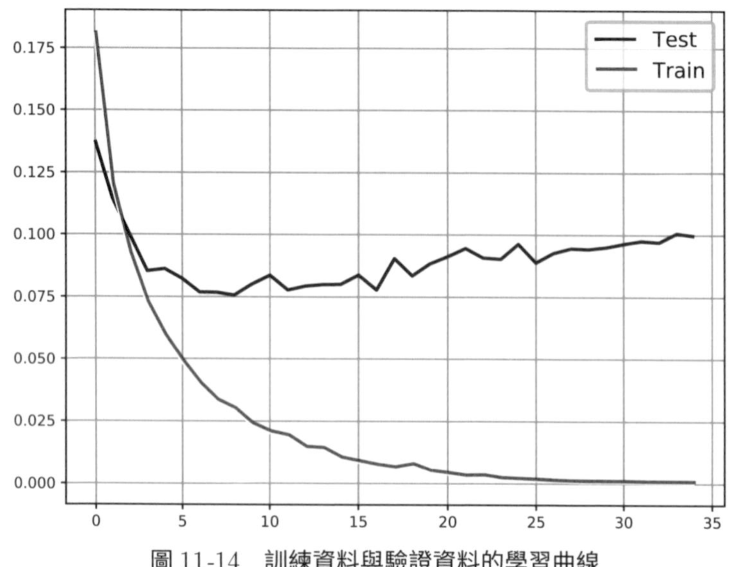

圖 11-14　訓練資料與驗證資料的學習曲線

深度學習的原理是利用特定的訓練資料經過迭代運算，找出能讓損失函數值最小化的參數值。但若訓練過頭，反而會使模型在面對未知資料時的預測表現變差，失去原本訓練的目的。

編註： 除了訓練資料量不足的原因之外，規劃的模型複雜度超過實際所需也是主因。可以降低模型的複雜度，例如減少層數或節點數，或避免權重參數變得過大 (在 11.8 節會介紹解決方法)。

以下會介紹幾種避免過度配適的方法。

丟棄法 (*dropout*)

我們前面訓練的神經網路模型，是用全部的節點去運算，以求得最好的訓練效果。然而為了避免造成過度配適，可以在每次運算時，隨機強制其中一部份的節點不參與運算，讓每次訓練的節點結構產生變化，這種方法稱為**丟棄法**。

以下是使用丟棄法訓練的概念圖：

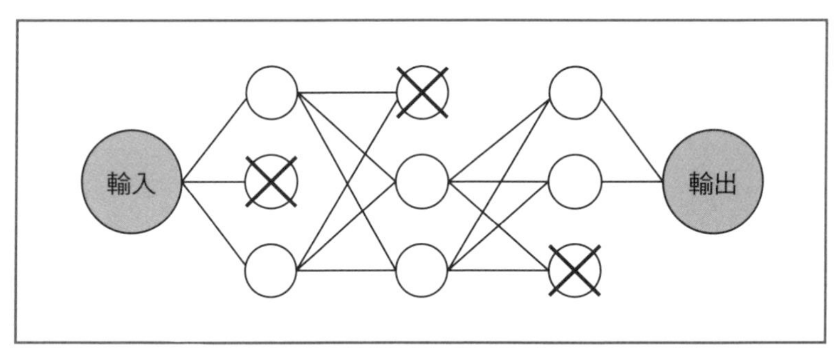

圖 11-15　丟棄法的概念圖

使用丟棄法的訓練，會用下面的方式進行：

(1) 定義神經網路時，在層與層之間增加丟棄層。並在丟棄層設定丟棄的比例。

(2) 訓練時，以預先設定的丟棄比例，隨機選擇丟棄的節點。如上圖所示，部分節點被選定丟棄，就像入口被封起的通道一樣。而訓練就在沒有這些節點的狀態下進行。(**編註：** 例如設定丟棄比例為 0.5，就表示該丟棄層每次有一半的節點不參與計算)

(3) 下一回訓練時，以新的亂數選定其他要丟棄的節點。

(4) 當訓練完成，進入預測模式時就會使用全部的節點進行預測。

常規化 (*regularization*)

由下圖可看出粗黑曲線為了完全通過那 8 個黑點，而出現過度配適的狀況。這樣的模型有個特徵，即其權重參數的絕對值有可能過大。而藍色曲線則是採用 *Ridge Regression* (嶺迴歸) 對權重參數做**常規化**處理，顯然避免了過度配適 (範例檔 *ch11-4.py*)：

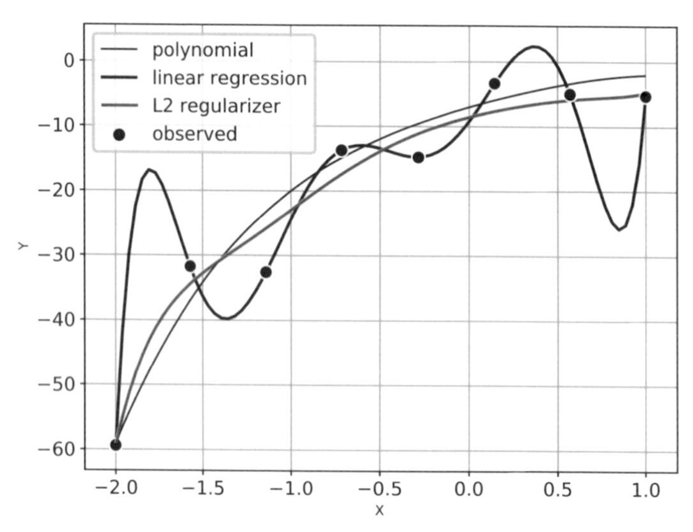

圖 11-16　過度配適的曲線與加入 $L2$ 常規化的曲線

編註：補充說明上圖的意義

圖中的細黑線就是多項式函數 $f(x) = -x^4 + x^3 - 3x^2 + 8x - 7$ 的圖形。我們要用這個函數產生訓練用的 8 個 (x, y) 座標。首先是 x 軸由 -2.0 到 1.0 之間做 7 等分，取頭尾共 8 個 x 值。並將這 8 個 x 代入 $f(x)$ 得到 8 個 y 值。為了讓這 8 個座標不要剛好落在函數的曲線上，因此將 8 個 y 值隨機加減一點偏差值，就可以得到圖上的 8 個黑點。程式中是用 $np.random.randn()$ 隨機產生 y 軸的偏差值，每次執行程式的 8 個黑點位置都會不同，也因此這條粗黑線每次也會不一樣。

產生這 8 個黑點的座標 (也就是 8 筆訓練資料) 之後，我們的目的是想利用這 8 個點去找出最適當的預測函數。還記得前面講過訓練資料不足時容易產生過度配適的問題，此例就是示範在訓練資料只有 8 筆的情況下的因應方法。

假設用一個 7 次多項式 (最高項是 x^7) 函數去擬合這 8 個點，這也稱為**多項式逼近法** ($polynomial\ approximation$)。使用 $sklearn$ 函式庫的 $LinearRegression()$ 函數去擬合，會得到圖中的粗黑曲線。此曲線太過完美地通過全部的 8 個點，顯然有過度配適的疑慮。

然而，我們以同一個 7 次多項式函數，但改用 $Ridge()$ 函數 (嶺迴歸) 對權重做常規化處理之後，會得藍色曲線。顯然這個擬合的結果比較具有通用性。

上例 $Ridge()$ 做的事情就是常規化處理。也就是在訓練時增加一個與權重參數大小成比例的項目，稱為**懲罰項**($penalty\ term$)或稱**範數**($norm$)至原本的損失函數，並以此作為新的損失函數。

而懲罰項的計算，有加入各權重參數平方的 ***L2* 範數**($L2\ norm$)方法，也有加入各權重參數絕對值的 ***L1* 範數**($L1\ norm$，這也稱為曼哈頓距離)方法。上圖的藍色曲線為模型在損失函數上增加 $L2$ 範數後的訓練結果。

上圖雖然是迴歸模型的例子，但也同樣適用於深度學習的分類模型上。在 $Keras$ 中定義權重矩陣時，可使用 $kernel\_regularizer$ 進行常規化。

批次正規化 ($batch\ normalization$)

批次正規化是在小批量梯度下降法時，對輸入資料先進行數值正規化處理的訓練法。資料正規化的做法是在原本資料樣本就符合常態分佈的前提下，將資料樣本轉換為平均值為 0、變異數為 1 的一種統計分析手法，也就是將常態分佈標準化的方法。正規化前處理之算式如下所示：

M：資料樣本的個數
$x^{(m)}$：第 m 個資料樣本之值

計算平均值 μ：

$$\mu = \frac{1}{M}\sum_{m=1}^{M} x^{(m)}$$

計算變異數 σ^2：

$$\sigma^2 = \frac{1}{M}\sum_{m=1}^{M}(x^{(m)} - \mu)^2$$

資料樣本的正規化：

$$\hat{x}^{(m)} = \frac{x^{(m)} - \mu}{\sqrt{\sigma^2 + \epsilon}}$$

此 ϵ 是為了避免第三條式子的分母出現零而設定一個很小的正數

批次正規化除了對防止過度配適有效，也可以加速訓練。這個方法在 *Keras* 上加裝「*BatchNormalization*」元件即可實作。

11.7 每次訓練的資料量 (批量)

4.5 節的專欄及 10.7 節都曾經討論過，事前準備的訓練資料應該每次送入多少筆數做梯度下降運算。由於這一點對於訓練很重要，因此以下特別將各種方式及其特色整理出來。

批量學習 (*batch learning*)

此訓練方法是在有 N 個 (第 10 章範例中有 6 萬個) 訓練資料時，將 N 個損失函數的總和都納入考量，並設法將其最小化。此方法的優點是可用較少的次數計算反向傳播，並且穩定收斂，但缺點是有可能落入區域最佳解 (請復習 4.5 節專欄)。

線上學習 (*online learning*，也稱隨機梯度下降法)

此訓練方法是從 N 個訓練資料中隨機取出 1 個資料，並設法將其損失函數值最小化。優點是能夠找到真正最佳解 (而非區域最佳解) 的可能性較高，但缺點是收斂結果不穩定，並且計算到收斂的時間會較長，因此在實務上不常被採用。

小批量學習

此為批量學習與線上學習的折衷方案。從 N 個訓練資料中隨機取出 m 個 (通常會使用 2 的次方數) 資料，並設法將此 m 個資料的損失函數值最小化。

以本書的範例來說，第 7~9 章的範例因資料筆數較少，因此使用批量學習。而第 10 章的訓練資料有 6 萬筆，因此採小批量學習，並每次取 512 個資料做訓練。

由於 *Keras* 預設訓練都是以小批量學習進行，可在訓練用的 *fit* 函數中設定 *batch_size* 參數。若要進行批量學習，將此參數值設定為訓練資料的總筆數；若要進行線上學習，則將此參數值設定為 1 即可。

11.8 權重矩陣的初始化

在 10.8 節範例中有提到，若權重矩陣的陣列變大，則梯度下降法開始時的權重矩陣初始值就需要預先做處理。*Keras* 中有幾個演算法實作，只要指定 *kernel_initializer* 參數，即可選用適合的權重矩陣初始值。以下介紹其中幾個具有代表性的方法。

He normal

還記得嗎？這就是 10.8 節範例使用的方法，適合用在以 *ReLU* 函數做為激活函數的情況。

當輸入層節點的維數為 n，平均值為 0、標準差為 σ 時，以擁有以下性質之亂數進行初始化：

$$\sigma = \sqrt{\frac{2}{n}}$$

使用 *Keras* 時，可指定給初始化參數：

```
kernel_initializer = 'he normal'
```

Glorot Uniform

此為 *Keras* 初始化權重矩陣的預設方式，若無特別指定，都會以此法初始化。當從權重矩陣看到的輸入層節點維數為 n_1、輸出層節點維數為 n_2 時，根據下式計算出亂數的邊界值 (*limit*)，再由 $[-limit, limit]$ 區間產生亂數進行權重矩陣的初始化：

Chapter 11

$$\text{limit} = \sqrt{\frac{6}{n_1 + n_2}}$$

使用 *Keras* 時也可用下列方式指定給初始化參數(若未指定即為預設)：

kernel_initializer = 'glorot_uniform'

11.9 目標下一座山頭

深度學習的世界日新月異，許多概念與方法限於篇幅而未能介紹，例如：

影像處理方法：物體偵測(*object detection*)、圖像分割(*segmentation*)等。

訓練方法：遷移學習(*transfer learning*)、教師－學生模型(*Teacher-Student model*)、對抗式生成網路(*GAN*，*Generative Adversarial Network*)等。

強化式學習因模型構造較複雜，本書只在 1.1 節簡單以文字介紹，並未多加討論。但其實在強化式學習的世界裡，*Q-Learning* 結合深度學習的概念而產生的 *DQN*(*Deep Q-Network*)，在圍棋、機器人控制領域都獲得很大的成果而廣為人知。

這些尖端技術最基本的訓練方式都是梯度下降法，因此讀者在藉由本書理解深度學習的數學原理後，相信再去學習新技術的概念與方法也不會是什麼難事。下一步，就請以這些新的山頭為目標吧，在此預祝您成功。

附錄

Jupyter Notebook 開發工具

附錄 *Jupyter Notebook* 開發工具

Jupyter Notebook 是一個適合學習寫程式及執行程式的開發工具。除了能將資料視覺化以外，還能用簡單的標記式語言「*Markdown*」來顯示運算式，可說是學習深度學習很理想的環境。作者也提供 *Jupyter Notebook* 形式的程式供您練習(請連接到作者提供的網址 https://github.com/makaishi2/math_dl_book_info (縮短網址 http://bit.ly/2Ek8sFu)，進入 ***notebooks*** 資料夾即可看到各章程式(*Jupyter Notebook* 的程式附檔名為 *.ipynb*)。

編註： 為了讓習慣用 *Spyder* 或其他開發環境執行 *Python* 程式的人，也提供 *.py* 檔供下載，請參考本書最前面的範例檔資訊。

Jupyter Notebook 是包含在 *Anaconda* 套件中，我們需要先下載 *Anaconda*。因為機器學習的開發工具改版快速，可能會遇到新舊版 *Python* 程式不相容的情況，請讀者知悉。本書範例已在 *Anaconda*3-2019.10、*Anaconda*3-2020.02 的版本測試過，下載網址請看本書最前面的「讀者專用本書範例程式」。

爾後，您想要使用最新版的 *Anaconda*，可以到官網 *https://www.anaconda.com/products/individual* 下載。

本書假設目標讀者已經具備撰寫 *Python* 程式的基本能力，想必也已經使用過 *Anaconda* 套件中的 *Spyder* 開發環境。因此不再贅述安裝 *Anaconda* 的過程，直接介紹 *Jupyter Notebook* 的基本用法。

A.1 啟動 *Jupyter Notebook*

我們先準備一個存放 *Jupyter Notebook* 程式的資料夾。因為筆者安裝 *Anaconda* 的路徑是 *C:\users\1061\Anaconda3*，因此將此資料夾建在 *C:\users\1061* 內，命名為 *DeepPython*。

接著執行『**Anaconda3 (64bit)/Jupyter Notebook (Anaconda3)**』命令，就會啟動 *Jupyter Notebook*，然後顯示初始網頁：

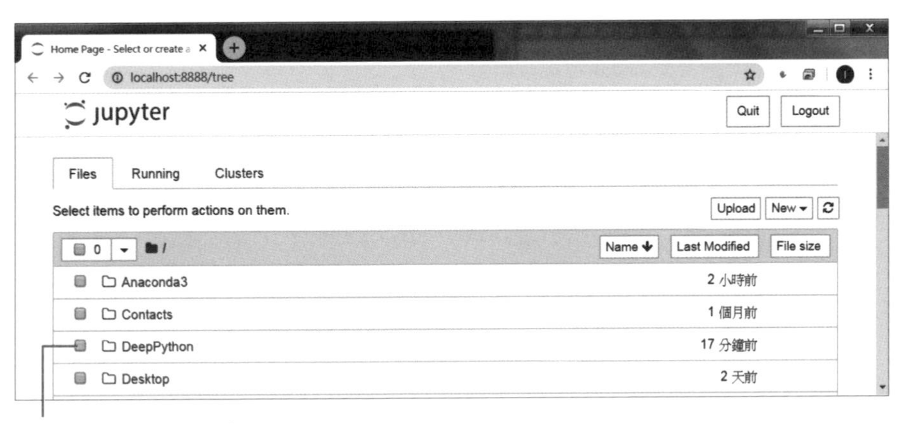

此外，執行『**Anaconda Navigator (Anaconda3)**』命令，在下面的畫面中按下 *Jupyter Notebook* 的 *Launch* 也可以：

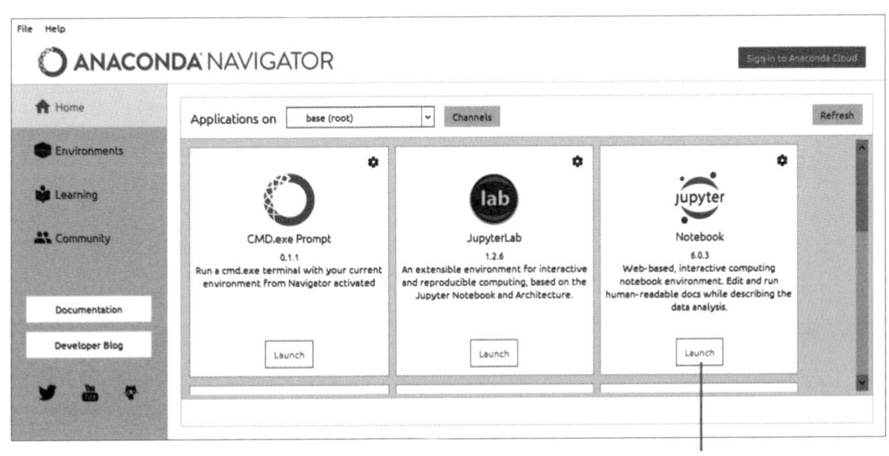

A.2 試寫一個程式

接下來，點進 *DeepPython* 資料夾，就可以開始寫程式 (副檔名是 *.ipynb*)，執行『**New/Python 3**』命令：

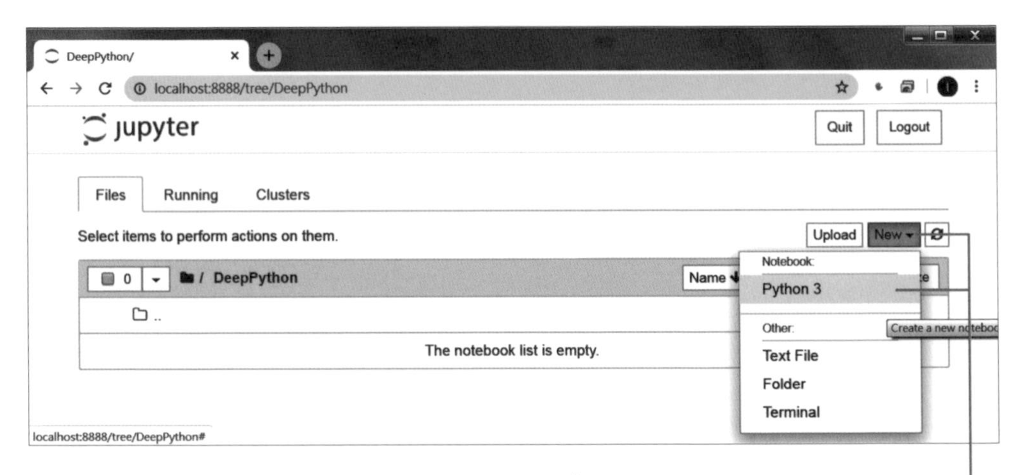

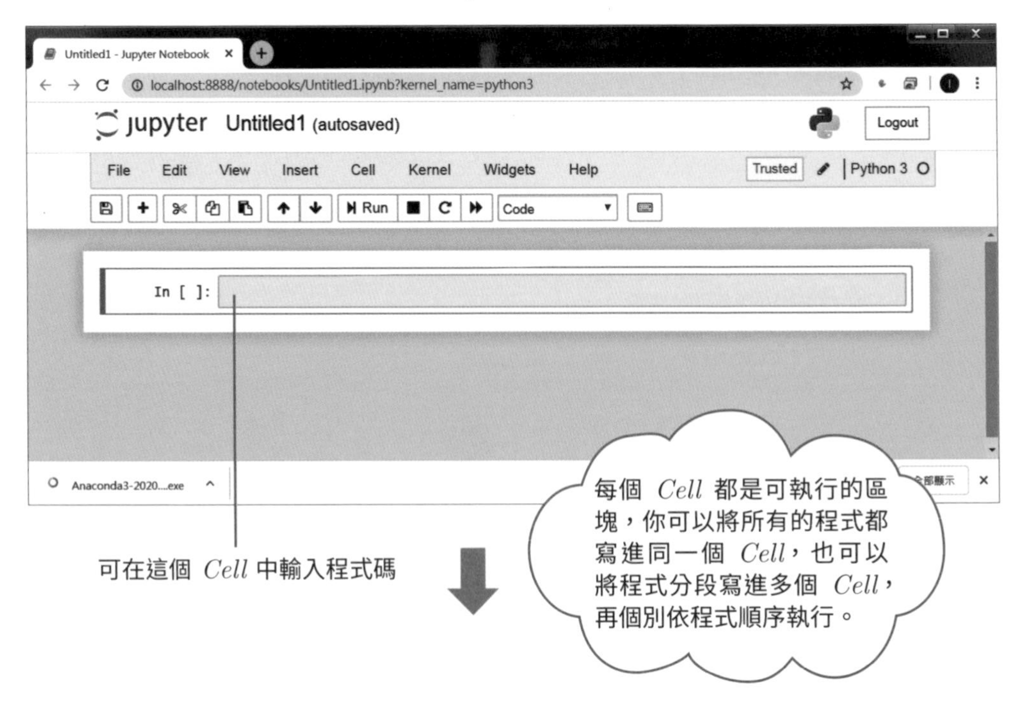

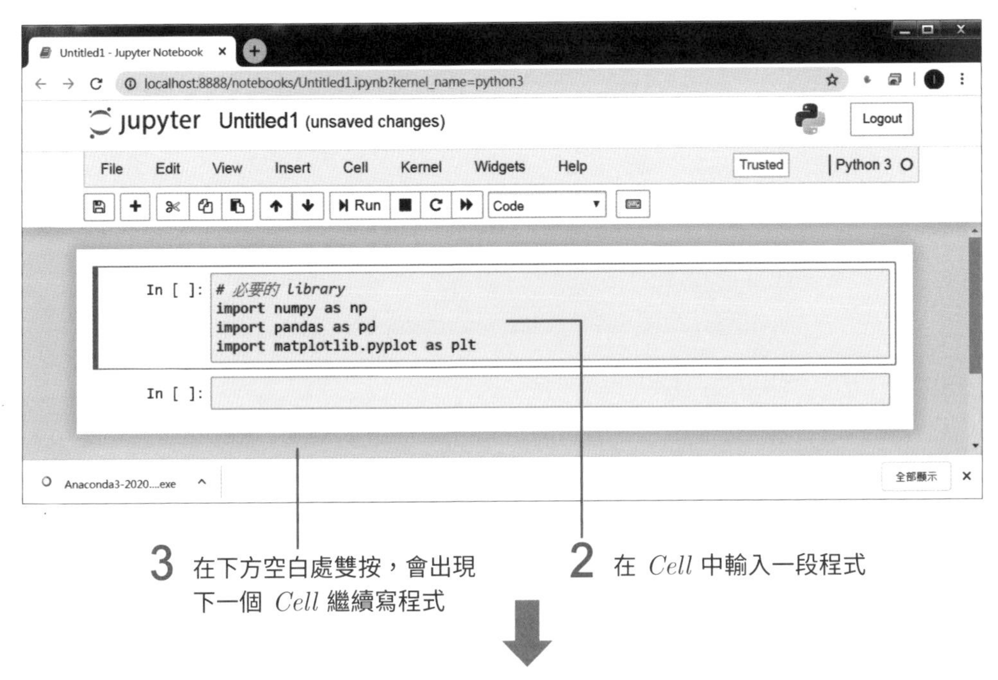
Untitled1 - Jupyter Notebook
localhost:8888/notebooks/Untitled1.ipynb?kernel_name=python3
jupyter Untitled1 (unsaved changes)
Logout
File
Edit
View
Insert
Cell
Kernel
Widgets
Help
Trusted
Python 3
Run
Code
In [ ]:
# 必要的 library
import numpy as np
import pandas as pd
import matplotlib.pyplot as plt
In [ ]:
Anaconda3-2020....exe
全部顯示
3 在下方空白處雙按，會出現下一個 Cell 繼續寫程式
2 在 Cell 中輸入一段程式

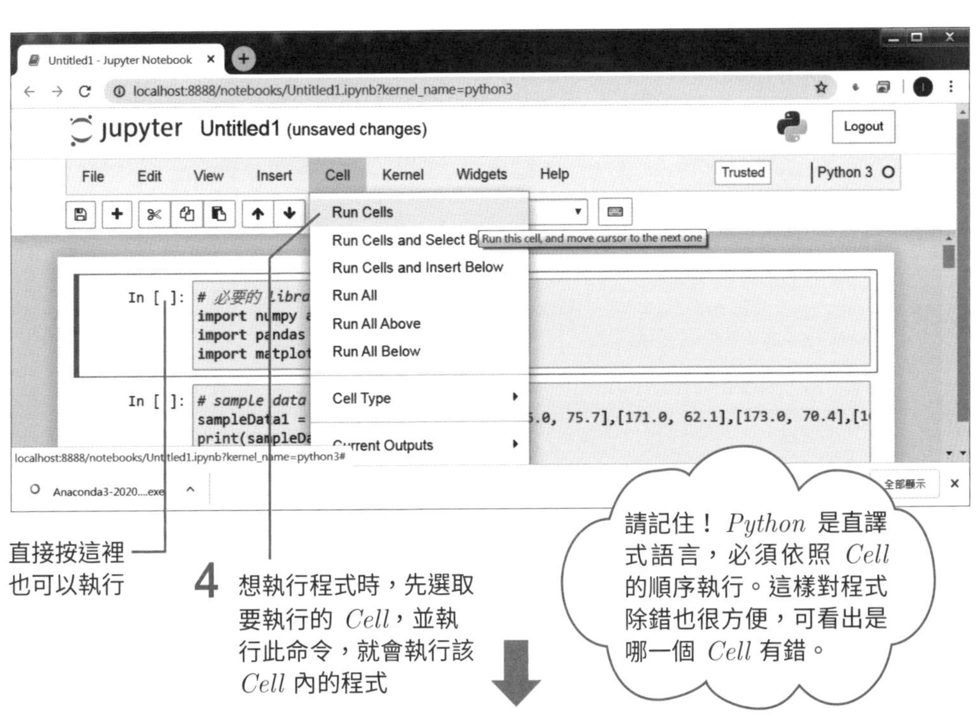
Untitled1 - Jupyter Notebook
localhost:8888/notebooks/Untitled1.ipynb?kernel_name=python3
jupyter Untitled1 (unsaved changes)
Logout
File
Edit
View
Insert
Cell
Kernel
Widgets
Help
Trusted
Python 3
Run Cells
Run Cells and Select B
Run this cell, and move cursor to the next one
Run Cells and Insert Below
Run All
Run All Above
Run All Below
Cell Type
Current Outputs
In [ ]:
# 必要的 libra
import numpy
import pandas
import matplot
# sample data
sampleData1 =
print(sampleDa
.0, 75.7],[171.0, 62.1],[173.0, 70.4],[1
localhost:8888/notebooks/Untitled1.ipynb?kernel_name=python3#
Anaconda3-2020....exe
全部顯示
直接按這裡也可以執行
4 想執行程式時，先選取要執行的 Cell，並執行此命令，就會執行該 Cell 內的程式
請記住！Python 是直譯式語言，必須依照 Cell 的順序執行。這樣對程式除錯也很方便，可看出是哪一個 Cell 有錯。

附錄

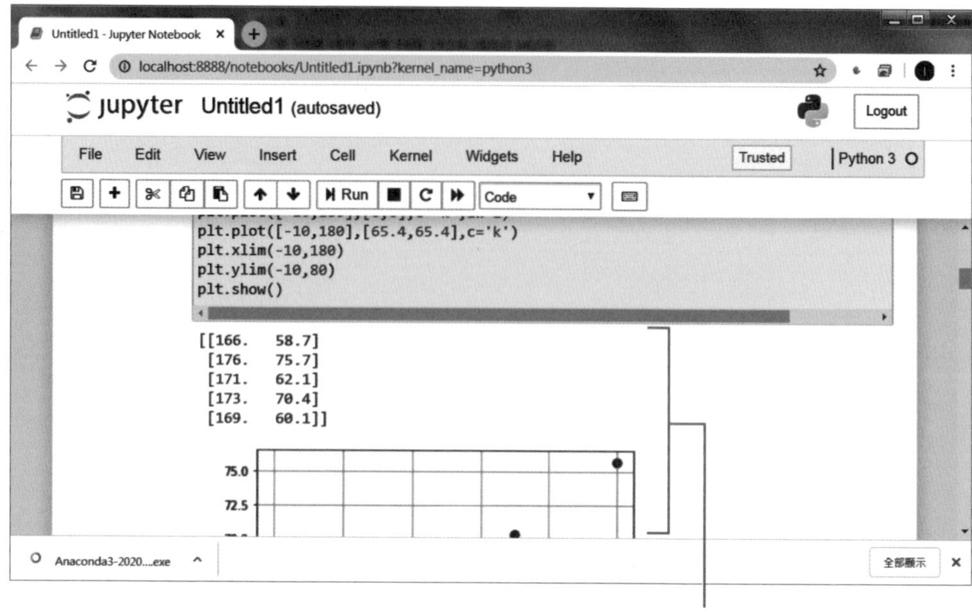

接下來可執行『**File/Save as**』命令來儲存程式：

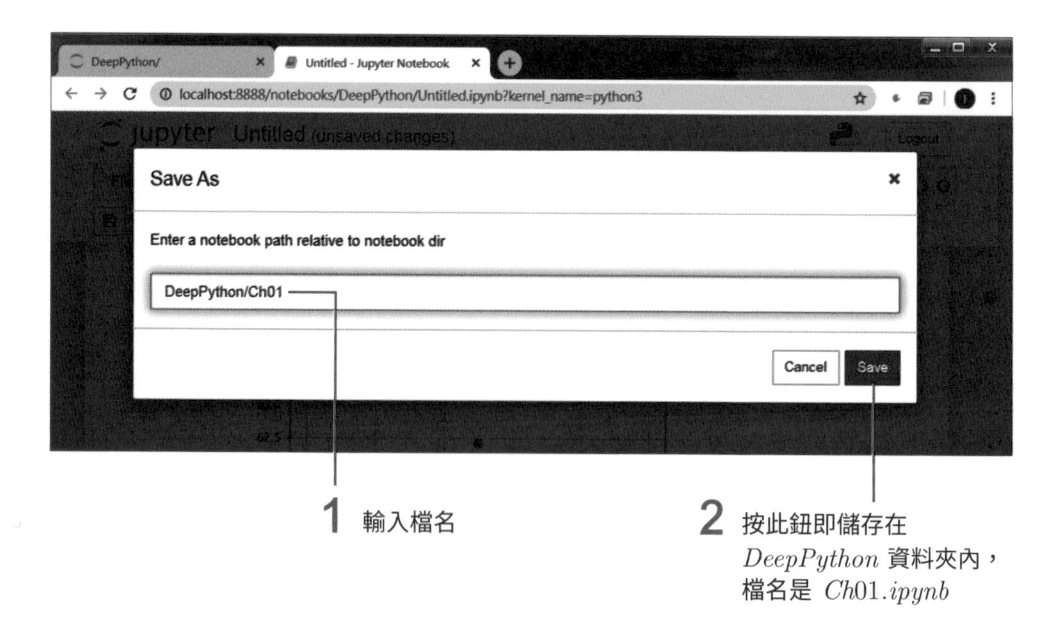

A.3 將檔案輸出成單純的 *Python* 檔

如果需要將 *Jupyter Notebook* 檔案轉換成 *Python* 的 *.py* 檔，可以執行『**File/Download as/Python (.py)**』命令：

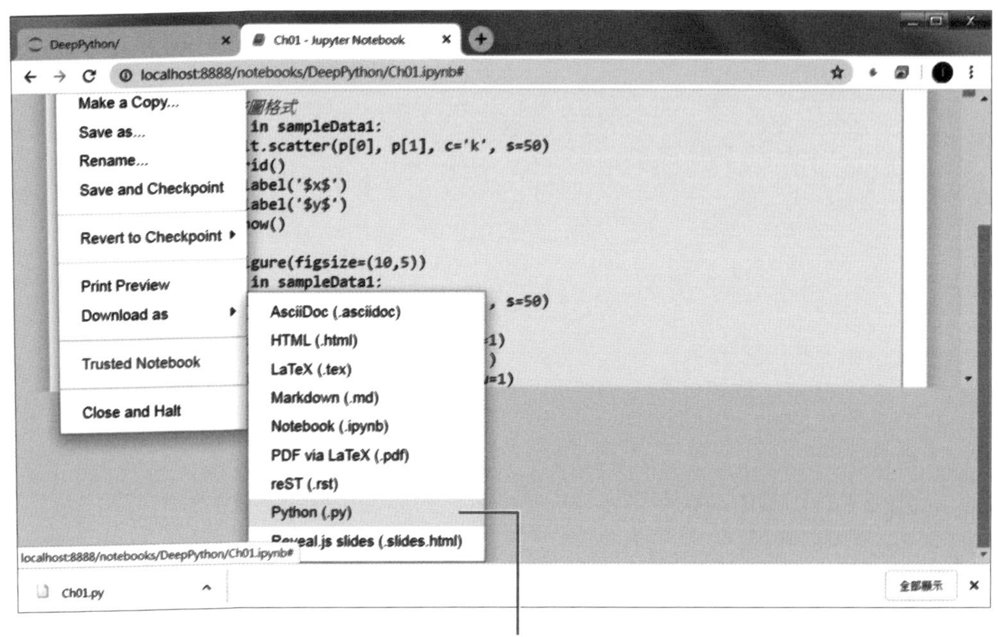

執行此命令，即可轉存成純 *Python* 檔

編註： 原本 *Anaconda* 中的 *Spyder* 開發環境，在執行 *Python* 程式輸出圖表時會直接顯示在 *Console* 窗格中，但在新版本的 *Spyder* 預設會將圖表輸出在 *Plots* 窗格，可在 *Spyder* 執行『**View/Panes/Plots**』命令顯示輸出圖表。

附錄